职业本科教育计算机类专业基础课
MOOC+SPOC 系列教材

人工智能技术基础

刘向东 主编

中国教育出版传媒集团
高等教育出版社·北京

内容提要

本书以人工智能技术在产业应用中涉及的专业知识和技能为主线，系统阐述了人工智能领域的基本概念、发展简史、产业结构、核心技术、关键流程、开发工具以及主流应用等相关知识。全书共 9 章，内容包括人工智能概述、人工智能产业、Python 程序设计基础、机器学习、深度学习、知识图谱、TensorFlow 深度学习框架、计算机视觉以及自然语言处理。

本书围绕职业本科教育人工智能工程技术专业人才培养目标，结合"人工智能技术基础"课程定位以及学生认知特点，将理论知识和实践技能充分融合，使学生能够清晰地理解人工智能相关理论的实用价值，并掌握运用所学知识解决实际问题的基本方法。

本书配有微课视频、教学课件、案例源代码、电子教案、习题答案等数字化学习资源。与本书配套的数字课程"人工智能技术基础"在"智慧职教"平台（www.icve.com.cn）上线，学习者可以登录平台进行在线学习及资源下载，授课教师可以调用本课程构建符合自身教学特色的 SPOC 课程，详见"智慧职教"服务指南。教师也可发邮件至编辑邮箱 1548103297@qq.com 获取相关资源。

本书可作为职业本科院校、高职专科院校和应用型本科院校人工智能相关专业的专业基础课教材，也可作为其他专业的人工智能通识类选修课教材或人工智能领域工程技术人员的参考用书。

图书在版编目（CIP）数据

人工智能技术基础 / 刘向东主编 . --北京：高等教育出版社，2023.3（2024.9重印）

ISBN 978-7-04-058941-2

Ⅰ. ①人… Ⅱ. ①刘… Ⅲ. ①人工智能 Ⅳ. ①TP18

中国版本图书馆 CIP 数据核字（2022）第 116427 号

Rengong Zhineng Jishu Jichu

策划编辑	刘子峰	责任编辑	刘子峰	封面设计	张 楠	版式设计	马 云
责任绘图	邓 超	责任校对	王 雨	责任印制	存 怡		

出版发行	高等教育出版社	网　　址	http://www.hep.edu.cn	
社　　址	北京市西城区德外大街4号		http://www.hep.com.cn	
邮政编码	100120	网上订购	http://www.hepmall.com.cn	
印　　刷	河北宝昌佳彩印刷有限公司		http://www.hepmall.com	
开　　本	787 mm×1092 mm　1/16		http://www.hepmall.cn	
印　　张	17.5			
字　　数	390 千字	版　　次	2023 年 3 月第 1 版	
购书热线	010-58581118	印　　次	2024 年 9 月第 2 次印刷	
咨询电话	400-810-0598	定　　价	49.50 元	

本书如有缺页、倒页、脱页等质量问题，请到所购图书销售部门联系调换
版权所有　侵权必究
物　料　号　58941-00

"智慧职教"服务指南

"智慧职教"（www.icve.com.cn）是由高等教育出版社建设和运营的职业教育数字教学资源共建共享平台和在线课程教学服务平台，与教材配套课程相关的部分包括资源库平台、职教云平台和App等。用户通过平台注册，登录即可使用该平台。

● 资源库平台：为学习者提供本教材配套课程及资源的浏览服务。

登录"智慧职教"平台，在首页搜索框中搜索"人工智能技术基础"，找到对应作者主持的课程，加入课程参加学习，即可浏览课程资源。

● 职教云平台：帮助任课教师对本教材配套课程进行引用、修改，再发布为个性化课程（SPOC）。

1. 登录职教云平台，在首页单击"新增课程"按钮，根据提示设置要构建的个性化课程的基本信息。

2. 进入课程编辑页面设置教学班级后，在"教学管理"的"教学设计"中"导入"教材配套课程，可根据教学需要进行修改，再发布为个性化课程。

● App：帮助任课教师和学生基于新构建的个性化课程开展线上线下混合式、智能化教与学。

1. 在应用市场搜索"智慧职教 icve" App，下载安装。

2. 登录 App，任课教师指导学生加入个性化课程，并利用 App 提供的各类功能，开展课前、课中、课后的教学互动，构建智慧课堂。

"智慧职教"使用帮助及常见问题解答请访问 help.icve.com.cn。

前　言

　　人工智能作为电子信息技术的重要发展领域，已渗透至当今社会各行各业，成为助力传统产业实现跨越式升级、大力提升行业生产效率的新引擎。我国高度重视人工智能的技术进步与产业发展，2017年3月，人工智能首次被写入我国政府工作报告；同年7月，国务院印发《新一代人工智能发展规划》，提出面向2030年我国新一代人工智能发展的指导思想、战略目标、重点任务和保障措施。党的二十大报告中提出建设现代化产业体系，推动我国战略性新兴产业融合集群发展，构建以新一代信息技术、人工智能等为代表的新的增长引擎。这一系列举措标志着我国已将人工智能上升到国家战略的高度。蓬勃发展的人工智能产业对相关人才，特别是应用型、技能型人才提出了巨大的需求，我国人工智能产业的人才培养已到了刻不容缓的地步。为配合我国人工智能发展战略，探索实践适合我国国情的人工智能人才培养路径和方法，教育部于2021年新增职业本科教育人工智能工程技术专业，大力推进人工智能复合型人才建设与职业发展，促进人工智能技术在产业界的落地。

　　本书围绕职业本科教育人工智能工程技术专业人才培养目标，结合"人工智能技术基础"课程定位以及学生认知特点，将理论知识和实践技能充分融合，以人工智能技术与产业应用中涉及的专业知识为主线，采用递进式结构组织教材内容，全面、详尽地介绍人工智能基本概念、发展简史、产业结构、核心技术、关键流程、开发工具以及主流应用等相关知识，使学生能快速掌握人工智能领域的基本知识和技能，初步具备人工智能产业应用所需的基本职业能力，并为后续学习人工智能专业核心课程打下基础。

　　本书共有9章：第1章介绍人工智能基本概念、发展简史、技术与应用、中国人工智能战略以及人工智能伦理等；第2章介绍人工智能产业及分层架构，人工智能与大数据、云计算、5G的关系；第3章介绍Python语言程序设计基础和机器学习库的使用；第4章介绍机器学习的基本概念、流程和方法，经典算法及模型构建；第5章介绍深度学习的基本概念、神经网络优化、典型深度神经网络的模型构建和应用；第6章介绍知识图谱的基本概念、架构、系统构建和应用；第7章介绍人工智能深度学习框架的使用和实战技巧；第8章介绍计算机视觉与图像处理的基础知识、方法和实战案例；第9章介绍自然语言处理的基础知识、方法和实战案例。

　　在本书的编写过程中，主编深感于近年来人工智能技术发展日新月异，因此基于最新的课程教学改革成果不断优化教材内容。同时，为加快推进党的二十大精神进教材、进课堂、进头脑，本书贯彻深入实施科教兴国战略、人才强国战略的指导思想，紧扣职业本科教育特点，理论与实践深度融合，知识点与实际案例紧密结合。全书以培养德才兼备的高素质人工智能复合型人才的综合能力为目标，从职业技能需求出发，将人工智能的产业链、行业应用、最新技术等内容纳入知识体系，突出职业岗位特色，体现全面提高人才自主培养质量要求。在阐述人工智能基础知识的同时，重视介绍相关理论在实际场景中的典型案例，强调人工智能在相关产业中的技术应用和实现方法，从而培养学生端到端、全流程的职业素养，使其能够清晰地理解人工智能相关知识的实用价值，并掌握运用所学知识解决实际问题的基本方法。

本书由刘向东主编，马浩、樊晓唯、刘波、陈锐、蒋林岑、朱家乐、夏吉安参与编写。编者团队成员均为高校人工智能专业的一线教师，且具有多年国内知名科技企业的工作经历，是典型的双师型教师队伍，具有扎实的理论基础和丰富的实践经验。本书的问世，不仅有编写团队的辛勤努力，也得到了人工智能产业界和高校诸多资深专家的悉心指导，更有作者家人的默默付出与精神鼓励。在此向所有为本书的顺利出版做出巨大贡献的幕后人员一并表示衷心的感谢！

由于编者水平有限，书中难免存在错误和不妥之处，敬请广大读者批评指正。

编 者

2023 年 1 月

目 录

第1章 人工智能概述 ……… 1
1.1 人工智能基本概念 ……… 2
　1.1.1 体验人工智能 ……… 2
　1.1.2 什么是智能 ……… 4
　1.1.3 什么是人工智能 ……… 5
1.2 人工智能发展简史 ……… 6
1.3 人工智能技术与应用 ……… 10
　1.3.1 主要技术领域 ……… 10
　1.3.2 主要应用领域 ……… 18
1.4 中国人工智能战略 ……… 20
1.5 人工智能与社会伦理 ……… 22
课后习题 ……… 24

第2章 人工智能产业 ……… 25
2.1 人工智能产业概况 ……… 26
　2.1.1 企业人工智能布局 ……… 26
　2.1.2 中国人工智能产业概述 ……… 28
　2.1.3 中国人工智能产业人才发展现状 ……… 29
　2.1.4 中国人工智能产业发展的机遇与挑战 ……… 30
2.2 人工智能产业分层架构 ……… 31
　2.2.1 基础层 ……… 32
　2.2.2 技术层 ……… 32
　2.2.3 应用层 ……… 33
　2.2.4 人工智能产业链 ……… 33
2.3 人工智能与大数据和云计算 ……… 34
　2.3.1 人工智能与大数据 ……… 34
　2.3.2 人工智能与云计算 ……… 35
2.4 人工智能与5G技术 ……… 35
课后习题 ……… 36

第3章 Python 程序设计基础 ……… 37

3.1 Python 概述 ……… 38
3.2 Python 语法基础 ……… 40
　3.2.1 基本语法 ……… 40
　3.2.2 变量定义和使用 ……… 41
　3.2.3 标识符和关键字 ……… 43
　3.2.4 运算符 ……… 43
3.3 Python 常用语句 ……… 44
　3.3.1 判断语句 ……… 44
　3.3.2 循环语句 ……… 45
　3.3.3 break 语句 ……… 46
　3.3.4 continue 语句 ……… 47
3.4 字符串、列表、元组和字典 ……… 47
　3.4.1 字符串 ……… 48
　3.4.2 列表 ……… 49
　3.4.3 元组 ……… 49
　3.4.4 字典 ……… 50
3.5 函数 ……… 50
　3.5.1 函数的定义 ……… 50
　3.5.2 函数调用 ……… 51
　3.5.3 参数 ……… 51
3.6 异常处理 ……… 52
　3.6.1 异常介绍 ……… 52
　3.6.2 捕获异常 ……… 52
3.7 Python 模块 ……… 53
　3.7.1 模块的引入 ……… 53
　3.7.2 常用内置模块 ……… 54
3.8 Python 面向对象 ……… 54
　3.8.1 面向对象概述 ……… 55
　3.8.2 类和对象 ……… 55
　3.8.3 构造方法和析构方法 ……… 57
　3.8.4 Python 面向对象三大特性 ……… 58

3.9 Python 数据处理和机器
　　学习库简介 ················ 60
　3.9.1 科学计算库 NumPy ········ 61
　3.9.2 科学计算库 SciPy ········· 61
　3.9.3 数据分析处理库 Pandas ···· 62
　3.9.4 数据可视化库 Matplotlib ··· 63
课后习题 ······················· 64

第4章　机器学习 ············· 65

4.1 机器学习概述 ················ 66
　4.1.1 什么是机器学习 ··········· 66
　4.1.2 机器学习方法 ············· 66
　4.1.3 机器学习流程 ············· 67
　4.1.4 数据集、特征和标签 ······· 69
　4.1.5 训练集、验证集和测试集 ··· 70
　4.1.6 数据预处理 ··············· 71
4.2 模型构建 ···················· 72
　4.2.1 什么是模型 ··············· 72
　4.2.2 模型拟合 ················· 72
　4.2.3 交叉验证 ················· 73
　4.2.4 误差分析 ················· 74
　4.2.5 模型评估 ················· 74
4.3 经典算法介绍 ················ 77
　4.3.1 线性回归 ················· 77
　4.3.2 逻辑回归 ················· 78
　4.3.3 决策树 ··················· 79
　4.3.4 朴素贝叶斯 ··············· 81
　4.3.5 K-近邻 ··················· 83
　4.3.6 支持向量机 ··············· 84
　4.3.7 聚类分析 ················· 86
　4.3.8 集成学习 ················· 89
　4.3.9 数据降维 ················· 92
课后习题 ······················· 95

第5章　深度学习 ············· 97

5.1 神经网络概述 ················ 98
　5.1.1 神经元模型 ··············· 98
　5.1.2 激活函数 ················ 100
　5.1.3 从感知机到神经网络 ····· 104
　5.1.4 神经网络的分类 ········· 105
5.2 全连接神经网络 ············· 106

　5.2.1 前向传播 ················ 106
　5.2.2 损失函数 ················ 108
　5.2.3 梯度下降 ················ 108
　5.2.4 反向传播 ················ 109
5.3 神经网络优化技术 ··········· 110
　5.3.1 数据标准化 ·············· 110
　5.3.2 梯度下降的几个变种 ····· 111
　5.3.3 动量法 ·················· 112
　5.3.4 自适应学习率 ············ 113
　5.3.5 L2 正则化 ··············· 114
　5.3.6 提前终止 ················ 114
　5.3.7 Dropout ················· 114
5.4 卷积神经网络 ··············· 116
　5.4.1 全局连接和局部连接 ····· 116
　5.4.2 卷积神经网络的基本结构 ··· 118
　5.4.3 卷积层 ·················· 119
　5.4.4 卷积神经网络的运行过程 ··· 123
　5.4.5 常见的卷积类型 ········· 125
　5.4.6 池化层 ·················· 126
　5.4.7 全连接层 ················ 127
5.5 循环神经网络 ··············· 127
　5.5.1 循环神经网络概述 ······· 127
　5.5.2 循环神经网络的原理及运
　　　　行过程 ·················· 128
　5.5.3 循环神经网络的多种结构 ··· 129
　5.5.4 LSTM ··················· 131
5.6 深度学习应用 ··············· 133
课后习题 ······················ 134

第6章　知识图谱 ············ 137

6.1 什么是知识图谱 ············· 138
　6.1.1 知识图谱概述 ············ 138
　6.1.2 知识的定义 ·············· 141
　6.1.3 知识表示 ················ 141
6.2 知识图谱架构 ··············· 145
　6.2.1 逻辑架构 ················ 145
　6.2.2 技术架构 ················ 145
6.3 知识图谱构建 ··············· 146
　6.3.1 知识建模 ················ 148
　6.3.2 数据处理 ················ 150

6.3.3 知识抽取 ………… 151
6.3.4 知识融合 ………… 152
6.3.5 知识存储 ………… 153
6.3.6 知识管理 ………… 154
6.3.7 知识计算 ………… 155
6.3.8 知识服务 ………… 156
6.4 知识图谱应用 ………… 157
课后习题 ………… 160

第7章 TensorFlow 深度学习框架 ………… 161

7.1 TensorFlow 简介 ………… 162
  7.1.1 深度学习框架介绍 ………… 162
  7.1.2 TensorFlow 系统架构 ………… 162
7.2 安装 TensorFlow ………… 163
  7.2.1 系统要求 ………… 163
  7.2.2 安装方式 1：从 Python 开始 ………… 164
  7.2.3 安装方式 2：从 Anaconda 开始 ………… 168
7.3 TensorFlow 基础知识 ………… 169
  7.3.1 张量 ………… 169
  7.3.2 激活函数 ………… 176
  7.3.3 层 ………… 178
  7.3.4 模型 ………… 186
7.4 TensorFlow 实战：手写数字识别 ………… 190
课后习题 ………… 198

第8章 计算机视觉 ………… 199

8.1 什么是计算机视觉 ………… 200
8.2 计算机视觉的行业应用 ………… 201
8.3 计算机视觉的发展历史 ………… 201
8.4 计算机视觉的实现方法与流程 ………… 206
  8.4.1 图像采集 ………… 206
  8.4.2 图像预处理 ………… 209
  8.4.3 特征提取 ………… 212
  8.4.4 模型学习 ………… 213
8.5 计算机视觉典型任务的深度学习方法 ………… 213
  8.5.1 图像分类 ………… 213
  8.5.2 目标检测 ………… 213
  8.5.3 语义分割与实例分割 ………… 214
  8.5.4 风格迁移 ………… 215
  8.5.5 人体姿态估计 ………… 216
  8.5.6 超分辨率 ………… 216
  8.5.7 图像着色 ………… 217
  8.5.8 图像生成 ………… 217
  8.5.9 自动驾驶 ………… 218
8.6 计算机视觉案例实战 ………… 219
  8.6.1 计算机视觉工具和开源库 ………… 219
  8.6.2 基于传统方法的人脸检测 ………… 220
  8.6.3 基于深度学习的人脸检测 ………… 228
  8.6.4 人脸检测结果对比 ………… 231
课后习题 ………… 232

第9章 自然语言处理 ………… 233

9.1 自然语言处理概述 ………… 234
  9.1.1 什么是自然语言处理 ………… 234
  9.1.2 自然语言处理的典型应用场景 ………… 235
9.2 自然语言处理的研究内容与现状 ………… 236
  9.2.1 研究内容 ………… 236
  9.2.2 发展阶段 ………… 238
  9.2.3 面临的挑战 ………… 239
9.3 自然语言处理过程与方法 ………… 240
  9.3.1 获取语料 ………… 240
  9.3.2 文本预处理 ………… 240
  9.3.3 特征工程 ………… 242
  9.3.4 学习模型 ………… 251
  9.3.5 应用分析 ………… 254
9.4 自然语言处理案例实战 ………… 261
  9.4.1 环境及数据准备 ………… 261
  9.4.2 数据预处理 ………… 262
  9.4.3 网络结构 ………… 263
  9.4.4 网络训练 ………… 264
  9.4.5 网络预测 ………… 264
课后习题 ………… 265

参考文献 ………… 266

第 1 章
人工智能概述

🔍 **学习目标**

- 了解智能和人工智能的定义以及两者的关系。
- 了解人工智能的发展阶段、标志性事件和关键人物。
- 了解人工智能的主要技术领域及其代表性应用。
- 了解我国人工智能的战略发展规划和重大意义。
- 了解人工智能伦理相关知识以及技术开发关键要求。
- 熟悉计算机视觉技术开发的常用开源工具。
- 掌握使用开源工具实现词法分析和句法分析的简单方法。

过去人们对人工智能的认知主要来自于文学或影视作品，这些科幻作品中由人类制造且具有人类智慧的机器是人们对人工智能最直观的认识。它们有些是人类的朋友，有些变成人类的敌人，进而严重威胁到人类的生存。人们在欣赏这些娱乐作品、在茶余饭后谈论有关话题时，大多数人都会认为人工智能距离现实仍然是一件非常遥远的事，甚至是不可能实现的。直到 2016 年人工智能机器人 AlphaGo 以 4∶1 的成绩大胜世界围棋冠军李世石，并且在 2017 年又以 3∶0 的成绩战胜了当时围棋界排名世界第一的柯洁，引起了全球轰动，使得人工智能从科学界迅速地走进普通大众的视野。

人工智能经历了六十多年的发展，如今已深入人们的日常生活中。可以说当今的人工智能已经无处不在，人们每天都在自觉或者不自觉地与人工智能打交道，其已成为席卷全球的科技产业。人们在惊叹人工智能的巨大功能，并享受着人工智能带来各种便利的同时，也陷入了深深的思考。人工智能是什么？人工智能的未来是什么？人类与人工智能的关系又是什么？让我们带着这一系列问题，一起走入人工智能的世界。

1.1 人工智能基本概念

1.1.1 体验人工智能

目前在人们日常的工作和生活中，已随处可见人工智能的身影，各种基于人工智能技术的应用层出不穷，在很大程度上改变了人们传统的工作和生活方式，给人们带来了极大的便利。

1. 人脸识别

人脸识别技术是基于人的脸部特征快速完成身份识别的一种生物识别技术，是用摄像机或摄像头采集含有人脸的图像或视频流，并自动在图像中检测和跟踪人脸，进而对检测到的人脸进行脸部识别的一系列相关技术，通常也称为人像识别或面部识别。人脸识别技术广泛应用于身份验证、公共安全等领域，例如在高铁站检票口，通过检票口的摄像头，可完成对乘客人脸图像的采集、检测及建模，对乘客进行实时监测和身份识别，实现便捷、高效进站，如图 1-1 所示。

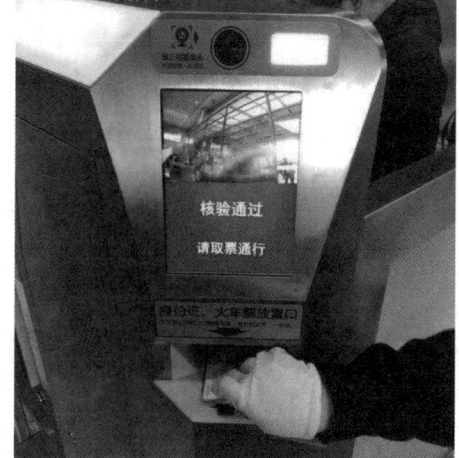

图 1-1　人脸识别身份验证

2. 车牌识别

车牌识别是计算机视频图像识别技术在车辆牌照识别中的一种应用。例如，智能停车场通过摄像机摄取图像，自动识别车辆进入和驶出时的车牌号码、车牌颜色，以及判断车辆类型等，同时记录车辆的出入场时间等信息，并与自动门、栏杆机的控制设备结合，实现车辆的自动管理。该技术应用于停车场不仅可以实现自动计时收费，还可以自动计算可用车位数量并给出提示，实现停车收费自动管理，节省人力并提高效率，如图 1-2 所示。

3. 美颜拍照

美颜拍照能够颠覆传统的拍照效果，实现自动美颜的功能，如磨皮、美白、瘦脸、眼部增强、五官立体等，很多人都爱使用。美颜拍照通过对人的五官进行精准定位，为用户提供美颜效果，可以实现美妆的功能，能够满足用户爱美的需求。通过人脸识别技术中的特征检测进行脸部定位，可以为用户在拍照时或者是在直播时提

图 1-2 停车场车牌自动识别

供各种有趣的特效，如实时美妆、换脸等动态效果，提高与用户的互动，增强娱乐性；还可以根据用户的性别、年龄、肤色或者是环境进行数据分析，为用户提供合适的美颜效果。使用人脸识别技术能够对相册里的人脸进行检测识别，实现自动分类，便于用户查找和管理照片。

4. 机器翻译

机器翻译又称为自动翻译，是利用计算机将一种自然语言转换为另一种自然语言的过程。它是计算语言学的一个分支，是人工智能的终极目标之一，具有重要的科学研究价值和实用价值。机器翻译工具能够帮助用户跨越语言鸿沟，方便快捷地获取信息和服务。例如，应用非常广泛的百度翻译工具支持全球 200 种语言互译，包括中文（简体）、英语、日语、韩语、西班牙语、泰语、法语和阿拉伯语等，覆盖约 4 万个翻译方向，如图 1-3 所示。

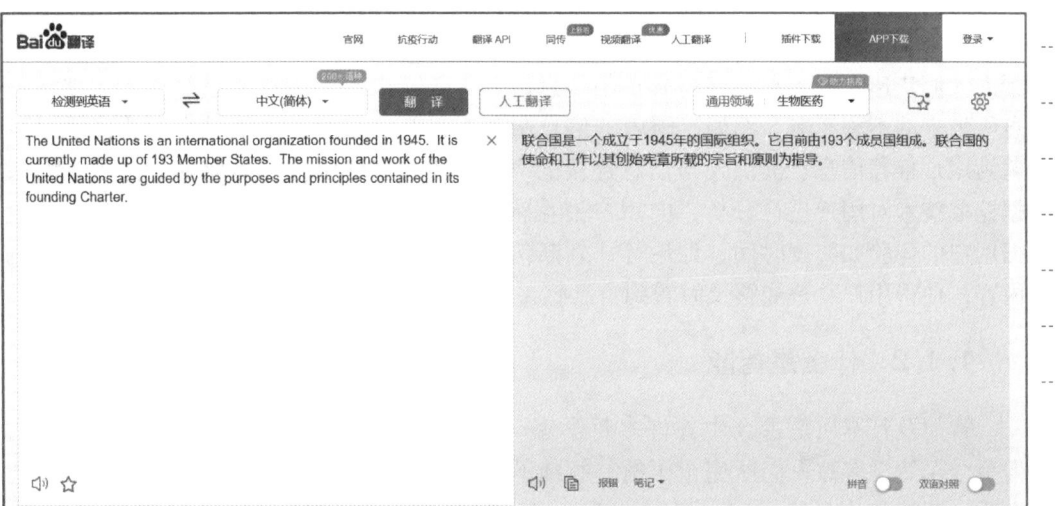

图 1-3 多语言自动翻译机界面

5. 语音识别

语音识别也称为自动语音识别，其目标是将人类语音中的词汇内容转换为计算机可读的输入信息，例如按键、二进制编码或者字符序列。语音识别是以语音为研究对象，通过语音信号处理和模式识别让机器自动识别和理解人类口述的语言。生活中常见的语音识别应用包括语音输入、语音搜索、语音控制、歌曲识别、语音遥控等。国内的科大讯飞、百度、腾讯、阿里巴巴等公司都提供了语音识别的服务，例如手机上的讯飞语音输入法就是一个典型的语音识别应用，如图 1-4 所示。

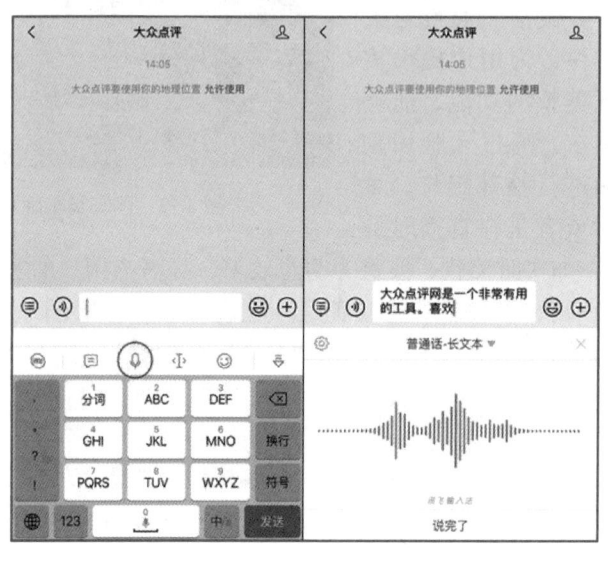

图 1-4 语音输入法界面

6. 兴趣推荐

互联网给人们带来了大量的信息，满足了人们在信息时代的信息需求，但也使得人们在面对这些信息时无法从中获得对自己真正需要的内容，对信息的使用效率有时反而降低了。通常解决这个问题最常规的办法是个性化的兴趣推荐。推荐系统能有效帮助人们快速发现感兴趣和高质量的信息，并有效减少人们浏览到重复或者厌恶的信息所带来的不利影响。例如，国内的信息服务提供商字节跳动旗下的今日头条就是一款为用户推荐信息、提供人与信息连接的产品。用户在注册或者登录时，系统通过数据挖掘技术对用户进行分析，向用户推荐感兴趣的信息。在信息推送给用户后，再根据用户的体验如阅读时间、评论等，判断信息是否符合用户需求，进一步调整推送的内容，使得用户总是能够及时看到自己感兴趣的信息。

1.1.2 什么是智能

智能及其本质是古今中外许多哲学家、脑科学家一直在努力探索和研究的问题，但至今仍然没有被人们所完全了解。智能的发生与物质的本质、宇宙的起源、生命的本质一起被列为自然界四大奥秘。近年来，随着脑科学、神经心理学等研究的进展，人们对人脑的结构和功能有了初步认识，但对整个神经系统的内部结构和作用机制，特别是脑的功能原理还没有认识清楚，仍有待进一步探索。因此，人们很难对智能给出确切的定义。科学家根据对人脑已有的认识,结合智能的外在表现,从不同角度、不同侧面、用不同方法对智能进行了研究,提出了几种关于智能的观点,其中影响较大的观点是思维理论、知识阈值理论和进化理论。

思维理论认为智能的核心是思维,人的一切智能都来自大脑的思维活动,人类的一切知识都是人类思维的产物,因而通过对思维规律与方法的研究有望揭示智能的本质。知识阈值理论认为智能行为取决于知识的数量及其一般化的程度,一个系统之所以有智能是因为它具有可运用的知识。因此,知识阈值理论把智能定义为:智能就是在巨大的搜索空间中迅速找到一个满意解的能力。这一理论在人工智能的发展史中有着重要的影响,如知识工程、专家系统等都是在这一理论的影响下发展起来的。进化理论认为人的本质能力是在动态环境中的行走能力、对外界事物的感知能力、维持生命和繁衍生息的能力。其核心是用控制取代表示,从而取消概念、模型及显式表示的知识,否定抽象对智能及智能模型的必要性,强调分层结构对智能进化的可能性与必要性。

综上所述,可以认为智能是知识与智力的总和,其中知识是一切智能行为的基础,而智力是获取知识并运用知识求解问题的能力,是头脑中思维活动的具体体现。一般认为,智能是指个体对客观事物进行合理分析、判断及有目的地行动和有效地处理周围环境事宜的综合能力。

1.1.3 什么是人工智能

人工智能(Artificial Intelligence,AI)自从其概念产生以来,在不同时期,由不同专家从不同角度提出了多种不同的理解和解释,其中具有代表性的定义有以下几个。

1)1978年,贝尔曼(Bellman)从模拟人类思维的角度,给出了如下的定义:人工智能是那些与人的思维、决策、问题求解和学习等有关活动的自动化。

2)1985年,霍格兰德(Haugeland)也从模拟人类思维的角度,将人工智能定义为一种使计算机能够思维、使机器具有智力的激动人心的新尝试。

3)1985年,查尔尼克(Charniak)和麦克德莫斯(McDermoth)从理性思维的角度,认为人工智能是使用计算模型而对智力行为所进行的研究。

4)1990年,库兹韦尔(Kurzweil)从模拟人类行为的角度,给出了一种定义:人工智能是制造能够完成需要人的智能才能完成的任务的机器的技术。

5)1991年,里克(Rick)和奈特(Knight)也是从模拟人类行为的角度出发,给出了另一个定义:人工智能是研究如何让计算机做现阶段人类才能做得更好的事情。

6)1992年,温斯顿(Winston)同样从理性思维的角度,对人工智能做出了另一种定义:人工智能是研究那些使理解、推理和行为成为可能的计算。

从上述各种定义中可以看出,人工智能主要涉及三个核心要素:机器、模拟、智能,即能够模拟人类智能的机器。因此,人们总结了一个较为通用的定义:人工智能是研究、开发用于模拟、延伸和扩展人的智能的理论、方法、技术及应用系统的一门新的技术科学。

人工智能作为一门学科,是计算机科学的一个分支,是一个以计算机科学为基础,由计算机、心理学、哲学等多学科交叉融合的交叉学科、新兴学科,是一门极富挑战性的科学。其研究内容是高度技术性和专业的，各分支领域都是深入且各不相通的，因而涉及范围极广。人工智能学科研究的主要内容包括：知识表示、自动推理和搜索方法、机器学习和知识获取、知识处理系统、自然语言理解、计算机视觉、智能机器人以及自动程序设计等。

1.2 人工智能发展简史

从人工智能这一概念的出现开始，到今天在各个行业的广泛应用，其发展过程历经几次高潮和低谷，大致可以归纳为四个发展时期：孕育期、形成期、发展期、繁荣期。人工智能还远没有达到人们所期望的目标，因此人工智能的技术和产业必将持续发展下去。

1. 孕育期

人类历史上很早就开始出现对思维和智能的研究，并产生了很多相关理论，其中最具代表性的是古希腊时期著名哲学家亚里士多德的《工具论》。他认为分析学或逻辑学是一切科学的工具，力图把思维形式和存在联系起来，并按照客观实际来阐明逻辑的范畴。《工具论》主要论述了演绎法，为形式逻辑奠定了基础。形式逻辑的中心内容是三段论学说，即包含大前提、小前提和结论三个部分的论证。后来的英国数学家布尔为了研究思维规律，于1854年出版了《思维规律的研究》这部著作，创立了一种新的逻辑代数系统，这就是著名的"布尔代数"，其用符号语言描述了思维活动中推理的基本法则，是计算机数学的基础。

人工智能的孕育期大致是在20世纪40年代至20世纪50年代中叶。这个时期有一批来自不同行业、不同领域的专家从其自身专业出发，从不同角度对人工智能提出了不同的理解、认识和方法，其中具有代表性的贡献主要包括以下几点。

1943年心理学家麦克洛奇（McCulloch）和数理逻辑学家皮兹（Pitts）在《数学生物物理公报》上发表了关于神经网络的数学模型，现在一般将其称为M-P神经网络模型。该模型总结了神经元的一些基本生理特性，提出神经元形式化的数学描述和网络的结构方法，从此开创了神经计算的时代。

1945年冯·诺依曼（Von Neumann）提出了存储程序的概念，并于1946年领导团队成功研制出第一台通用电子计算机ENIAC，为人工智能的诞生奠定了物质基础。

1948年克劳德·香农（Claude Shannon）发表了《通信的数学理论》，标志着信息论的诞生。他认为人的心理活动可以用信息的形式来进行研究，并提出了描述心理活动的数学模型。

1948年维纳（Wiener）创立了控制论，这是研究和模拟自动控制的生物和人工系统的学科，标志着人们根据动物心理和行为科学进行计算机模拟研究和分析的基础已经形成。

1950年被后人称为计算机科学之父的阿兰·图灵（Alan Turing）在其发表的论文《计算机器与智能》中提出了人工智能领域著名的图灵测试，该测试至今仍被作为人工智能水平的重要测试标准之一。

图灵测试如图1-5所示。在测试环境中,测试者是人类,被测试者中一个是人类,另一个是机器。测试者与被测试者之间相互隔开,互不可见,仅通过一些装置(如键盘)进行交流。在测试过程中,测试者向被测试者随意提问。在进行多轮测试后,如果有超过30%的测试者不能确定被测试者是人还是机器,那么这台机器就通过了测试,并被认为具有人类的智能。

图1-5 图灵测试

上述的各种研究方向、方法和成果,主要包括数理逻辑、自动机理论、控制论、信息论、神经计算、电子计算机等学科的建立和发展,为人工智能的诞生创造了条件。

2. 形成期

人工智能的形成期大致在20世纪50年代中叶至20世纪60年代末期,这一时期出现了统一的、公认的名词——人工智能,并形成了人工智能发展的第一次高潮,是人工智能从百花齐放到逐渐统一的时期,也是思想、方法和理论研究逐渐冲击到应用的过程。但在经过这一轮发展高潮之后,人工智能遭遇了其发展史上的第一次寒冬。

1956年约翰·麦卡锡召集一群科学家聚会在美国达特茅斯学院,举行了一场为期两个月的"人工智能夏季研讨会",标志着人工智能的正式诞生。当时参会的有认知科学家马文·明斯基、信息论创始人克劳德·香农、机器感知之父奥利弗·赛弗里奇、经验概率理论发明人雷·所罗门诺夫等人。会议期间正式提出了"人工智能"这一名词,而约翰·麦卡锡后来被公认为人工智能之父,他也是1971年图灵奖得主、人工智能语言LISP的创始人。

达特茅斯会议之后,人工智能研究进入了20年的黄金时代。这一时期取得的几个典型的成果如下。

1956年塞缪尔(Samuel)研制出跳棋程序。该程序具有学习功能,能够从棋谱中学习,也能在实践中总结经验、提高棋艺。它在1959年打败了塞缪尔本人,又在1962年打败了美国一个州的跳棋冠军。这是模拟人类学习过程的一次卓有成效的探索,是人工智能的一个重大突破。

1958 年麦卡锡（McCarthy）研制出了表处理语言 LISP，不仅可以处理数据，而且可以方便地处理符号，成为人工智能程序设计语言的重要里程碑。目前 LISP 语言仍然是人工智能系统重要的程序设计语言和开发工具。

1960 年艾伦·纽威尔（Allen Newell）和赫伯特·西蒙（Herbert Simon）等人研制了通用问题求解程序 GPS，它是对人们求解问题时思维活动的总结。该系统是从一个目标开始，然后将这个目标分解成子目标，再构建能够完成每个子目标的策略。GPS 可以用来求解不定积分、三角函数、代数方程等 11 种不同类型的问题，并首次提出了启发式搜索的概念，从而使启发式程序具有较普遍的意义。

1968 年人工智能专家费根鲍姆（Feigenbaum）和化学家莱德伯格（Lederberg）等人合作研制成功了化学分析专家系统 DENDRAL，被认为是专家系统的萌芽，是人工智能研究从一般思维探讨到专门知识应用的一次成功尝试。

人工智能在这个时期虽然取得了上述的成果，并经过了一段时间的快速发展，也创造了各种软件程序或硬件机器人，但它们看起来都只是"玩具"。人工智能实际上遇到了很多困难，遭受了很多挫折。例如，虽然很多难题在理论上可以解决，但看上去只是少量的规则或几个很少的棋子，带来的计算量增长却是惊人的，导致在当时的条件下根本无法解决。

1973 年数学家拉特希尔提交了一份关于人工智能的研究报告，对当时的机器人技术、语言处理技术和图像识别技术进行了严厉的批评，尖锐地指出人工智能那些看上去宏伟的目标根本无法实现，其研究已经完全失败。此后，科学界对人工智能进行了一轮深入的拷问，使人工智能遭受到严厉的批评和对其实际价值的质疑。随后，各国政府和机构也停止或减少了相应资金投入，人工智能在 20 世纪 70 年代陷入了第一次寒冬。

3. 发展期

人工智能在 20 世纪 60 年代末逐渐陷入低谷，此后经历了约 10 年的寒冬期。到了 20 世纪 70 年代末期，由于基于知识工程的专家系统的出现，使得人工智能又迎来了春天，并出现了第二次发展高潮。可是好景不长，在经过了 10 多年的兴旺发展后，到了 20 世纪 80 年代后期，人工智能再一次走入低谷。

1978 年卡内基-梅隆大学开始开发一款能够帮助顾客自动选配计算机配件的软件程序 XCON，并且在 1980 年正式投入工厂使用。XCON 是个完善的专家系统，这成为一个新时期的里程碑，专家系统开始在特定领域发挥威力，带动了整个人工智能技术进入欣欣向荣的阶段。

专家系统是一套计算机软件，往往聚焦于某一单个专业领域，模拟人类专家回答问题或提供知识，帮助工作人员做出决策。它一方面需要人类专家整理某领域内大量的专家规则并录入知识库，另一方面需要计算机科学家编写推理机程序，设定如何根据提问进行推理找到答案。专家系统把自己限定在一个小的范围，避免了通用人工智能的各种难题，并充分利用现有专家的知识经验，务实地实现人类特定工作领域需要完成的任务。

同一时期，由于计算机技术和人工智能技术的快速发展，点燃了日本政府的热情，并于 1982 年发起了第五代计算机系统研究计划，目的是抢占未来信息技术的先机，创造具有划时代意义的超级人工智能计算机，即一种能够用于知识推理的专用计算机。然而，这个项目却在 10 年后因未能达到预期目标而以失败告终。

专家系统在经过 10 余年的兴旺发展后，到了 20 世纪 80 年代末，它的发展受到了实质性的阻碍，主要原因是大型专家系统由于推理算法的复杂性以及当时计算机能力的限制，特别是日本第五代计算机的失败，导致人们开始对专家系统和人工智能产生了信任危机，使得人工智能的发展再一次走入低谷。

4. 繁荣期

自 20 世纪 80 年代末开始，人工智能经历了 10 多年的第二个寒冬期后，从 20 世纪 90 年代末期开始直到现在，由于计算力、算法及大数据技术的迅猛发展，人工智能迎来了有史以来最为繁荣的时期，其与各行业、各领域开始深度融合，推动了社会经济的发展。

1997 年 IBM 的计算机"深蓝"（Deep Blue）战胜了人类世界象棋冠军卡斯帕罗夫。此战后，卡斯帕罗夫表示"深蓝"有时可以"像上帝一样思考"。但这次世纪之战其实只是计算机依赖速度和蛮力，在规则明确、条件透明的游戏中才能取得的胜利。而 2016 年和 2017 年的两场轰动世界的围棋人机大战，人工智能程序 AlphaGo 先后战胜多位围棋世界冠军，是引发人工智能第三次高潮的标志性事件。

人工智能之所以能够在这一时期取得如此巨大的发展，主要得益于人工智能三大关键技术（算法、数据、算力）的全面突破。

1）算法：机器学习和人工神经网络，特别是近年来深度学习技术的发展，使人工智能在算法技术上有了质的飞跃。现在主流的基于多层神经网络的深度学习算法，不断加强机器从海量数据中自行归纳物体特征的能力，以及对新事物多层特征提取、描述和还原的能力，最终使得基于深度学习的机器视觉、语音语义、生物识别等多种人工智能技术在识别准确率上不断提升，从而可以在更广泛的场景下解决实际问题。这是推动人工智能商业化进程最直接的条件。

2）数据：人工智能是一种与数据相互依赖、相互促进的新技术。近年来数据仓库、数据挖掘等技术的快速发展，特别是大数据技术与人工智能的有机结合，为人工智能算法的训练和应用提供了基础材料，数据越多越充分，则训练出的人工智能模型就越准确。数据的扩张对算法和算力都提出了新的挑战，同时算法和算力的提升也进一步推动了数据的有效使用。

3）算力：互联网的出现，特别是移动互联网的高速发展，包括物联网、云计算等新技术的广泛应用，带动了分布式计算、并行计算等新型计算方法的问世，极大地提高了计算能力，为人工智能的发展奠定了坚实的物质基础。GPU、FPGA、ASIC 等人工智能芯片的不断创新，使得计算能力整体有了巨大提升。人工智能在面对海量数据、复杂场景时的算法训练和落地应用都有了更强大的算力支撑，从而能够更快、更精准地获得结果。无论从技术实现上还是从用户体验上看，这些都是人工智能商业化的重要助推力。

总之，从前很多陷于困境的应用都因这些新技术的运用而取得了突破性的进展，如图像识别技术正逐渐从成熟走向深入，从日常的人脸识别到照片中的各种对象识别，从手机的人脸解锁到 AR 空间成像技术，以及图片、视频的语义提取等。此外，知识工程和专家系统也在这一时期取得了新的进展，例如基于本体论的新的知识表示方法以及大规模知识图谱的出现。这一切都在表明，人工智能已进入大规模的实用阶段，其与各个行业、各个领域实现了充分融合，并取得了全面的突破性进展。可以毫不夸张地说，现阶段的人类社会已全面进入了人工智能时代。

1.3 人工智能技术与应用

1.3.1 主要技术领域

人工智能分为计算智能、感知智能和认知智能三个层次。简单来说，计算智能即快速计算、记忆和存储的能力；感知智能，即视觉、听觉、触觉等感知的能力；认知智能则更为复杂，包括分析、思考、理解、判断的能力。随着计算机硬件的不断发展，计算能力和存储手段不断升级，计算智能已经基本能够满足当前应用的需求，如现代的云计算技术、云存储技术提供了强大的计算和存储能力。随着移动互联网的普及和大数据、云计算等技术的发展，语音、图像、视频等与感知相关的感知智能也得到了快速发展，如计算机视觉、自然语言处理、语音识别等已经实现了大规模的商用。相对于计算智能和感知智能，实现认知智能的难度很大，即要求机器能够像人类一样思考，需要机器具备人类所独有的认知能力，能够对数据和语言进行理解、推理、解释、归纳、演绎，而知识工程系列技术正是认知智能的核心。

微课 1-2
人工智能技术领域

1. 计算机视觉

计算机视觉（Computer Vision，CV）是通过计算机来模拟人类的视觉功能，是一门研究如何让计算机实现像人类那样"看"的学科，是人工智能领域的一个重要部分。它是利用摄像机和计算机代替人眼，从客观事物的图像中提取信息，进行处理并加以理解，最终用于实际检测、测量和控制，使计算机拥有类似于人类对目标进行分割、分类、识别、跟踪、判别决策的能力，其研究目标是使计算机具有通过二维图像认识三维环境信息的能力。计算机视觉是以图像处理技术、信号处理技术、概率统计分析、计算几何、神经网络、机器学习理论和计算机信息处理技术等为基础，通过计算机分析和处理视觉信息。目前，计算机视觉已经广泛地应用于工业、农业、医疗、保险、航空、航天、军事、安全等各个领域，在社会经济中发挥着重要的作用。

微课 1-3
计算机视觉

一个完整的计算机视觉处理过程主要包括图像获取、数字图像处理、图像分析和理解、计算机视觉应用。

（1）图像获取

图像获取是通过图像传感器将外部世界的景物转换成计算机能够存储和处理的数字化图像的过程。典型的图像传感器是摄像设备如照相机、摄像机，此外还有热成像相机、高光谱成像仪雷达设备、激光设备等多种设备和仪器，它们都能够实现外部景物的数字化。计算机内的数字化图像是由被称为"像素"的点所构成的点阵结构，并使用数字来表示像素的值。

常见的数字化图像主要有二值图像、灰度图像、彩色图像。当使用 8 位来表示一个像素的颜色时,二值图像表示图像中像素的值为 0(黑色)或 255(白色)两种,图像呈现出明显的黑白效果;灰度图像表示图像中像素值的范围为 0~255,共 256 级灰度,图像呈现出颜色深浅的效果;彩色图像表示图像中像素具有 R(红色)、G(绿色)、B(蓝色)三个色彩分量,也称为颜色通道,每个色彩分量的取值范围为 0~255,共 256 级灰度,反映了对应颜色的深度程度。例如,一张 9 像素的 8 位 RGB 数字图像,在计算机中的表示形式如图 1-6 所示。

	B	G	R
0	0	0	255
	255	0	255
	255	0	0
	0	255	255
	255	255	0
	255	255	255
	0	255	0
	255	255	255
8	0	0	0

本页彩图

图 1-6 图像的数字表示

笔记

(2)数字图像处理

数字图像的处理是在计算机内通过数字计算的方式对图像进行处理,以方便图像的存储、传输和表示,以及改善图像信息便于人类理解。数字图像处理主要包括图像变换、图像编码压缩、图像增强和复原、图像分割等多种方式。

1)图像变换:由于图像的像素阵列很大,若直接在空间域中进行处理,则涉及的计算量很大。因此,往往采用各种图像变换的方法,如傅里叶变换、沃尔什变换、离散余弦变换等间接处理技术,将空间域的处理转换为变换域处理,可以减少计算量。

2)图像编码压缩:图像编码压缩可以减少描述图像的数据量(即比特数),以便节省图像传输、处理时间和减少所占用的存储器容量。压缩可以在不失真的前提下获得,也可以在允许的失真条件下进行。编码是压缩技术中最重要的方法,它在图像处理技术中是发展最早且比较成熟的技术。

3)图像增强和复原:图像增强和复原的目的是提高图像的质量,如去除噪声、提高图像的清晰度等。图像增强不考虑图像降质的原因,重点是突出图像中所感兴趣的部分,如强化图像高频分量,可使图像中物体轮廓清晰,细节明显;如强化低频分量,则可减少图像中的噪声影响。

4)图像分割:图像分割是数字图像处理中的关键技术之一,是将图像中有意义的特征部分提取出来,其有意义的特征包括图像中的边缘、区域等,这是进一步进行图像识别、分析和理解图像的基础,如图 1-7 所示。

(3) 图像分析和理解

图像的分析和理解是由图像到模型、数据或抽象符号表示的语义信息，是对人类大脑视觉的一种模拟。图像分析主要包括图像描述、目标检测、特征提取、目标跟踪、物体识别和物体分类。图像理解是对图像高层次的信息分析，包括动作分析、行为分析以及场景语义分析等。

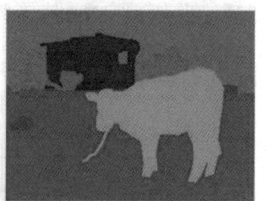

图 1-7　图像分割示例

1）图像特征提取：特征是某一类对象区别于其他类对象的特点或特性，或是这些特点和特性的集合。对于图像而言，每一幅图像都具有能够区别于其他类图像的自身特征，这些特征包括很多方面，如亮度、边缘、区域、纹理、色彩等。图像特征提取的目的是获得图像中所包含的这些特征或者特殊信息，为图像分析提供便利。

2）图像描述：图像描述是图像识别和理解的必要前提。作为最简单的二值图像可采用其几何特性来描述物体的特性；一般图像的描述方法采用二维形状描述，它有边界描述和区域描述两类方法；对于特殊的纹理图像，则可采用二维纹理特征描述。图像描述主要是对图像中感兴趣的目标进行检测和测量，以获得它们的客观信息，为图像分析提供基础。

3）图像分类与识别：图像分类与识别的主要内容是图像经过某些预处理（增强、复原、压缩）以及进行图像分割和特征提取后，对图像进行分类判别，从而识别图像中的物体。图像分类与识别的方法通常采用机器学习的方法，尤其是近年来深度学习方法在图像分类与识别方面取得了非常好的效果。

(4) 计算机视觉应用

经过前面的图像获取、数字图像处理、图像分析和理解之后，计算机便能够模拟人类的视觉能力，从而实现各种视觉类的应用。例如，指纹识别、人脸识别、二维码识别、光学字符识别（OCR）、医学图像识别、运动目标跟踪、目标行为分析、自动驾驶以及智能机器人等，都是目前人工智能技术应用最为广泛的领域。

2. 自然语言处理

自然语言是指一种自然地随文化演化的语言，如汉语、英语、法语等，而不是人造的语言。自然语言的表现形式主要有语音和文本两种，自然语言处理（Natural Language Processing, NLP）主要针对文本形式，而对语音形式的处理主要归纳到语音识别领域。自然语言处理是计算机科学领域与人工智能领域中的一个重要方向，是计算机科学、人工智能、语言学所关注的计算机和人类自然语言之间相互作用的领域。它研究能够实现人与计算机之间用自然语言进行有效通信的各种理论和方法，实现计算机模拟人类"读"和"写"的语言能力。

自然语言处理可以分为两个类型：自然语言理解和自然语言生成。自然语言理解是指将人类的语言转换成知识模型后能够被计算机所理解；自然语言生成是指计算机将知识模型转换成自然语言,从而能够被人类所理解。

(1) 自然语言理解

一段自然语言文本是由段落、章节构成,段落是由若干句子构成,句子是由若干词汇构成。通常理解一段文本的关键是理解词和句子,通过对词汇的理解和对句子语法结构的理解,进而理解整段文本的语义内容,因此自然语言理解的次序是:词法分析、句法分析、语义分析。

1) 词法分析:词法分析包括两个重要的部分,即分词和词性标注。词是最基本的理解单位,分词是将文本中的词汇切分出来,而汉语与其他语言不同,汉语的词汇之间没有分隔符号,不像英语使用空格符天然地将词汇分隔开来,因而汉语的分词需要采用特定的方法来实现。当分词完成后,需要对每个词作词性标注,即为每个词赋予一个类别,这个类别称为词性标注,如名词、动词、形容词等。词性标注是后续句法分析和语义分析的基础,中文的词性标注难度较大。如图1-8所示,使用pyhanlp自然语言处理工具对句子"南京是全国重要的科研教育基地和综合交通枢纽。"进行分词和词性标注,并以"词汇/词性"的形式表示结果。

源代码:1.1 词法分析和句法分析

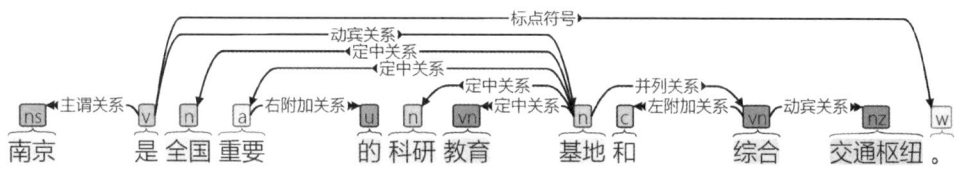

图1-8 词法分析示例

2) 句法分析:在分词和词性标注的基础之上,句法分析的任务是确定句子的语法结构或句子中词汇之间的依存关系,以及词汇在句子中的作用。图1-9所示的是通过pyhanlp对句子"南京是全国重要的科研教育基地和综合交通枢纽。"进行句法分析得到的结果。句法分析不是自然语言处理任务的最终目标,但它往往是实现最终目标的关键环节。

笔记

图1-9 句法分析示例

3) 语义分析:同一个词或者同一个句子,在不同的上下文语境下可能表达的含义完全不同。语义分析是指通过机器学习的方法,学习与理解一段文本所表示的语义内容,也就是理解文本所表达的意思。文本通常由词汇、句子、段落构成,因而对文本的语义分析可以进一步分为词汇级语义分析、句子级语义分析和篇章级语义分析。词汇级语义分析关注的是如何获取或区别单词的语义,句子级语义分析试图分析整个句子所表达的语义,而篇章级语义分析旨在研究文本的内在结构并理解句子或段落之间的语义关系。通过语义分析,能够对文本的内容进行类别划分,对文本所表达的情感进行分析判定,对文本中隐含的意图进行识别等,因此语义分析是自然语言处理的关键核心。

(2) 自然语言生成

自然语言生成是计算机根据知识模型将结构化数据转换为文本，以人类语言进行表达，即能够根据一些关键信息及其在机器内部的表达形式，经过一个规划的过程来自动生成一段高质量的自然语言文本。自然语言生成的体系结构包括三个部分：内容规划、句子规划、句子实现。

1) 内容规划：内容规划的主要任务是将计算机中的数据转换成知识模型，后续再根据知识模型逐步将数据转换成人类的自然语言。内容规划包括内容确定和结构构造两方面，内容确定的功能是决定生成的文本应该表示成什么样子，而结构构造是完成对已确定内容的结构描述，也就是用一定的结构将所要表达的内容组织起来，并决定这些内容块是怎样按照修辞方法互相联系起来的，以便更加符合阅读和理解的习惯。内容规划并没有完全指定输出文本的内容和结构，这将由句子规划来完成。

2) 句子规划：句子规划的任务就是进一步明确定义规划文本的细节，包括选词、优化聚合、指代表达式生成等工作。在规划文本的细节时，特定信息必须根据上下文环境、交互目标和实际因素（如人的知识背景）用词或短语来表示。选择特定的词、语法结构以表示规划文本的信息意味着对规划文本进行消息映射。在选词之后，为了能够消除句子间的冗余信息，增加可读性以及能够从子句中构造更加复杂的句子，需要对词按照一定规则进行聚合，从而组成句子的初步形态。指代表达式生成就是决定采用什么样的表达式，句子或者词汇应该被用来指代特定的实体或对象。在选词和聚合之后，指代表达式生成的工作就是让句子的表达更具语言色彩，对已经描述的对象进行指代以增加文本的可读性。总之，句子规划的任务是确定句子的边界，组织材料内部的每一句话，规划句子交叉引用和其他的回指情况，选择合适的词汇或段落来表达内容，确定时态、模式以及其他的句法参数等。句子规划的输出是文本描述，但仍然不是最终输出的文本，仍有句法、词法等特征需要进一步处理。

3) 句子实现：句子规划完成后，就进入句子实现环节，包括语言实现和结构实现两部分。具体来说，就是将经过句子规划后的文本描述映射至由文字、标点符号和结构注解信息组成的表层文本。生成算法首先按照主谓宾的形式进行语法分析，并决定动词的时态和形态，再完成遍历输出。其中，结构实现完成结构注解信息至文本实际段落、章节等结构的映射，语言实现则完成将短语描述映射到实际表层的句子或句子片段。

自然语言生成技术能够让计算机自动生成文本，可以应用到很多方面，如机器自动编写新闻稿、聊天对话机器人、自动生成文摘报告等。

3. 语音处理

语音处理是计算机模拟人类的"听"和"说"的能力，主要包括语音识别和语音合成两个方面。语音识别是从语音到文本的识别过程，而语音合成是从文本到语音的合成过程。

1) 语音识别：语音识别也称为自动语音识别（Automatic Speech Recognition，ASR），是一种将人的语音转换为文本的技术，模拟了人类的"听"能力。语音识别方法通常采用模式匹配法，包括特征提取、模式匹配和模型训练 3 个方面。如图 1-10 所示，在语音识别模型的训练阶段，通过对语音数据的训练形成声学模型，通过对文本数据的训练形成语言模型,再与字典相结合,从而构成语音识别的模式库,该模式库保存了语音的特征信息。当进行语音识别时,输入的语音首先经过特征提取形成特征向量,该特征向量表示了输入语音的特征信息;接着将该特征向量依次与模式库中的每个模式进行相似度比较,也就是根据声学模型和语言模型对特征向量进行解码搜索的模式识别过程;最后将相似度最高的作为识别结果输出。

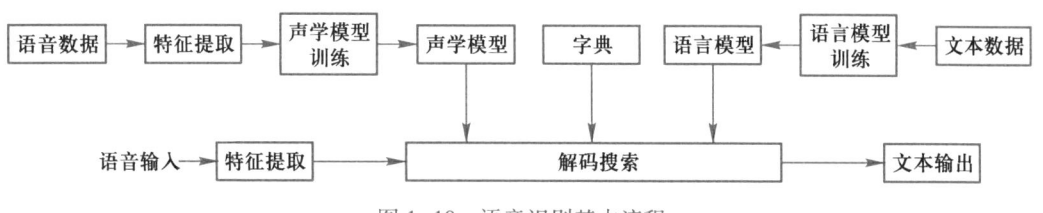

图 1-10 语音识别基本流程

2)语音合成:语音合成又称为文语转换(Text To Speech,TTS),是一种可以将任意输入文本转换成相应语音的技术,模拟了人类的"说"能力,主要包括 3 个部分:文本分析、韵律处理、语音合成。首先通过文本分析提取出音素、词组、短语、句子划分等文本特征,使计算机能从文本中认识文字,进而知道要发什么音、怎么发音,并将发音的方式告诉计算机;然后在文本分析的基础上进行韵律处理,利用规则或者韵律模型预测基频、时长、能量、节奏等多种韵律特征,从而为合成语音规划出重音、语调等音段特征,使合成语音能正确表达语意,听起来更加自然;最后将前面挑选得到的合成单元进行拼接,通过声学模型实现从前端参数到语音参数的映射,通过声码器来合成语音。

4. 知识工程

1977 年美国斯坦福大学计算机科学家费根鲍姆(Feigenbaum)在第五届国际人工智能会议上提出知识工程的概念。他认为,"知识工程是人工智能的原理和方法,是对那些需要专家知识才能解决的应用难题提供求解的手段。恰当运用专家知识的获取、表达和推理过程的构成与解释,是设计基于知识的系统的重要技术问题。"

知识工程研究如何用机器代替人,模拟人类大脑的综合思维能力,实现知识的表示、获取、推理、决策,包括机器定理证明、专家系统、机器博弈、数据挖掘和知识发现、不确定性推理、领域知识库,还有数字图书馆、维基百科、知识图谱等大型知识工程。知识工程不仅研究如何获取、表示、组织、存储知识,如何实现知识型工作的自动化,还要研究如何运用知识,更要研究如何创造知识。知识工程是实现认知智能的基础,下面介绍知识工程的两个重要应用:专家系统、知识图谱。

(1)专家系统

专家系统(Expert System,ES)是一个智能计算机程序系统,其内部含有大量的某个领域专家水平的知识与经验,能够利用人类专家的知识和解决问题的方法来处理该领域问题。也就是说,专家系统是一个具有大量的专门知识与经验的程序系统,它应用人工智能技术和计算机技术,根据某领域一个或多个专家提供的知识和经验,进行推理和判断,模拟人类专家的决策过程,以便解决那些需要人类专家处理的复杂问题。简而言之,专家系统是一种模拟人类专家解决领域问题的计算机程序系统。专家系统的基本架构如图 1-11 所示,主要包括知识库、推理引擎、知识获取、结果解释、动态数据库和人机交互界面。

1）知识库：知识库用来存放专家提供的知识。专家系统的问题求解过程是通过知识库中的知识来模拟专家的思维方式的，因此，知识库是专家系统质量是否优越的关键所在，即知识库中

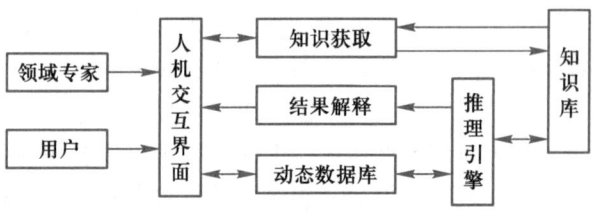

图1-11 专家系统基本架构

知识的质量和数量决定着专家系统的质量水平。一般来说，专家系统中的知识库与专家系统程序是相互独立的，领域专家可以通过改变、完善知识库中的知识内容来提高专家系统的性能。人工智能领域中的知识表示形式有产生式、框架、语义网络等多种，而在专家系统中运用得较为普遍的知识表示是产生式规则。产生式规则以IF…THEN…的形式出现，IF后面是条件（前件），THEN后面是结论（后件）。

2）推理引擎：虽然专家系统中的知识是基础，但还需要对知识进行推理，以得到所需的结果。推理引擎也称为推理机，其针对当前问题的条件或已知信息，反复匹配知识库中的规则，从而获得新的结论，以得到问题求解结果。推理引擎就如同专家解决问题的思维方式，知识库就是通过推理引擎来实现其价值的。

3）人机交互界面：人机交互界面是专家系统与领域专家和用户进行交流时的界面。领域专家通过该界面与知识库进行交互，将知识输入知识库、维护知识库；用户通过该界面输入基本信息、回答系统提出的相关问题，并获取系统的推理结果及相关解释。

4）知识获取：知识库中的知识是由知识工程师从专家处经分析、处理并总结而得。传统的专家系统是通过人工方式获取知识的，现代专家系统可以通过机器学习、大数据等多种方式自动获得知识。知识获取是专家系统知识库是否优越的关键，也是专家系统设计的"瓶颈"问题，通过知识获取，可以扩充、修改、管理知识库中的内容，也可以实现自动学习的功能。

5）结果解释：专家系统通过人机交互界面获取用户提出的需求，并响应用户的需求进行知识推理，最终将结果输出给用户，同时根据用户的提问，对结论、求解过程做出解释性的说明，以表示其做出结论的过程和依据。

6）动态数据库：动态数据库专门用于存储推理过程中所需的初始事实、原始证据、中间结果和最终结论，其内容随着推理的进行而不断的动态变化，往往是作为临时的存储区。

（2）知识图谱

知识图谱（Knowledge Graph，KG）的概念提出，旨在以此为基础构建下一代智能化搜索引擎。知识图谱技术创造出一种全新的信息检索模式，为解决信息检索问题提供了新的思路。本质上，知识图谱是一种揭示实体之间关系的语义网络，可以对现实世界的事物及其相互关系进行形式化的描述。现在的知识图谱已被用来泛指各种大规模的知识库。如图1-12所示，知识图谱是一种基于图结构的网络，由节点和边组成，节点表示现实世界中存在的"实体"，边表示实体与实体之间的"关系"，知识图谱是实体关系的最有效的表示方式，提供了从"关系"的角度去分析问题的能力。

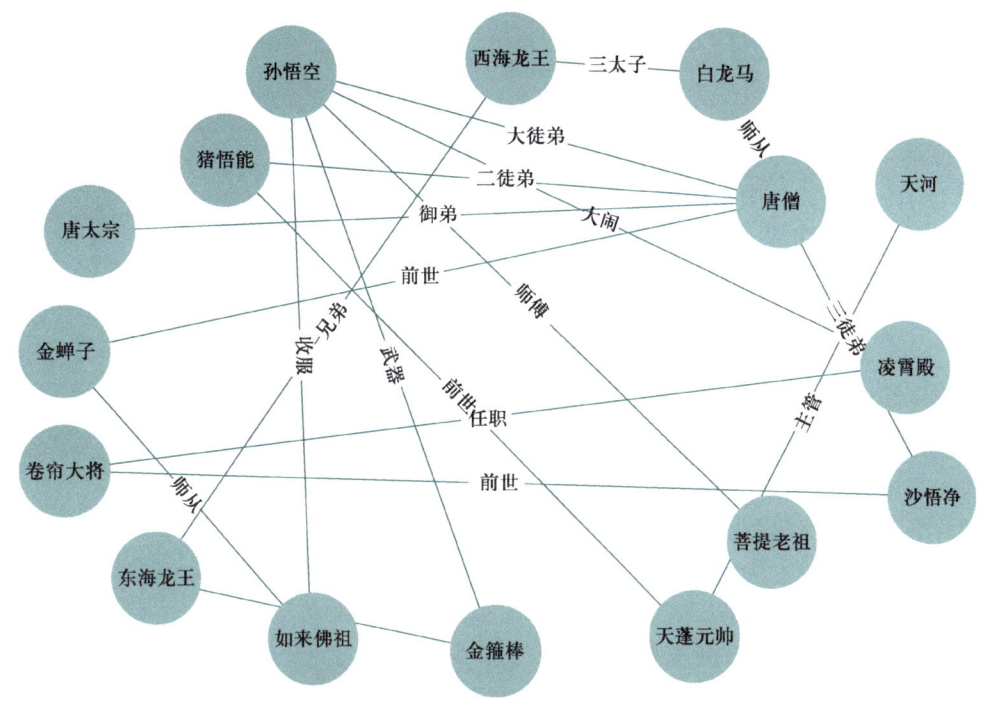

图 1-12 知识图谱可视化表示

近年来，知识图谱越来越受到学术界和工业界的共同关注。知识图谱的研究价值体现在它是实现认知智能的基础，并已在很多行业领域涌现出众多的应用，如数据分析、智慧搜索、智能推荐、智能问答和决策支持等。

5. 机器人

机器人是人工智能的一种应用，是对知识工程、计算机视觉、自然语言处理、语音处理等技术的综合应用，模拟了人类的思维、感官、四肢的综合能力。机器人具有一定的人类智能，能感知外部世界的动态变化，并且通过这种感知做出反应，以一定动作行为对外部世界产生作用。机器人是一种具有独立行为能力的个体，有类人的功能，根据功能决定其外貌，它可以具有类人的外貌，也可以不具有类人的外貌。从其机器结构角度看，它是一种机械与电子相结合的机器。下面简单介绍几种应用较为广泛的机器人。

1）工业机器人：工业机器人主要用于自动化流水线作业中以及危险行业中，用来帮助工人完成一些高质量或者单调的、重复性的工作。它可以昼夜不停地工作，而且不知疲倦、没有抱怨。

2）服务机器人：服务机器人主要用于人们的日常生活中，从事保障人类身心健康、生活便利的服务工作，其服务的类别主要有咨询、修理、维护、保养、清洁、运输、救援及监护等。宾馆或餐馆里常见的有迎宾机器人和送餐机器人，如图 1-13 所示。

3）娱乐机器人：娱乐机器人是供人们娱乐的一类机器人，现在最流行的娱乐机器人有会唱歌跳舞的机器人，还有可以演奏各种乐器的机器人以及宠物机器人等。特别值得一提的是机器人世界杯足球赛（Robot World Cup，RoboCup），第一届比赛及相关会议于 1997 年在日本名古屋举行，此后每年举办一届。

4）军用机器人：军用机器人具有一定的作战智能，利用多种传感器作为耳目，其机械脚用于行走，机械手用于执行战斗任务。军用机器人可以用于作战、侦察、布雷、排雷及后勤保障等多方面应用场景。

5）医疗机器人：医疗机器人在提高治疗效率、减少病人痛苦以及缩短手术时间等方面具有重要的应用价值。例如，著名的达·芬奇手术机器人被用于成人和儿童的普通外科、胸外科、泌尿外科、妇产科、头颈外科以及心脏手术，是一种高级机器人平台，其设计的理念

图 1-13　服务机器人

是通过使用微创的方法，实施复杂的外科手术。手术机器人由 3 部分组成：外科医生控制台、床旁机械臂系统、成像系统，如图 1-14 所示。

6）群体机器人：单机器人在信息获取、处理以及控制能力等方面具有局限性，对于复杂的工作任务及多变的工作环境，其能力就显得不足。于是人们考虑使用多个机器人组成的群体系统，通过协调、协作来完成单机器人无法或者难以完成的工作，群体机器人比单机器人具有更强的优越性。

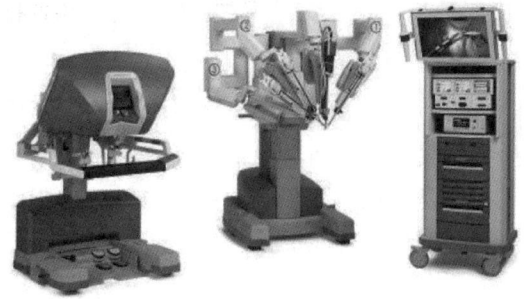

图 1-14　手术机器人

1.3.2　主要应用领域

人工智能技术的发展及应用落地一定要和场景相结合，要跟产业、各行业领域、国民经济的发展相结合，即只有赋能各个行业，人工智能才能发挥其最大的价值。人工智能+（Artificial Intelligence Plus，AI+），就是将"人工智能"作为当前行业科技化发展的核心特征并提取出来，与工业、商业、金融业等行业全面融合，推动经济形态不断发生演变，从而激发社会经济实体的生命力。"人工智能+行业"并不是简单的两者相加，而是利用人工智能技术以及互联网平台，让人工智能与传统行业、新型行业进行深度融合，创造新的发展生态。它代表一种新的社会形态，即充分发挥"人工智能"在社会中的作用，将"人工智能"的创新成果深度融合于经济、社会的各个领域之中，提升全社会的创新力和生产力，形成更广泛的以互联网为基础设施和实现工具的经济发展新形态。

1. 智慧安防

智慧安防是人工智能最早落地的场景之一，目前已经在公安系统和各类智慧空间广泛应用，如城市安防（智慧城市）、社区安防（智慧社区）、校园安防（智慧校园）、园区安防、厂区安防等。此外，还有针对诸如演唱会等大型活动现场、机场、火车站

等公共交通枢纽的安防等。安防场景下所涉及的人工智能技术主要是计算机视觉和生物识别，产品包括智能摄像头、刷脸闸机、智能门锁等硬件，以及配套的视频结构化数据处理方案和软件系统等。

2. 智慧金融

金融业天然的数据属性和智能化需求为人工智能的应用提供了坚实的基础，使其成为最被看好的人工智能应用领域。目前行业关注度较高的落地场景，主要集中在银行业，包括银行线上线下的身份认证、智能风控、智能客服、智慧网点、刷脸支付等。此外，在投资理财、保险、监管等领域也广泛利用人工智能技术作为创新工具，催生出智能投顾、智能投研、保险科技、监管科技等金融科技新业态。

3. 智慧教育

人工智能在教育领域的应用和发展主要有 3 个方向，分别是针对教学活动、教学内容和教学环境管理提供的 AI 辅助教学工具、人工智能学科教育和教育物联网解决方案。AI 辅助教学工具是利用人工智能技术开发出各类应用于教学活动的工具，从而提升教学效率和效果，包括自适应的人工智能教学、个性化练习，以及拍照搜题、组卷阅卷、作业批改等。人工智能学科教育是将人工智能学科知识作为学习内容，面向学生群体设计课程内容，提供教材、教具、教师等教学相关的产品和服务。教育物联网解决方案是利用人工智能、物联网等技术对学校、教室等教育场所的人、物和环境进行统一管理，包括多媒体设备管理、学生在各类场景下的签到注册管理和行为状态识别，以及校园安防和校园生活服务等。

4. 智慧医疗

人工智能在医疗领域具有广泛的应用，包括医疗影像分析、智能诊疗、语音病例录入、医疗机器人、医学药物研发等。医疗影像分析是利用计算机视觉算法结合医疗影像大数据训练出能够识别 B 超、CT 等医疗影像的算法和应用，来辅助医生进行诊断，降低误诊率并减少重复工作。智能诊疗是通过计算机视觉、自然语言、知识图谱等技术，整合病理、生理知识，并结合病人的实际健康状态信息进行诊断、预测和治疗方案生成等。语音病例录入是通过语音识别高效记录并生成电子病例，推进医院的信息化进程，提升数据采集能力。医疗机器人包括手术机器人和康复机器人等，能够提高手术精度、辅助康复治疗等。此外，人工智能技术可以对药物结构、疾病病理生理机制、现有药物的功效、显微镜下的样本观察等结果进行快速分析，为药物研发提供支持，缩短新药研发时间，降低研发成本。

5. 智慧交通

人工智能在交通出行领域的应用主要有智能驾驶、疲劳驾驶预警、车载智能互娱、智慧交通调度等。智能驾驶是通过系统完全控制或辅助驾驶员控制车辆行驶的技术；疲劳驾驶预警是一种基于驾驶员生理反应特征的驾驶人疲劳监测预警系统，利用智能摄像头采集驾驶员的视频数据，结合人脸识别算法，准确识别危险驾驶状态，如疲劳驾驶（打瞌睡、打哈欠）、分心驾驶（左顾右盼、抽烟、打电话、玩手机等）等，并及时给予提醒，以保证驾驶安全；车载智能互娱是指安装于车辆上的智能系统，可通过语音交互实现部分功能控制和娱乐操作，如语音开启空调、雨刷、天窗，语音查询路线、周边信息、买票、购物等；智慧交通系统是通过监控获取城市各交通线路的实际车流和拥堵情况，并利用算法全程整合全局信息，通过控制交通信号灯和人工疏导等方式，缓解城市交通拥堵。

6. 智慧零售

智慧零售是利用人工智能、大数据等新科技为线上线下的零售场景提供技术手段，来实现包括门店、仓储、物流等整个零售体系的数字化管理和运营。在仓储、物流环节，主要是搬运、配送等各类实体机器人；在交易环节，其智能化场景主要有商品搜索、智能客服、个性化推荐与精准营销、经营数据分析，以及各种小型零售门店、大型连锁商超、无人门店和智能货柜等。

7. 智慧农业

智慧农业是将遥感、大数据、人工智能、物联网等新技术应用于农产品生产、流通和销售的各个环节，来促进农业的精细化和数字化管理。人工智能在农业生产环节主要用来支持数据采集与处理、农情监测、病虫害防治等方面的问题，例如精细化养殖、无人机植保。精细化养殖是利用可穿戴设备及摄像头等收集家畜、家禽在饲养、繁育状态下的数据，并对收集到的数据进行分析，进而判断家畜、家禽的健康状况、喂养情况、位置信息、生长阶段等。精细化养殖可以有效降低畜禽死亡率，提升产品质量。无人机植保则是利用无人机搭载传感器设备和药剂对农作物实施精准施药。

8. 智能制造

制造业是人工智能应用场景中最具潜力的区域之一，人工智能能够大幅提升劳动生产力，进而推动 GDP 增长。在市场销售层面，人工智能基于对海量交易数据的计算和分析，帮助企业制定自动化、智能化的生产计划；在生产制造层面，通过对产品数据、生产设备数据的收集、分析，实现智能化诊断产品良品率、远程检测设备寿命等，例如通过机器学习建立产品的健康模型，识别各制造环节参数对最终产品质量的影响，最终找到最佳生产工艺参数，又如借助机器视觉识别，快速扫描产品质量，提高质检效率；在产品流通层面，大量传感器所采集的流通数据能够让企业的生产决策、市场计划实现自动化、智能化。

1.4 中国人工智能战略

人工智能作为一项基础技术，已渗透至各行各业，并助力传统行业实现跨越式升级，提升行业效率，逐步成为掀起互联网颠覆性浪潮的新引擎。我国政府高度重视人工智能的技术进步与产业发展，已将人工智能上升到国家战略层面。

1. 国家战略发展规划

2017 年 3 月，国务院发布的《2017 年政府工作报告》中首次写入了人工智能发展战略，标志着将人工智能上升为国家战略的高度。报告中指出，要加快培育壮大包括人工智能在内的新兴产业，一方面要加快培育新材料、人工智能、集成电路、生物制药、第五代移动通信等新兴产业，另一方面要应用大数据、云计算、物联网等技术加快改造提升传统产业，把发展智能制造作为主攻方向。

2017 年 7 月，国务院出台《新一代人工智能发展规划》，提出面向 2030 年我国新一代人工智能发展的指导思想、战略目标、重点任务和保障措施，坚持科技引领、系统布局、市场主导、开源开放的基本原则和三步走的战略目标，部署构筑我国人工智能发展的先发优势，加快建设创新型国家和世界科技强国。

2017 年 10 月，人工智能被写入十九大报告，旨在推动互联网、大数据、人工智能和实体经济的深度融合。

2018 年 3 月，人工智能再次被写入政府工作报告。报告中指出要加强新一代人工智能研发应用，在医疗、养老、教育、文化、体育等多领域推进"互联网+"，发展智能产业，拓展智能生活。

2019 年 3 月，在政府工作报告中又将人工智能升级为"智能+"，指出要推动传统产业改造提升，特别是要打造工业互联网平台，拓展"智能+"，为制造业转型升级赋能；要促进新兴产业加快发展，深化大数据、人工智能等研发应用，培育新一代信息技术、高端装备、生物医药、新能源汽车、新材料等新兴产业集群，壮大数字经济。

2. 人工智能发展规划

面对新一轮科技革命和产业变革形势，2017 年 7 月国家发布的《新一代人工智能发展规划》（以下简称《规划》）制定和实施了人工智能发展的国家战略，从国家层面对人工智能发展进行了统筹规划和顶层设计，提出了建设世界主要人工智能创新中心的发展目标，并做出了系统部署，为我国在新一轮科技革命和产业变革中把握未来科技发展的主导权、培育经济发展的新动能、塑造国际竞争的新优势提供了坚实的政策保障。

《规划》中提出了分三步走的总体战略目标：第一步，到 2020 年人工智能总体技术和应用与世界先进水平同步，人工智能产业成为新的重要经济增长点，人工智能技术应用成为改善民生的新途径，有力支撑进入创新型国家行列和实现全面建成小康社会的奋斗目标；第二步，到 2025 年人工智能基础理论实现重大突破，部分技术与应用达到世界领先水平，人工智能成为带动我国产业升级和经济转型的主要动力，智能社会建设取得积极进展；第三步，到 2030 年人工智能理论、技术与应用总体达到世界领先水平，成为世界主要人工智能创新中心，智能经济、智能社会取得明显成效，为跻身创新型国家前列和经济强国奠定重要基础。

《规划》同时提出了六个方面的重点任务：一是构建开放协同的人工智能科技创新体系，从前沿基础理论、关键共性技术、创新平台、高端人才队伍等方面强化部署；二是培育高端高效的智能经济，发展人工智能新兴产业，推进产业智能化升级，打造人工智能创新高地；三是建设安全便捷的智能社会，发展高效智能服务，提高社会治理智能化水平，利用人工智能提升公共安全保障能力，促进社会交往的共享互信；四是加强人工智能领域的军民融合，促进人工智能技术军民双向转化、军民创新资源共建共享；五是构建泛在安全高效的智能化基础设施体系，加强网络、大数据、高效能计算等基础设施的建设升级；六是前瞻布局重大科技项目，针对新一代人工智能特有的重大基础理论和共性关键技术瓶颈，加强整体统筹，形成以新一代人工智能重大科技项目为核心、统筹当前和未来研发任务布局的人工智能项目群。

1.5 人工智能与社会伦理

人工智能技术已在很多领域表现出巨大的应用潜力，同时也存在其对人类社会的挑战。这些挑战有些是技术性的，包括错误目的的开发、技术上的不透明和不可控、过度追求利润目标而不考虑技术上的平衡以及终端的误用和滥用。而更严峻的挑战是社会层面的，包括对人自身认知的困境、社会互动协作方式的改变、数据和隐私的侵犯、不对称信息权力的滥用、数据和技术导致的垄断、偏见强化和族群对立、弱势人群的边缘化和贫困化以及人工智能武器和恐怖活动等。

人工智能技术最突出的特点就是能够让机器不断地"学习"，并且在没有人类介入的情况下机器能够自行做出决定并执行。数据、算法和算力是人工智能的三个支撑基础，三者之间的关系简单来说就是算法依据数据进行运算后做出决定并执行。但是算法所依据的数据可能是不完整的，可能是被篡改过的，可能存在固有偏见，也可能是错误的。无论何种原因，这势必引发一些不确定的结果，导致人工智能技术有时存在不可靠性。因此，人工智能要获得社会公众的信任，不仅要遵守法律规定，还应当符合伦理原则并确保避免意外伤害。在人工智能技术和应用系统的开发过程中，应当保证伦理原则。欧盟人工智能高级专家组提出了人工智能技术开发的七项关键要求。

1. 人的自主和监督

人的能动性是以人为本价值观的具体体现。这要求人工智能系统仍然要保持人的主体性，人工智能应当增强人的自主性和保障人的基本权利，帮助个人根据其目标做出更好的、更明智的选择，进而促进整个社会的繁荣与公平，而不是减少、限制或误导人的自主性。

对人工智能的监督可以确保其不会削弱人的自主性或者造成其他不利影响。为此，要依据人工智能及其特定的应用领域，确保适度的人为控制。人对人工智能的监督越少，人工智能就应当要接受更广泛的测试和更严格的管理。人的监督可以通过相应的治理机制来实现，人工智能必须保障公共管理部门能够依据法定职权对其行使监管权。

2. 可靠性和安全性

曾有新闻报道，行驶中的汽车的自动驾驶系统发生死机故障且司机无法重启系统，导致车辆持续高速行驶并最终造成了严重的安全问题。可见，可靠性和安全性是人工智能非常需要关注的领域，涉及的领域也绝不仅限于自动驾驶。

人工智能算法必须具有可靠性和安全性，使用起来应该是安全的、可靠的、不作恶的，应完全能够应对和处理整个生命周期内自身发生的各种错误，并且能够抵御来自外部的各种攻击和不当干扰，其做出的决定必须是准确的和可重复的。

3. 隐私和数据治理

国外有个非常流行的健身 App 称为 Strava，用户锻炼比如骑自行车健身时，骑行的数据就会上传到社交媒体平台上，其他人就可以看到该用户的健身数据。问题随之而来，有很多现役军人在军事基地健身时也使用这个 App，他们运动的轨迹数据全部上传，使得整个军事基地的地图数据在平台上一览无遗。要知道各国军事基地的位置都是高度保密的信息，军方从来没想到一款健身 App 就轻松地把数据泄露出去了。

隐私和数据保护在人工智能整个生命周期的所有阶段都必须得到保障。根据人们行为信息的数字化记录，人工智能可以推断出其个人偏好、年龄、性别甚至更为敏感的私人信息。为此，必须确保人们对数据拥有完全的控制权，并且确保人们不会因为这些数据而受到伤害或歧视。

4. 透明度

在过去的若干年中，促使整个人工智能领域突飞猛进最重要的技术是深度学习。深度学习是机器学习中的一种模型，现阶段深度学习模型的准确性是所有机器学习模型中最高的，但是深度学习犹如黑箱，存在不透明的问题。深度学习系统常常能够给出令人满意的结果，却往往难以对结论给出令人信服的解释。如果这些模型或人工智能系统不透明，那么就可能出现潜在的不安全问题。在当年深度学习系统 AlphaGo 挑战世界围棋冠军的比赛过程中，其走出的很多步棋是人工智能专家和围棋职业选手根本无法理解的，换做人类棋手是几乎不可能这样走棋的。人们不禁要问，人工智能的逻辑究竟是什么，它的思维模式又是什么？

人工智能应如实记录系统所做的决定及其生成决定的整个过程，包括数据收集描述、数据标记描述以及所用算法描述，不仅要确保其数据和系统的透明度，还要确保其业务模型的透明度。

5. 多样性、非歧视性和公平性

人工智能所用的数据集可能会受到无意识的偏见、不完整性和不良治理的影响，持续的社会偏见可能导致间接的或直接的歧视，而不同区域、不同等级的所有人在人工智能面前应该是平等的，不应该有人被歧视。因此，人工智能的开发应当全面考虑不同人群的能力和需求，确保其具有易用性，并尽力确保残疾人也能够便利、平等地使用。

人工智能数据的设计均始于训练数据的选择，这是可能产生不公的第一个环节。训练数据应该足以代表人们生存的多样化世界，至少是人工智能系统将要运行的那一部分世界。以面部识别、情绪检测的人工智能系统为例，如果只对成年人脸部图像进行训练，那么这个系统就可能无法准确识别儿童的特征或表情。此外，种族主义和性别歧视也可能悄悄混入社会数据。假设有一个帮助雇主筛选求职者的人工智能系统，如果用公共就业数据进行筛选，系统很可能会"学习"到目前大多数软件开发人员为男性，那么在筛选软件开发人员职位的简历时，该系统就很可能偏向男性求职者，尽管使用该系统的公司原本想要招聘更多的女性员工。

6. 社会和环境福祉

对于人工智能的影响，不仅要从个人的角度来考虑，还应当从整个社会的角度来考虑。人们应当认真考虑人工智能对社会公共治理活动的影响，特别是那些与社会决策过程有关的情形，对人工智能对人们社会技能的影响也应当予以充分考虑。另外，还必须考虑人工智能对人类和其他生物的环境影响，因为所有人类及其后代，都应当受益于生物多样性和适宜居住的环境。

7. 可追责性

人工智能系统采取了某个行动或做了某个决策，就应当为其带来的结果负责，而人工智能的问责制是一个非常有争议的话题。曾经有个典型的案例，一个喝醉的司机进到车里打开了自动驾驶系统，自己在车里睡觉，让车自动行驶。这位司机认为自己喝醉了而没有能力开车，他信任车辆的自动驾驶系统能够代替其驾驶车辆。由于不是自己开车，那么这种行为算不算违法醉驾？目前已经出现多例由自动驾驶系统导致的车祸，此外还有如刑事案件以及在军事领域等很多方面，都会涉及问责的问题。如果是机器代替人来进行决策并采取行动而出现了不好的结果，那么到底应该由谁来负责？现在很多武器已经自动化或者人工智能化，如果一个人工智能系统杀伤了人类，这样的案件应该如何裁定？

为此，应当建立责任机制，确保人们能够对人工智能及其结果进行追责。人工智能的内部审核人员和外部审核人员对人工智能开展的评估以及相应的评估报告，是保障人们能够对其进行追责的关键。人工智能应当具有可审核性，并确保人们能够容易地获得相关的评估报告。

课后习题

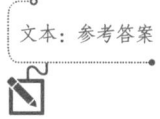
文本：参考答案

1. 简述智能和人工智能的定义以及两者的区别与联系。
2. 简述人工智能的发展历史以及各个阶段的标志性事件。
3. 简述人工智能的技术领域及其主要技术。
4. 简述目前人工智能技术在产业界的主要应用领域。
5. 简述当前支撑人工智能产业爆发式发展的三大关键技术。
6. 简述中国人工智能产业发展三步走的国家战略。
7. 简述人工智能技术开发的关键要求。

第 2 章
人工智能产业

🔍 **学习目标**

- 了解人工智能产业概况。
- 掌握人工智能产业分层架构。
- 了解人工智能与大数据、云计算及 5G 技术的关系。
- 熟悉我国主要 IT 企业的人工智能布局。
- 熟悉我国人工智能产业现状。
- 掌握人工智能产业三层架构。
- 了解人工智能产业链。

随着计算机视觉、语音识别、自然语言处理等技术不断取得突破性进展，以新一代人工智能为代表的科技和产业革命正在孕育兴起，在医疗、教育、金融等行业领域催生出新的产业和商业模式，引发产业结构的巨大变化，并慢慢渗透和普及到人们的日常生活中。数字化、网络化、智能化的信息基础设施正在加速建设，跨领域创新已渐成主流。同时，围绕"人工智能+"打造的产业新应用、新业态、新模式不断涌现，人工智能的"头雁"效应得以充分发挥。展望未来，随着人工智能技术的快速发展，以及人工智能行业应用的不断开放，其必将加速成为推动经济社会高质量发展的重要驱动力量，并作为"新型基础设施"的一部分与 5G、云计算、大数据、工业互联网等新技术深度融合，形成新一代信息基础设施的核心能力，支撑社会经济的蓬勃发展。

2.1 人工智能产业概况

2.1.1 企业人工智能布局

企业聚焦平台、底座、生态，为了抓住人工智能发展机遇，国内科技企业积极布局人工智能产业，通过巨额的研发投入、组织架构的调整、持续的并购和大量的开源项目，正在打造各自的人工智能生态圈，希望能在人工智能市场占有一席之地。在国内人工智能产业的发展布局中，目前较有影响力的科技企业如图 2-1 所示。

（1）百度

百度是国内最早布局人工智能的互联网头部企业，2016 年就将人工智能业务提升为公司发展战略。在"夯实移动基础，决胜 AI 时代"的战略指导下，百度人工智能生态不断完善，人工智能产品化、商业化持续加速。百度大脑是百度多年技术积累和业务实践的集成，为百度所有业务提供人工智能能力和底层支撑，并赋能产业和开发者。

图 2-1 国内主要人工智能企业

作为百度人工智能生态的重要组成，其已拥有 Apollo 自动驾驶开放平台和小度助手（DuerOS）对话式人工智能操作系统两大开放生态。其中，百度 Apollo（名字借用了阿波罗登月计划中"阿波罗"）自动驾驶开放平台是百度发布的自动驾驶计划，包括开放平台及企业版解决方案，是一个面向所有开发者提供的开放、完整、安全的自动驾驶开源平台，如图 2-2 所示。目前，百度已获得超过 50 张智能网联汽车道路测试牌照，在国内遥遥领先。

（2）腾讯

腾讯紧跟人工智能产品布局和开发的步伐，以"联接"为主题，将人工智能能力投射到消费级互联网和产业互联网中。通过人工智能技术为 QQ 音乐等用户推送千人千面的音乐推荐。在产业端，通过腾讯云、腾讯优图、腾讯觅影等主体，发力医疗、教育与政务领域。尤其在医疗领域，腾讯突出重围打造出自己的特色产品，获批承建医疗影像国家新一代人工智能开放创新平台，如图 2-3 所示，加速推动了国家人工智能战略在医疗领域的落地，构建了一个医疗机构、科研团体、器械厂商、人工智能创业公司、信息化厂商、高等院校、公益组织等多方参与的开放平台，共同推进人工智能技术在医学影像、辅助诊断、医疗机器人等众多医疗环节的探索和应用。

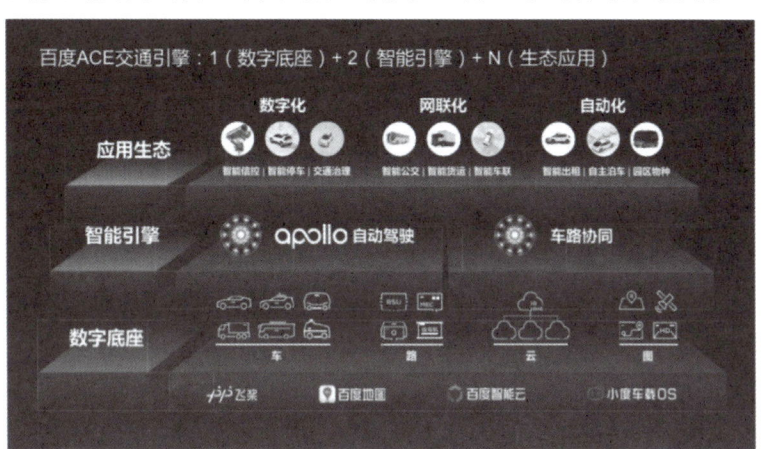

图 2-2　Apollo 交通引擎总体架构

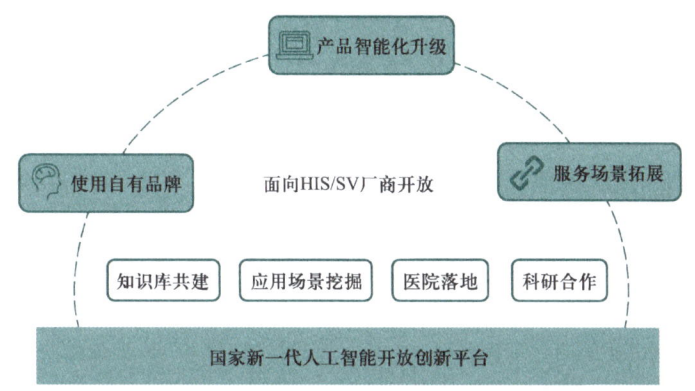

图 2-3　腾讯医疗影像国家新一代人工智能开放创新平台

（3）科大讯飞

科大讯飞作为中国最大的智能语音技术提供商之一，提倡"用人工智能建设美好生活"，在智能语音技术领域有着长期的研究积累，并在中文语音合成、语音识别、口语评测等多项技术上拥有国际领先的成果。科大讯飞坚持"平台+赛道"的发展战略，主要围绕感知智能和认知智能为主要业务方向，以语音和语言为入口推出有声服务产品，如图 2-4 所示，

图 2-4　科大讯飞有声服务产品

从"能听会说"到"能理解会思考"实现人工智能。2010年，科大讯飞在业界发布以智能语音和人机交互为核心的人工智能开放平台——讯飞开放平台，为开发者提供一站式人工智能解决方案。在平台基础上，科大讯飞持续拓展行业赛道，现已推出覆盖多个行业的智能产品及服务。

2.1.2 中国人工智能产业概述

1. 中国人工智能产业现状

在我国，人工智能已经成为数字经济时代的重要标志，以人工智能为代表的数字经济将成为中国经济发展的新引擎。在企业服务市场，人工智能使得政务、安防、制造、金融、医疗、物流仓储以及更多行业的内外部治理变得更加智能与高效，极大地促进了这些行业的数字化转型；在个人消费领域，蕴含人工智能元素的产品和服务也进入了快速发展阶段，智能音箱、家庭机器人、可穿戴设备等智能化设备深受消费者的追捧和青睐。在各种消费场景中，人工智能正在帮助商家"更懂消费者、懂得消费者更多"，提升双方服务交互过程中的质量。

虽然我国人工智能目前取得了飞速的发展，但是因为整体起步较晚，在部分关键技术领域与欧美发达国家仍然存在一定差距。相比欧美的产业布局，我国在技术层（计算机视觉和语音识别）和应用层走在世界前端，但在基础层核心领域（如硬件算力）仍相对比较薄弱，呈"头重脚轻"的态势，具体表现在以下几个方面。

1）基础技术较为薄弱，芯片之路任重道远。欧美目前仍基本垄断中高端芯片，国内布局主要集中在终端ASIC（Application Specific Integrated Circuits）芯片，虽然部分领域处于世界前列，但多以初创企业为主，与国际上传统芯片头部企业（如英伟达、赛灵思）相比仍处于追赶状态，高端芯片目前依然存在依赖国外进口的情况。

2）在算法理论和开发平台领域，国内基础理论体系尚不成熟，也缺乏足够经验，需要加大投入并大力发展。相比于国际上广泛使用的开源框架如TensorFlow、PyTorch等，以百度的PaddlePaddle等为代表的国内企业的算法框架仍有较大提升及完善的空间，从而能在与国际主流产品竞争中取得优势。

2. 中国人工智能产业发展特点

我国人工智能产业呈现以下几个发展特点。

1）人工智能产业基础研究能力亟待提高。

2）人工智能企业众多、应用广泛。

3）人工智能产业受到市场的高度关注。

3. 中国人工智能产业未来发展

随着我国人工智能技术的逐渐成熟，以及应用模式与商业模式的逐步成形，人工智能市场和产业发展将持续向好，市场发展潜力大，且在产业化应用上已有部分企业居于世界前列。截至2020年6月底，我国人工智能核心产业规模达770亿元，人工智能企业超过2600家，已成为全球独角兽企业主要集中地之一。国内77%的人工智能企业分布在应用层，主要得益于广阔市场空间以及大规模的用户基础。

2.1.3 中国人工智能产业人才发展现状

人才的数量与质量直接决定了人工智能的发展水平和潜力,而我国目前在人工智能领域人才储备方面的问题主要是供需失衡,顶尖人才缺口大。国务院在《新一代人工智能发展规划》中明确提出目前我国人工智能尖端人才远远不能满足需求,并在总体部署中将加强人才队伍建设作为构建开放协同的人工智能科技创新体系四大主要支撑之一。在产业实践中,企业对人工智能人才的需求更加精细和多元,从技术研发、应用开发、应用交付到运营维护都需要大量人才支持。从产业端来看,一方面人工智能产业人才的覆盖面开始扩大,另一方面国内人工智能产业整体人才密度偏低,有效人才供给不足的问题突出。因此,人工智能产业人才供需矛盾将严重影响我国人工智能产业的进一步发展。

微课 2-1
中国人工智能产业人才发展现状

1. 中国人工智能企业人员规模

人工智能产业相关企业总数巨大,既有专注于人工智能领域提供人工智能基础层、技术层和应用层产品和服务的人工智能科技企业,也有利用人工智能相关技术改造或重塑自身产品和业务的企业,如软件企业、互联网企业、传统产业企业等。总体上看,应用层企业的数量居多,并且多数为初创型人工智能科技企业。企业人员规模在 50 人及以下的企业占比为 45.3%,51~100 人的企业占比为 30.2%,101~500 人的企业占比为 16.1%,501~1000 人的企业占比为 5.9%,1001 人以上的企业占比为 2.4%,如图 2-5 所示。

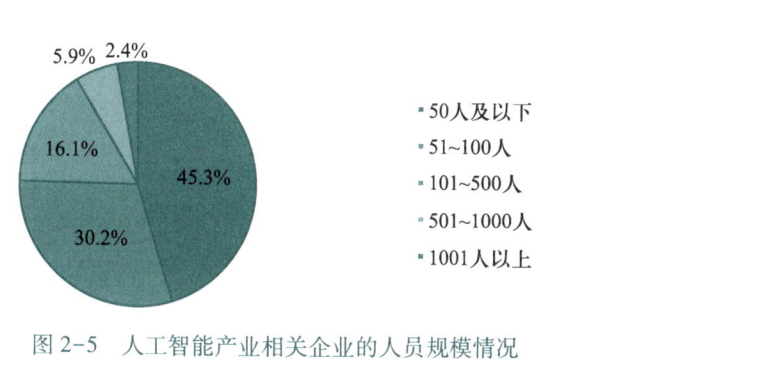

图 2-5 人工智能产业相关企业的人员规模情况

2. 中国人工智能产业岗位类型及供需情况

根据各企业的人才需求情况,可将人工智能相关岗位归纳为高级管理岗、高端技术岗、算法研究岗、应用开发岗、实际技能岗、产品经理岗等类型,如图 2-6 所示。这些岗位需求分类也契合人工智能从研发到应用的众多环节,管理、技术和服务等多类型人才协同,推进了人工智能应用的落地,成为数字经济背景下人工智能产业人才内涵的特色。

如图 2-6 所示,人工智能企业典型岗位类型包括以下 3 类。

1)算法研究岗:创新、突破人工智能算法和技术研究,并将人工智能前沿理论与实际算法模型开发相结合的岗位。

2)应用开发岗:将人工智能算法及各项技术(如机器学习、自然语言处理、智能语音、计算机视觉等)与行业需求相结合,实现相关应用工程化落地的岗位。

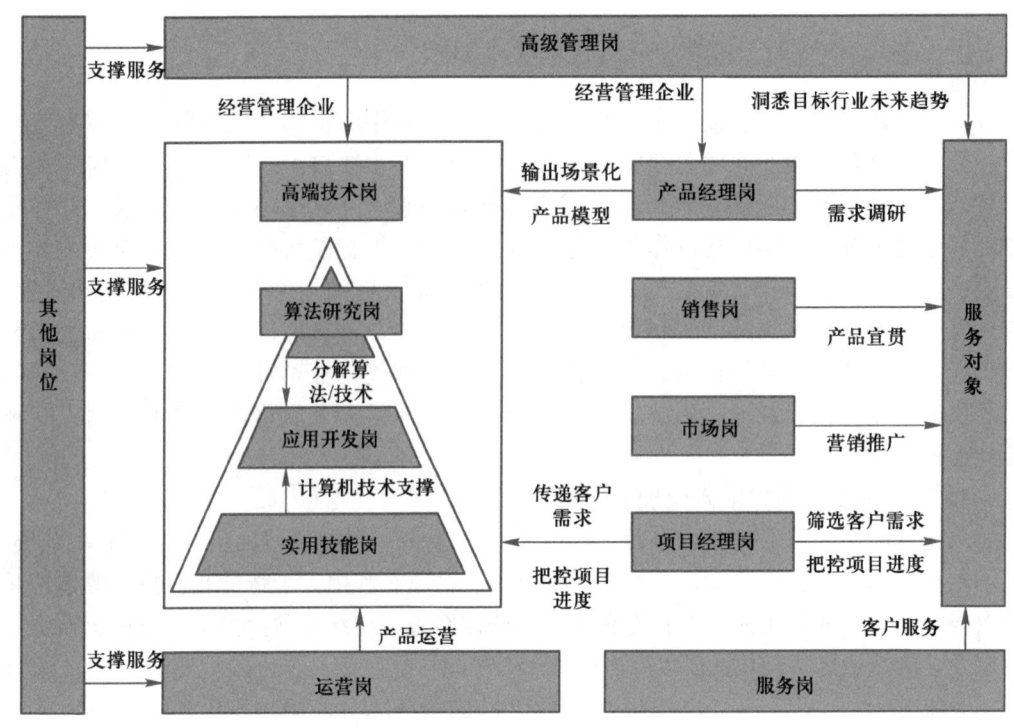

图 2-6 人工智能产业人才岗位类型

3)实用技能岗:理解人工智能技术的基本概念,能够结合特定使用场景,保障人工智能相关应用快速、高效的规模化产出和稳定运行的岗位。

受限于国内人工智能产业前期积累不足,我国人工智能产业面临有效人才供给不足的窘境。从人工智能各技术方向岗位人才供需情况看,人工智能的典型技术方向包括人工智能芯片、机器学习、自然语言处理等,数据显示人工智能不同技术方向岗位的人才供需比均低于 0.4,说明该技术方向的人才供应严重不足。从细分行业来看,智能语音和计算机视觉的岗位人才供需比分别为 0.08 和 0.09,相关人才极度稀缺。

2.1.4 中国人工智能产业发展的机遇与挑战

1. 中国人工智能产业发展的机遇

(1)国家政策大力扶持

近年来,国家高度重视人工智能及芯片行业的发展,人工智能及芯片行业成为国家战略新兴产业,相关支持政策集中出台。2020 年,国务院发布《促进集成电路和软件产业高质量发展若干政策》,明确提出集成电路产业和软件产业是信息产业的核心,是引领新一轮科技革命和产业变革的关键力量,明确了对国家鼓励的相关企业或项目的税收优惠政策,以促进产业发展。

(2)技术进步推动产业升级

随着深度学习技术的快速发展及互联网时代海量的数据支撑,计算机视觉技术、语音技术、自然语言理解技术等人工智能算法技术取得了突破性进展,在人脸识别、物体检测、医疗影像诊断、语音识别等领域的应用能力大幅提升。人工智能技术的快速进步，为行业应用提供了前提条件，产生了巨大的商业价值。

（3）稳定增长的市场需求持续推动人工智能行业发展

随着人工智能技术的发展，在智能城市、医疗、金融、园区等多个场景都不同程度面临资源不足、分配不均、效率低下、成本高启、增长乏力、风险控制等问题，而这些问题可通过场景数据智能化解决或减轻，因此人工智能技术在多个场景的应用潜力巨大，下游市场需求较为旺盛。

2. 中国人工智能产业面对的挑战

（1）高端专业人才相对欠缺

人工智能行业属于技术密集型行业，人才是行业内公司发展的核心资源，而人才的数量和质量则直接关系到企业竞争力。尽管我国近年来加强了对人工智能人才的培养，各地高校也相继设立了人工智能相关专业，致力于培养相关专业人才，但是与欧美发达国家相比，我国人工智能人才培养体系及人工智能高端人才数量仍然相对匮乏。

（2）研发投入较大，资金相对匮乏

人工智能前沿技术的基础研发需要大量的资金投入，随着公共服务、商业等领域智能化程度的不断提高，应用场景不断增加，需要持续投入大量的资金进行基础性、前瞻性研发，才能完成推出下一代产品所需的技术积累，这极大地提高了该行业的进入门槛，使行业内的技术创新企业面临较大的融资需求压力，也成为制约人工智能行业发展的重要因素。

2.2 人工智能产业分层架构

人工智能产业包括 3 层：基础层、技术层和应用层，如图 2-7 所示。其中，基础层是人工智能产业的基础，主要是研发硬件及软件，如人工智能芯片、数据资源、云计算平台等，为人工智能提供数据及算力支撑；技术层是人工智能产业的核心，以模拟人的智能相关特征为出发点，构建技术路径；应用层是人工智能产业的延伸，集成一类或多类人工智能基础应用技术，面向特定应用场景需求而形成软硬件产品或解决方案。

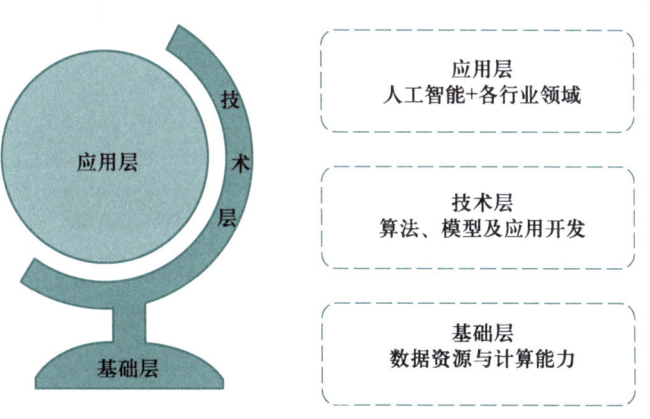

图 2-7 人工智能产业的三层结构

2.2.1 基础层

微课 2-2
人工智能产业
基础层

基础层是人工智能三层架构中的最底层,主要为上层提供基础服务,类似于人的大脑器官。基础层主要包括计算硬件(人工智能芯片、传感器)、计算系统技术(大数据、云计算和 5G 通信)和数据(数据采集、标注和分析),如图 2-8 所示。

基础层的主要作用如下:

1)数据工厂。海量的数据是机器学习的基础,是形成机器"思维逻辑"的基础资源,而大数据技术的应用与发展,为人工智能奠定了基础。

2)运算平台。平台负责数据的存储和计算,海量数据的"存储"形成人的"记忆",超级计算能力则满足对数据的处理能力。近年来,云计算的发展让数据的存储和计算能力达到较高水平,为人工智能提供了坚实的技术基础,同时成本大幅下降。

基础层为人工智能产业链提供算力和数据服务支撑。以阿里云、腾讯云、电信云、

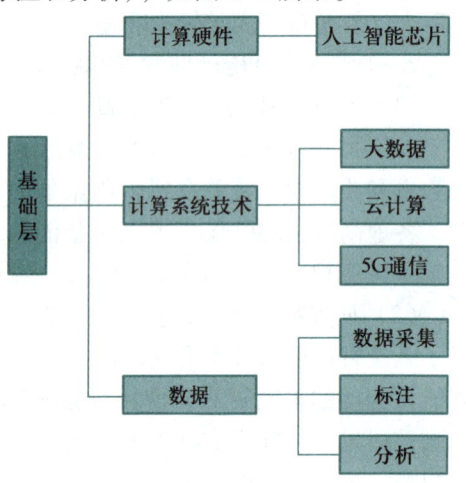

图 2-8 人工智能基础层的主要构成

百度云等行业领先企业为代表,为人工智能的发展提供了充足的算力资源;传统芯片知名企业 nVIDIA、Intel 和国内科技新兴企业寒武纪、地平线等正致力于为人工智能的计算需求提供专用芯片;另外数据服务领域也存在大量公司,例如国内的数据堂、海天瑞声以及国外的 Saagie 等。

2.2.2 技术层

微课 2-3
人工智能产业
技术层

技术层是人工智能三层架构中的中间层,主要是收集底层的数据为上层应用提供服务,类似于人的神经网络。技术层是人工智能产业的核心,以模拟人的智能相关特征为出发点,构建技术路径。技术层主要包括算法理论(机器学习)、开发平台(基础开源框架、技术开放平台)和应用技术(计算机视觉、机器视觉、智能语音、自然语言理解),如图 2-9 所示。

技术层的主要技术如下:

1)机器学习。机器学习包括决策树、贝叶斯网络、聚类等核心算法,模拟人处理问题的决策逻辑。

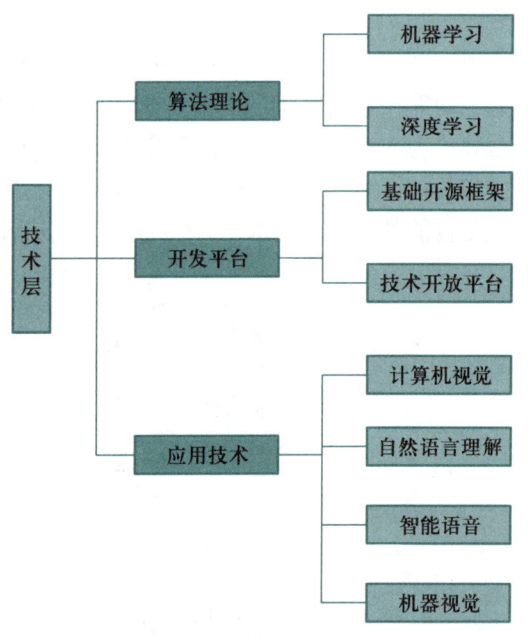

图 2-9 人工智能技术层主要构成

2）深度学习。深度学习通过更多的机器模型和海量数据训练，模拟人的特征，提升分类和预测的准确性。预测人的行为是模拟人的重要特征，根据接收的信息做出判断，然后行动，这是"机器人"的完整逻辑。

技术层为人工智能产业链提供通用性的技术能力。以谷歌、阿里巴巴、百度为代表的互联网头部企业，利用资金及人才优势，较早地全面布局了人工智能相关技术领域；同时也有一大批创新公司深耕细分技术领域，例如专攻智能语音领域的科大讯飞、致力于计算机视觉领域的商汤科技、机器学习领域的第四范式等。在国外，Proxem、XMOS 等企业也分别在自然语言处理、智能语音等领域做出了积极的实践和探索。

2.2.3 应用层

应用层是人工智能三层架构中的最上层，类似于人的感知器官，是人工智能产业的延伸，集成一类或多类人工智能基础应用技术，面向特定应用场景需求而形成的软硬件产品或解决方案。应用层主要包括医疗、金融、教育、交通、家居、零售、制造、安防、政务等领域，如图 2-10 所示。

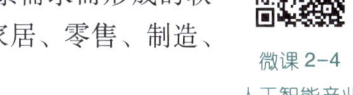

微课 2-4
人工智能产业
应用层

应用层的主要作用如下：

1）基于自然语言处理的应用，包括语音识别、语义识别、自动翻译。其作用实际上是让机器听得见、听得懂，接受外部指令或者沟通语言。语言成为机器和人沟通的一种重要通道。

2）基于计算机视觉的应用。例如 AR/VR 作为计算机视觉的一种，是目前比较热的人工智能领域之一，目标是能像人一样立体地观察世界、适应自然。

3）基于自动控制技术的应用。自动控制系统是机器根据指令模拟人的行为，也是人工智能应用的表现形式。

应用层面向服务对象，提供各类具体应用和适配行业应用场景的产品或服务。目前全球绝大部分人工智能领域的创新科技公司聚集于此，典型企业有智慧建筑领域的 Verdigris 和特斯联，智慧安防领域的 Genetec 和宇视，以及智慧医疗领域的 Flatiron 和推想科技等。

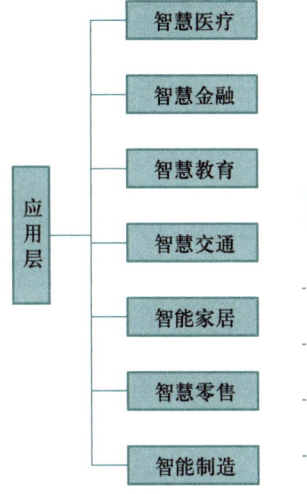

图 2-10 人工智能应用层的主要构成

2.2.4 人工智能产业链

从产业链来看，人工智能基础层、技术层和应用层这 3 个层面下的各个细分领域的总市场规模空间巨大，每一层的代表企业如图 2-11 所示。如果把所有涉及人工智能技术研究和应用的企业都算作一个行业，那么人工智能行业无疑是未来高速发展的增量行业。人工智能是新一轮产业变革的核心驱动力，将进一步释放历次科技革命和产业变革积蓄的巨大能量，并创造新的强大引擎，重构生产、分配、交换、消费等经济活动各环节，形成从宏观到微观各领域的智能化新需求，催生新技术、新产品、新产业、新业态及新模式。人工智能正在与各行各业快速融合，助力传统行业转型升级、提质增效,在全球范围内引发全新的产业浪潮。

图 2-11 人工智能产业链及代表企业

2.3 人工智能与大数据和云计算

2.3.1 人工智能与大数据

人工智能和大数据(Big Data)是紧密相关的两种技术,两者既有联系,又有区别。

(1) 人工智能和大数据的联系

一方面,人工智能需要数据来建立其智能,特别是在机器学习领域。例如,机器学习图像识别应用程序可以查看数以万计的飞机图像,以了解飞机的构成,以便将来能够识别出它们。人工智能使用的数据越多,其获得的结果就越准确。在过去,人工智能由于处理器速度慢、数据量小而不能很好地工作。今天,大数据技术为人工智能提供了海量的数据源,使得人工智能技术有了长足的发展,甚至可以说,没有大数据就没有人工智能。

另一方面,大数据技术为人工智能提供了强大的存储能力和计算能力。在过去,人工智能算法都是依赖于单机的存储和单机的算法,而在大数据时代,面对海量的数据,传统的单机存储和单机算法都已经无能为力。建立在集群技术之上的大数据技术(主要是分布式存储和分布式计算),可以为人工智能提供强大的存储能力和计算能力。

(2) 人工智能和大数据的区别

人工智能与大数据也存在着明显的区别。人工智能是一种计算形式,它允许机器执行认知功能,例如对输入起作用或做出反应,类似于人类的做法;而大数据是一种传统计算，它不会根据结果采取行动，只是寻找结果。

另外，二者要达成的目标和实现目标的手段不同。大数据主要是通过数据的对比分析来掌握和推演出更优的方案。以视频推送为例，用户之所以会接收到相似的推送内容，是因为大数据能够根据用户日常观看的内容，综合考虑其观看习惯，从而推断出哪些内容更可能为其所喜爱，并进行推送。而人工智能的开发，则是为了辅助和代替人们更快、更好地完成某些任务或进行某些决定。不管是汽车自动驾驶还是医学样本检查工作，人工智能和人工操作都是在完成相同的任务，但区别就在于其速度更快、错误更少。人工智能能通过机器学习的方法，掌握人们日常进行的重复性事项，并以其计算机的处理优势来高效地达成目标。

2.3.2 人工智能与云计算

云计算（Cloud Computing）是通过网络将巨大的数据计算处理程序分解成无数个小程序，然后通过多部服务器组成的系统进行处理和分析这些小程序得到的结果并返回给用户。

微课 2-5
人工智能与云计算

人工智能和云计算的密切关系体现在以下方面：

1）云计算系统为人工智能提供了强大的算力资源和存储能力。云计算平台不仅是人工智能的基础计算平台，也是将人工智能的能力集成到千万应用中的便捷途径。

2）当前云计算平台正在全力打造自己的业务生态，业务生态其实也是云计算平台的壁垒，而要想在云计算领域形成一个庞大的壁垒，则必然要借助于人工智能技术。

3）当前终端应用的迭代速度越来越快，未来要想实现更快速且稳定的迭代，必然需要人工智能技术的参与。

4）云计算与人工智能结合还会有一个明显的好处，就是降低开发人员的工作难度，云计算平台的资源整合能力会在人工智能的支持下越来越强大。

5）人工智能不仅丰富了云计算服务的特性，而且使云计算服务更加符合业务场景的需求，从而进一步解放人力。

2.4 人工智能与5G技术

PPT：2.4
人工智能与5G技术

第五代移动通信技术（5th Generation Mobile Networks，5G）是具有高速率、低时延和大连接特点的最新一代宽带移动通信技术，也是继2G、3G和4G系统之后的延伸。5G可以实现短时间内大量数据的传输、检索和运算，可以为人工智能提供更加坚实和牢靠的技术支撑和运作基础，使得人工智能可以落实到更加广泛的领域实践中。"5G+人工智能"的运作系统相辅相成，在促进经济社会发展中具有重要意义。例如，5G所具有的高速率、低时延的特点，是智能交通产业发展的重要基础，其可以提供高精度地图实时下载，满足更精准的定位管理；可以基于5G进行交通安全预警和交通出行引导，进而实现自动驾驶。智能家居也是人工智能技术重要的应用领域，由于5G能够支持更多的接入设备，因而将极大地提升智能家居系统中枢服务的能力。目前制造工业的智能化程度正在逐步提升,且基于无线技术的解决方案也已经成功立足于制造车间,利用5G技术搭建工业物联网,可以支持更灵活、更高效的生产线,服务于建立涵盖整个产品生命周期的解决方案。另外,利用5G技术的低时延特点,新兴能源公司将更有可能建成智能电网。

课后习题

1. 举例说明你所了解的国内外人工智能科技企业及其主要成果。
2. 在人工智能产业架构中,我国在技术层和应用层走在世界前列,请举例说明,并请思考我国在基础层可以做哪些努力。
3. 简述人工智能、大数据和云计算之间的关系。

第 3 章
Python 程序设计基础

🔍 **学习目标**

- 掌握 Python 中的变量、变量类型、标识符和关键字。
- 掌握判断语句和循环语句的使用方法。
- 掌握字符串的输入/输出方法。
- 掌握列表、元组和字典数据类型的定义及常见操作。
- 能够使用 Python 科学计算包对数据进行预处理。
- 能够使用切片的方式访问字符串中的值。
- 掌握函数的定义和调用方法。
- 能够使用类创建对象,并添加属性。
- 熟练掌握面向对象三大特征——封装、继承和多态的使用方法。
- 能够使用 NumPy、Pandas、SciPy 和 Matplotlib 数据包对数据进行预处理。

3.1　Python 概述

本章将介绍的 Python 是众多计算机语言中的一种，其在人工智能领域多被用于实现机器学习、深度学习、数据挖掘等任务。随着人工智能成为研究与应用的热点，Python 越来越受到人们重视，使用率也越来越高。

1. Python 简介

微课 3-1
Python 概述

Python 是一种解释型、面向对象、动态数据类型的高级程序设计语言，由荷兰计算机专家吉多·范·罗苏姆（Guido Van Rossum）于 1989 年底发明，第一个公开发行版于 1991 年发布。Python 具有简单易学、开源免费、可移植性、面向对象和丰富的库等特点，因此被编程人员广泛使用。Python 的主要应用场景如下。

1）Web 开发。
2）操作系统管理、服务器运维的自动化脚本。
3）科学计算。
4）桌面应用。
5）服务器软件。

2. Python 的版本

Python 发展到现在已经历了多个版本，可以在其官网查看所有历史版本，当前以 Python 3.x 为主流版本。表 3-1 列举了 Python 的历史版本。

表 3-1　Python 的历史版本

版 本 号	发 布 时 间	拥 有 者	GPL 兼容
0.9.0~1.2	1991~1995	CWI	是
1.3~1.5.2	1995~1999	CNRI	是
1.6	2000	CNRI	否
2.0	2000	BeOpen.com	否
1.6.1	2001	CNRI	否
2.1	2001	PSF	否
2.0.1	2001-06-22	PSF	是
2.2~2.7.11	2001~2015	PSF	是
2.7.12	2016-06	PSF	是
2.7.13	2016-12	PSF	是
3.x	2008~至今	PSF	是

3. Python 的下载及安装

Python 已经被移植在许多平台上，目前可应用的平台包括 Windows、Linux 和 Mac

OS 等。Python 的最新源代码、二进制文档可以在其官网查看。

下面以 Windows 为例进行 Python 的下载及安装，主要步骤如下：

1）打开 Web 浏览器访问 Python 官网，在下载列表中选择 Windows，平台安装包，注意选择需要安装的版本号，如图 3-1 所示。

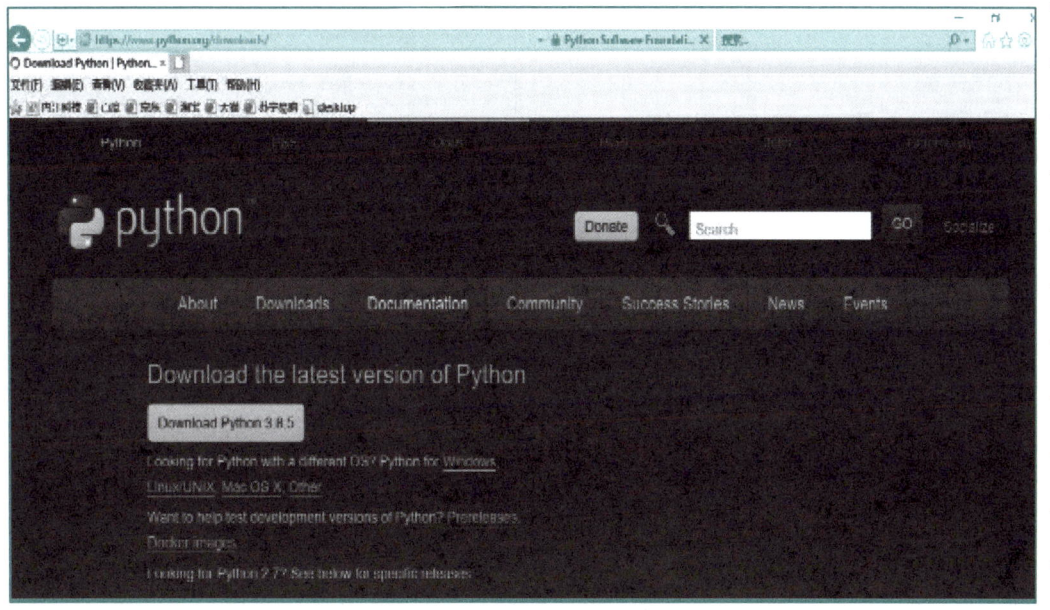

图 3-1　Python 下载页面

2）下载安装包并进行安装，如图 3-2 所示。

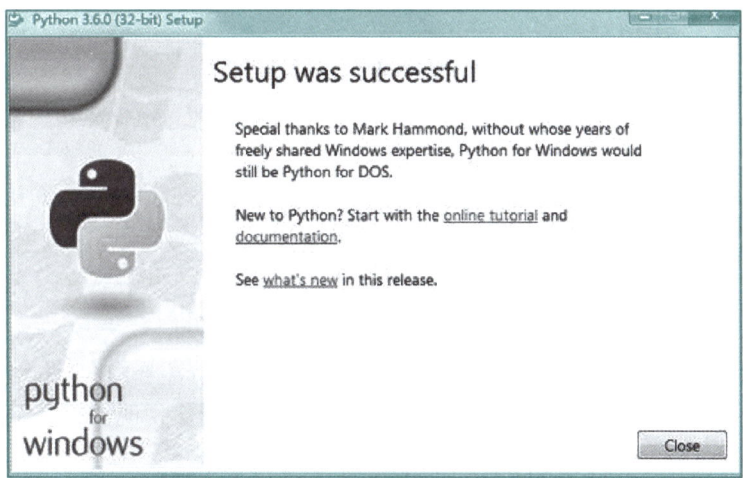

图 3-2　Python 安装成功

3）配置环境变量，如图 3-3 所示。

4）环境变量配置完成后，进入 Windows 控制台，输入"python"并回车，屏幕输出版本信息，表示安装成功，如图 3-4 所示。

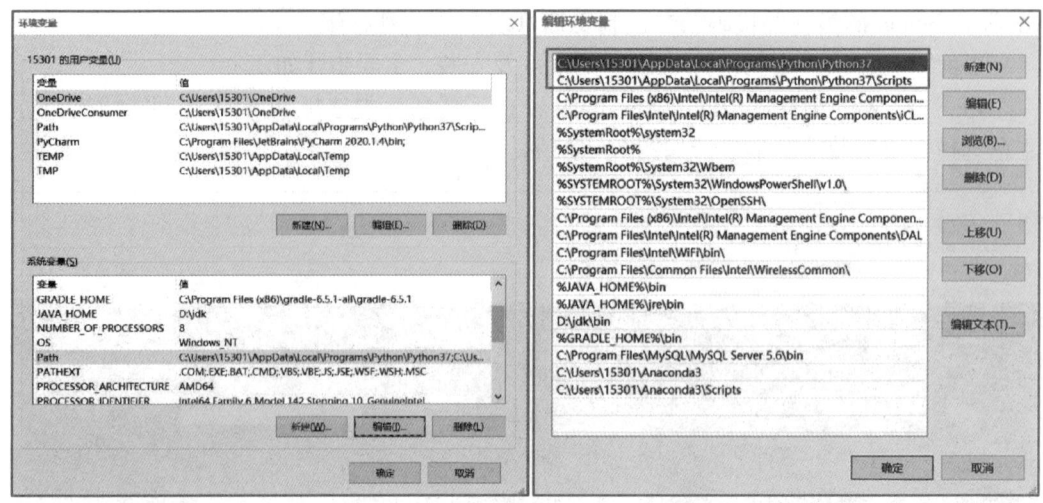

图 3-3 配置环境变量

图 3-4 验证配置并安装成功

3.2 Python 语法基础

PPT：3.2 Python 语法基础

Python 作为一门计算机语言，有自己的语法规则，比 C、Java 更为简洁易懂。

3.2.1 基本语法

1. 注释

Python 中注释内容一般用自然语言书写，计算机不执行注释内容。

1）行注释：以"#"开头，"#"右边的文字都会被当作说明文字，而不会被计算机执行。示例代码如下：

```
#第一个注释
print("Hello, Python!")    #第二个注释
```

2）块注释：由多行内容组成的说明文字，以 3 个连续的单引号（'''）或双引号（"""）作为注释的开始和结束，中间的所有内容都被计算机忽略。示例代码如下：

```
"""
print(value,..., sep=' ', end='\n', file=sys.stdout, flush=False)
"""
```

注释的原则：注释内容不是越多越好，通常在遇到复杂算法或是难以理解的代码时可进行适当注释，便于读者理解算法或代码。

2. 行与缩进

Python 最具特色的语法是使用缩进来表示代码块，最好使用 4 个空格进行悬挂式缩进，并且同一个代码块的语句，必须含有相同的缩进空格数。示例代码如下：

```
if True:
    print("True")
else:
    print("False")
```

3. 语句换行

Python 通常在一行内写完一条语句，但有时候语句较长不易阅读，需要多行表示，这时可以使用圆括号来实现换行。示例代码如下：

```
str = ('Python 是一种面向对象、解释型计算机程序设计语言,'
       '由 Guido Van Rossum 于 1989 年底发明。')
```

3.2.2 变量定义和使用

Python 的变量用于存放数据，而数据存储在内存中，这就意味着在创建变量时会在内存中开辟一个存储空间。Python 中每个变量在使用之前都必须先赋值，变量只有在赋值之后才会被创建。示例代码如下：

```
message = "hello python"
print(message)
```

微课 3-2
变量定义和使用

上述示例中定义了一个 message 变量，并将文本"hello python"存在 message 变量中。

1. 变量的命令规则

1）变量的名字可以包含数字、大小写字母、下画线。
2）不能以数字开头，如 4man、6for 是不被允许的，但 man4、for6 是可以的。
3）在 Python 中，一般以下画线开头的变量具有特殊含义，因此不建议使用。例如，_age 可以作为变量名使用，但是不推荐作为普通变量使用。
4）大小写敏感，如 ForMan 和 forMan 是两个不同的变量。

2. 变量类型

变量可以存储不同类型的数据，如整数、小数或字符等，可以为变量指定不同的数据类型。Python 中常见的数据类型包括 7 种，下面进行简单介绍。

(1) 数字类型

Python 中常见的数字类型包括整数 int、浮点数 float、复数 complex。

整数：0101　23　-99　343443444

浮点数：3.14159　3.6E-10　-2.3E-12

复数：2.13+1.1j　-2.1-5j

(2) 布尔类型

布尔类型可以看成是一种特殊的整型，只有两个取值：True 和 False，分别对应整型的 1 和 0。每一个 Python 对象都具有布尔值（True 或 False），可以用于布尔测试。例如，None、False（布尔型）、0（整型 0）、0L（长整型 0）、0.0（浮点型 0）等对象的布尔值都是 False。

(3) 字符串类型

Python 中的字符串（string）是一种表示文本的数据类型，字符串中的字符可以是 ASCII 字符、各种符号以及各种 Unicode 字符。示例代码如下：

```
s_1 = "python"
s_2 = 'ilovepython'
```

(4) 列表类型

列表（list）是 Python 中使用最频繁的数据类型，是一种序列类型。列表可以完成大多数集合类数据结构的实现，可以存储不同类型的数据。列表用"[ ]"标识，是 Python 最通用的复合数据类型。示例代码如下：

```
list = ['abcd', 786, 2.23, 'john', 70.2]
tinylist = [123, 'john']
```

(5) 元组类型

元组（Tuple）是一种类似于列表的序列类型，用"( )"标识，内部元素用逗号隔开。与列表不同的是，元组元素不能二次赋值，相当于只读列表。示例代码如下：

```
tuple = ('abcd', 786, 2.23, 'john', 70.2)
tinytuple = (123, 'john')
```

(6) 字典类型

字典（Dictionary）是除列表以外 Python 中最灵活的内置数据类型。列表是有序的对象结合，而字典是无序的对象集合，字典中的元素是通过键来存取的。字典用"{}"标识，由索引 key 和它对应的值 value 组成。示例代码如下：

```
dict = {'name': 'john', 'code':6734, 'dept': 'sales'}
```

(7) 集合类型

集合（Set）数据类型以大括号"{}"表示，各元素通过逗号隔开，如 {1,2,3,4}，或者使用 set() 方法创建集合，集合的特征是元素无序和元素不重复。示例代码如下：

```
s = set('hello')
print(s)
```

3.2.3 标识符和关键字

1. 标识符

标识符就是一个名字，其主要作用是作为变量、函数、类、模块以及其他对象的名称，就像人需要起个名字，以便于称呼、指代。在给标识符命名的时候还应尽量做到"见名知其意"。例如，看到 book_name，就能大概猜出是"书的名字"相关的内容；看到 user_name，就能大概猜出是"用户名字"相关的内容等。

Python 标识符的命名要遵守一定的命令规则，如下所示：

1）标识符是由字母、下画线和数字组成。如果标识符中出现了这 3 类字符之外的其他字符，就肯定是不合法标识符。
2）标识符的第一个字符不能是数字。
3）标识符不能和 Python 关键字相同。
4）标识符中的字母是严格区分大小写的。
5）以下画线开头的标识符有特殊含义。

示例代码如下：

```
user_name     #合法的标识符
user_age      #合法的标识符
4name         #非法标识符,不能以数字开头
and           #非法标识符,and 是关键字,不能作为标识符
```

2. 关键字

在 Python 中具有特殊功能的标识符称为关键字。关键字是 Python 语言自身使用的标识符，不允许开发者自己定义与关键字同名的标识符。Python 的关键字见表 3-2，这些关键字不能用作任何标识符名称。

表 3-2　Python 的关键字

and	as	assert	break	class	continue
def	del	elif	else	except	finally
for	from	False	global	if	import
in	is	lambda	nonlocal	not	None
or	pass	raise	return	try	True
while	with	yield			

3.2.4 运算符

Python 的运算符表示参与运算的符号，参与运算的数据被称为操作数。举个简单的例子：4+5=9，该例中的 4 和 5 被称为操作数，"+"称为运算符。

Python 支持的运算符类型见表 3-3。

表 3-3 Python 的运算符

运算符类型	运 算 符
算术运算符	+、-、*、/、%、**、//
比较运算符	==、!=、>、<、>=、<=
赋值运算符	=
逻辑运算符	and、or、not
位运算符	<<、>>、&、|、^、~
成员运算符	in、not in

3.3 Python 常用语句

Python 的常用语句包括判断语句、循环语句,以及 break、continue、pass 等,下面分别进行介绍。

3.3.1 判断语句

Python 判断语句是通过一条或多条语句的执行结果(True 或者 False)来决定执行的代码块,可以通过图 3-5 来了解判断语句的执行流程。

在上述流程中,只有当判断条件的结果为 True 时,才可以继续执行后面的语句。Python 判断语句的语法格式如下:

```
if 判断条件:
    执行语句 1
else:
    执行语句 2
```

if 语句用于控制程序的执行,其中"判断条件"成立时(非零)则执行后面的语句,而执行的内容可以是由多行语句构成的语句块,并以缩进来区分表示同一个语句块。else 为可选语句,当判断条件不成立时执行相应的语句块。示例代码如下:

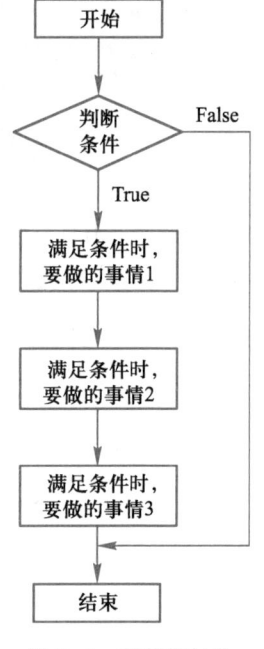

图 3-5 判断语句的执行流程

```
name = 'python'
if name == 'python':          #判断变量是否为'python'
    print('welcome python!')   #输出欢迎信息
else:
    print(name)                #条件不成立时输出变量名称
```

运行结果如下：

```
welcome python!
```

3.3.2 循环语句

Python 的循环语句是常见的各种控制结构，允许更复杂的执行路径。循环语句允许执行一个语句或语句组多次。Python 提供了 for 循环和 while 循环（注意在 Python 中没有 do…while 循环），见表 3-4。

微课 3-3
循环语句

表 3-4 循 环 语 句

循 环 类 型	描　　　述
while 循环	在给定的判断条件为 True 时执行循环体，否则退出循环体
for 循环	重复执行循环体
嵌套循环	可以在循环体中嵌套另一个循环语句

1. while 循环

Python 中的 while 语句用于循环执行程序，即在某条件下，循环执行某段程序，以处理需要重复处理的相同任务。其语法格式如下：

```
while 判断条件：
    执行语句
```

执行语句可以是单个语句或语句块。判断条件可以是任何表达式，任何非零、或非空的值均为 True。当判断条件的结果为 False 时，循环结束。while 循环的执行流程如图 3-6 所示。

一个 while 循环的简单例子：用 while 实现递增输出循环。代码示例如下：

```
count = 0
while (count <4):
    print ('The count is:', count)
    count = count + 1
```

运行结果如下：

```
The count is: 0
The count is: 1
The count is: 2
The count is: 3
```

2. for 循环

Python 中的 for 循环可以遍历任何序列类型的变量，如一个列表或者一个字符串。for 循环的语法格式如下：

for 变量 in 序列：
　　循环语句

for 循环的执行流程如图 3-7 所示。

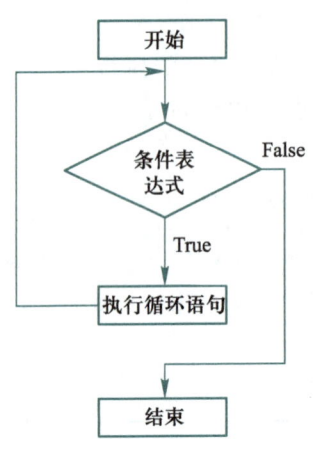

图 3-6　while 循环的执行流程

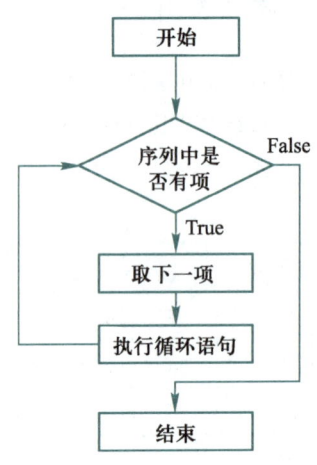

图 3-7　for 循环的执行流程

一个 for 循环的简单例子：通过 for 循环实现列表元素的输出。示例代码如下：

```
for i in [0, 1, 2]:
    print(i)
```

运行结果如下：

```
0
1
2
```

3.3.3　break 语句

Python 中的 break 语句用在 while 或者 for 循环中，用来提前终止循环语句。下面举例说明 break 语句的使用，通过 break 语句实现跳出循环。

先通过 for 语句预设了 5 次循环，再用 if 进行判断，若 i＝3，则提前结束整个 for 循环，最后输出 i 的值。示例代码如下：

```
i=1
for i in range(5):
    i+=1
    print("-------")
    if i==3:
        break
    print(i)
```

运行结果如下：

```
-------
1
-------
2
-------
```

3.3.4　continue 语句

在 Python 中，continue 语句用来跳过当前循环体中的语句，然后继续进行下一轮循环；而 break 语句是跳出整个循环，不再执行循环体里的任何语句。下面举例说明 continue 的使用，通过 continue 语句跳出当前循环。

先用 for 语句预设 4 次循环，再用 if 语句进行判断，当 i 的值为 3 时则终止本次循环，并进入下一轮循环，最后输出 i 的值。示例代码如下：

```python
i = 1
for i in range(4):
    i += 1
    print("-------")
    if i == 3:
        continue
    print(i)
```

运行结果如下：

```
-------
1
-------
2
-------
-------
4
```

3.4　字符串、列表、元组和字典

下面介绍 Python 中常用的数据类型：字符串、列表、元组和字典。

3.4.1 字符串

字符串是一种表示文本的数据类型，也是 Python 中最常用的数据类型。可以使用引号来创建字符串，有以下 3 种方式。

1) 单引号：'a'   'aa'。
2) 双引号："a"   "a"。
3) 三引号（三对单引号或者三对双引号）：'''aa'''   """bb"""。

创建字符串很简单，只要为变量分配一个值即可。示例代码如下：

```
var1 = 'Hello World!'
var2 = "Python Programming"
```

1. 字符串的存储方式

Python 中没有字符类型，单个字符也是作为字符串使用的，字符串中的每个字符都对应一个下标，下标编号从 0 开始。例如，字符串 name = 'abcdef'，在内存中的存储方式如图 3-8 所示。

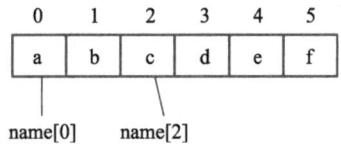

图 3-8　字符串在内存中的存储方式

字符串'abcdef'从 0 开始编号，依次递增 1，这个编号就表示下标，如要取出下标为 2 的字符'c'，可以用 name[2]取出。

2. 使用切片截取字符串

切片是截取对象一部分元素的操作，字符串、列表、元组都支持切片操作。切片的语法格式如下：

［起始：结束：步长］

这里要注意，切片选取的区间属于左闭右开型，即从"起始"位开始，到"结束"的前一位结束，不包含结束位本身。以字符串 name = 'abcdef'为例，切片截取的代码如下：

```
name = 'abcdef'
print(name[0:3])        #取下标为 0~2 的字符
print(name[3:5])        #取下标为 3、4 的字符
print(name[1:-1])       #取下标为 1 开始到倒数第 2 个之间的字符
print(name[2:])         #取下标为从 2 开始到最后的字符
```

运行结果如下：

```
abc
de
```

```
bcde
cdef
```

3. 字符串输入输出

Python 提供了 input( ) 函数从标准输入设备读取一行文本，默认的标准输入设备是键盘。示例代码如下：

```
user_name = input("请输入用户名")
print(user_name)
```

上述示例中，input( ) 函数传入了字符串信息，用于获取数据前给用户提示，并且将接收的输入直接赋值给等号左边的变量 user_name。

Python 支持格式化字符串的输出，最基本的用法是将一个值插入一个有字符串格式符%s 的字符串中。字符串格式化使用示例如下：

```
name ='小明'
print("大家好,我叫%s!"%name)
```

运行结果如下：

```
大家好,我叫小明!
```

3.4.2 列表

列表是 Python 中最基本的数据类型，列表中的每个元素都对应一个下标或索引，第一个元素的索引是 0，第二个元素的索引是 1，依此类推。列表的元素不需要具有相同的数据类型。创建一个列表，只要使用方括号"[ ]"把逗号分隔的不同元素括起来即可。例如：

```
list1 = ['physics', 'chemistry', 1997, 2000]    #列表元素为不同数据类型
list2 = [1, 2, 3, 4, 5]
```

微课 3-4
列表

与字符串的索引一样，列表索引从 0 开始，如上述示例中列表 list1 中的"1997"元素索引是 2，获取该元素的方法为 list1[2]=1997。

3.4.3 元组

Python 的元组与列表类似，不同之处在于元组的元素不能修改。元组使用小括号"( )"，列表使用方括号"[ ]"。元组创建很简单，只需要在括号中添加元素，并使用逗号隔开即可。例如：

```
tup1 = ('physics', 'chemistry', 1997, 2000)
tup2 = (1, 2, 3, 4, 5)
tup3 = "a", "b", "c", "d"
```

注意：当元组中只包含一个元素时，需要在元素后面添加逗号，否则系统不会将

该元素作为元组类型来处理。例如：

```
tup1 = (50,)   #逗号不能省略
```

元组和字符串类似，可以使用下标索引来访问元组中的元素，元组的索引也是从 0 开始。例如：

```
tup = ('physics', 'chemistry', 1997, 2000)
print(tup[0])
print(tup[2])
```

运行结果如下：

```
physics
1997
```

3.4.4 字典

字典是一种存储数据的容器，可以存储任意类型的对象。字典元素由"键"和对应的"值"成对组成，在查找字典的某个元素时，是通过"键"来查找的。例如：

```
dic = {'name':'小明', 'sex':'f', 'address':'北京'}
```

上述示例定义了一个字典，字典的每个元素由两部分组成，分别是键和值。每个键与值用冒号"："隔开，每个元素即键值对用逗号"，"隔开，整体放在花括号"{}"中。键必须独一无二，不能重复出现，但值可以重复出现，也可以取任何数据类型。以元素"'name':'小明'"为例，'name'为键（Key），'小明'为值（Value）。

3.5 函数

函数是组织好的、可重复使用的、用来实现单一或相关联功能的代码段。函数能提高程序的模块性和代码的重复利用率。Python 提供了许多内建函数，比如 print( )。用户也可以自己创建函数，称为用户自定义函数。

3.5.1 函数的定义

微课 3-5
函数的定义

函数可以根据用户自己的需求定义，简单的规则如下：
1）函数代码块以 def 关键词开头，后接函数标识符名称和圆括号"( )"。
2）圆括号内可以用于定义参数，函数参数必须放在圆括号内部。
3）函数内容以冒号起始，并且缩进。
4）以 return[表达式]结束函数，选择性地返回一个值给调用方。不带表达式的 return 语句相当于返回 None。

在 Python 中，定义一个函数的语法格式如下：

```
def 函数名(参数列表)：
    函数体
    return 表达式
```

下面来定义一个完成打印信息的函数，函数名是 hello。示例代码如下：

```
def  hello() :
    print("Hello World!")
```

3.5.2 函数调用

函数定义完成之后，函数中的代码不会自动执行，想要让这些代码能够执行，需要调用函数，通过"函数名()"可以完成函数调用。调用 hello() 函数的示例如下：

```
def hello() :
    print("Hello World!")
hello()    #对定义好的hello()函数进行调用
```

运行结果如下：

```
Hello World!
```

3.5.3 参数

Python 中的函数参数是通过赋值来传递的。一个函数可以定义任意多个参数，每个参数间用逗号分隔，如果定义了多个参数，那么在调用函数的时候，传递的数据要和定义的参数一一对应。下面举例来说明函数是如何进行参数传递的，示例代码如下：

```
def max(a, b):      #定义一个比较函数max()
    if a > b:
        return a
    else:
        return b
a = 4
b = 5
print(max(a, b))     #调用带有参数的函数时,需要在圆括号中传递数据
```

在上述示例中，首先定义了一个比较数值大小的函数 max()，带有两个参数 a 和 b。a 是第 1 个参数，用于接收函数传递的第 1 个数值；b 是第 2 个参数，用于接收函数传递的第 2 个数值。这时，如果想调用 max() 函数，需要给函数的两个参数传递两个数值，分别是 a=4，b=5，然后运行 max() 函数，得出比较结果。

下面对带有参数的函数运行过程进行描述，如图 3-9 所示。

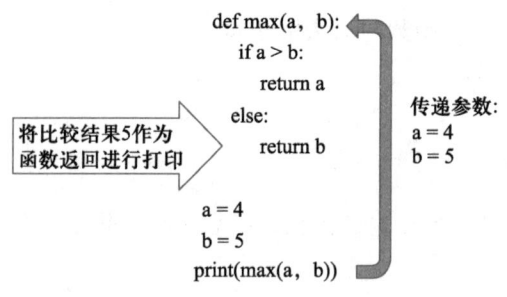

图 3-9 函数参数传递的过程

运行结果如下：

```
5
```

3.6 异常处理

3.6.1 异常介绍

开发人员在编写程序时，难免会遇到错误，有的是编写人员疏忽造成的语法错误，有的是程序内部隐含逻辑问题造成的数据错误，还有的是程序运行时与系统的规则冲突造成的系统错误等。为了处理这些情况，Python 把程序在执行过程中产生的错误统称为异常，并提供了强大的异常处理机制。异常是 Python 对象，表示一个错误。当 Python 脚本发生异常时我们需要捕获处理它，否则程序会终止执行。一个异常示例如下：

```
a = 1/0
```

运行结果如下：

```
>>> a = 1/0
Traceback (most recent call last):
  File "<pyshell#2>", line 1, in <module>
    a = 1/0
ZeroDivisionError: division by zero
```

上述代码是"用1除以0，并赋值给a"。因为0作除数是没有意义的，所以运行后会产生错误，上述运行结果的描述信息中，前两段指明了错误的位置，最后一句表示出错的类型。如果没有进行任何处理，程序就会终止。

3.6.2 捕获异常

异常的捕获可以使用 try-except 语句。该语句用来检测 try 语句块中的错误，通过 except 语句捕获异常信息并处理。异常捕获 try-except 语法格式如下：

```
try：
    语句块
except：
    异常处理
```

当执行 try 语句块出现错误的时候，Python 程序就不再执行 try 中的后续语句，而是直接执行 except 里面处理异常的语句。捕获异常的示意图如图 3-10 所示。

下面举例说明如何捕获异常。当除数为 0 时，将发生 ZeroDivisionError 异常，可以对该异常进行捕获并处理。示例代码如下：

```
try：
    10 * (1/0)
except ZeroDivisionError：
    print('零不能被除')
```

图 3-10 捕获异常示意图

运行结果如下：

```
零不能被除
```

3.7 Python 模块

Python 模块（Module）是一个 Python 文件，以".py"结尾，包含了 Python 对象定义和 Python 语句。模块能定义函数、类和变量，模块里也能包含可执行的代码。模块能够有逻辑地组织 Python 代码段，让代码更好用、更易懂。

PPT：3.7
Python 模块

3.7.1 模块的引入

在 Python 中可以使用 import 关键字来引入某个模块，其语法格式如下：

```
import module1, module2…
```

当解释器遇到 import 语句，如果模块位于当前的搜索路径，那么该模块就会被自动导入。如果要调用某个模块中的函数，必须这样引用：

```
模块名.函数名
```

由上述可知，在调用模块中的函数时，需要加上模块名，因为在多个模块中，可能存在名称相同的函数，如果只是通过函数名来调用，解释器无法知道到底调用哪个函数。因此，在引入模块的时候，调用函数必须加上模块名来区分。示例代码如下：

```
import math
#这样会报错
print(sqrt(2))
#这样可以正常运行
print(math.sqrt(2))
```

运行结果如下：

```
1.4142135623730951
```

3.7.2 常用内置模块

Python 模块可以分为以下 3 类。

（1）标准库

Python 提供了一个强大的标准库，内置了许多非常有用的模块，可以直接使用（标准库是随 Python 一起安装的）。Python 中常用内置模块见表 3-5。

表 3-5 Python 常见内置模块

模 块 名 称	模 块 作 用
os 模块	用于提供系统级别的操作
time 和 datetime 模块	用于表示时间和进行时间转换
random 模块	用于产生随机数
sys 模块	提供对解释器使用或维护的一些变量的访问，以及与解释器交互的函数
math 模块	数学计算的一种模块

（2）第三方模块

Python 社区提供了大量的第三方模块，使用方式与标准库类似。

（3）自定义模块

在 Python 中可以自定义模块，每个 Python 文件都可以作为一个模块，模块的名字就是文件的名字。制作完模块后，可以对编写的模块进行发布、安装，分享给其他开发人员引用。

3.8 Python 面向对象

面向对象是 Python 语言采用的基本编程思想，它把变量和函数组合在一起形成类，使程序设计变得更加简单且有条理。下面介绍 Python 面向对象的思想以及如何实现面向对象。

3.8.1 面向对象概述

在现实世界中存在各种不同形态的事物，这些事物之间存在着各种各样的联系。在程序中使用对象来映射现实中的事物，使用对象间的关系来描述事物之间的联系，这种思想就是面向对象。

3.8.2 类和对象

面向对象编程有两个非常重要的概念：类和对象。把具有相似特征和行为的事物集合统称为类，如动物、植物等，对象则是现实中类的具体个体，它们之间的关系如图 3-11 所示。

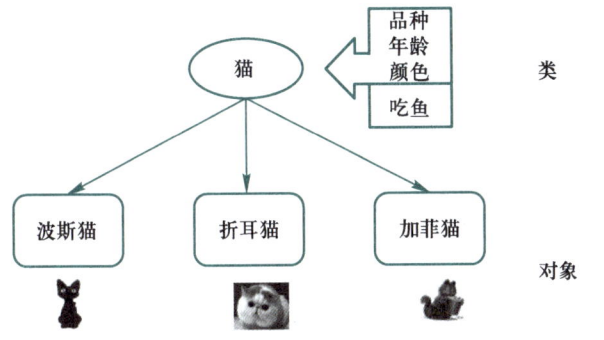

图 3-11 类与对象的关系

1. 类

类是对客观世界中事物的抽象描述，面向对象程序设计的思想正是基于抽象的概念，把事物的特征和行为包含在类中。其中，事物的特征当作类的属性，事物的行为当作类的方法，而对象是类的实例。若要创建一个对象，需要先定义一个类。类由以下 3 部分组成。

1）类名：类的名称，它的首字母必须大写，如汽车类 Car。
2）属性：用于描述事物的特征，比如汽车的型号、颜色等特征。
3）方法：用于描述事物的行为，比如汽车的移动、鸣笛等行为。

在 Python 中，使用 class 关键字来声明一个类，基本语法格式如下：

```
class 类名:
    类的属性
    类的方法
```

下面是一段示例代码：

```
class Cat:
    #属性
    color = '红色'
    #方法
    def eat(self):
        print("-----吃鱼------")
```

在上述例子中，使用 class 定义了一个名为 Cat 的类，类中有一个 color 属性和一个 eat() 方法。

2. 对象

对象是类创建的实例,在 Python 程序中可以使用如下语法来创建一个对象:

```
对象名 = 类名()
```

例如,创建 Cat 类的一个对象 cat,示例如下:

```
cat = Cat()
```

在上述代码中,cat 实际上是一个变量,可以使用它来访问类的属性和方法。要想给对象添加属性,可以通过以下方式:

```
对象名.新的属性名 = 值
```

例如,使用 cat 给 Cat 类的对象添加 color 属性,示例如下:

```
cat.color='白色'
```

下面举例说明如何创建对象、添加属性并且调用方法,示例代码如下:

```python
#定义类
class Car:
    #移动
    def move(self):
        print("车在奔跑...")
    #鸣笛
    def toot(self):
        print("车在鸣笛...嘟嘟...")
#创建一个对象,并用变量 BMW 保存它的引用
BMW = Car()
#添加表示颜色的属性
BMW.color = "黑色"
#调用方法
BMW.move()
BMW.toot()
#访问属性
print(BMW.color)
```

在上述示例中,定义了一个 Car 类,类中定义了移动 move() 和鸣笛 toot() 两个方法,然后创建了一个 Car 类的对象 BMW,动态地添加了 color 属性且赋值为"黑色",最后依次调用了 move() 和 toot() 方法。

运行结果如下:

```
车在奔跑...
车在鸣笛...嘟嘟...
黑色
```

3.8.3 构造方法和析构方法

在 Python 程序中，提供了两个比较特殊的方法：__init__() 和 __del__()，分别用于初始化对象的属性和释放对象所占用的资源。

1. 构造方法

构造方法指的是 __init__() 方法，当创建类的实例时，系统会自动调用构造方法，从而实现对类进行初始化的操作。示例代码如下：

```python
#定义类
class Car:
    #构造方法
    def __init__(self):
        self.color = "黑色"
    #鸣笛
    def toot(self):
        print("%s的车在鸣笛..."%(self.color))
#创建一个对象,并用变量car保存它的引用
car = Car()
#汽车鸣笛
car.toot()
```

在上述示例中，定义了一个 Car 类，该类中有一个构造方法和 toot() 方法。其中，在构造方法中给 Car 类添加了 color 属性，并设置初始值为"黑色"。

运行结果如下：

```
黑色的车在鸣笛...
```

2. 析构方法

当删除一个对象来释放对象所占用资源时，Python 解释器默认调用析构方法 __del__()。示例代码如下：

```python
#定义类
class Person:
        def __init__(self, name, age):
            self.name = name
            self.age = age
        def __del__(self):
            print("--------del--------")
laowang = Person("老王", 30)
del laowang
print("---------1---------")
```

> 笔记

在上述代码中，定义了一个 Person 的类。在 Person 类的构造方法中，定义了两个属性 name 和 age，在析构方法中，添加了一个用于测试的打印语句，该语句会在程序结束的时候进行输出。

运行结果如下：

```
--------del--------
---------1---------
```

3.8.4 Python 面向对象三大特性

Python 面向对象程序设计具有三大特性：封装、继承和多态。

1. 封装

通常把隐藏属性、方法与方法实现细节的过程称为封装。例如，为了保护对象的属性不被外界随意修改，可以采用如下方式进行封装。

1）把属性定义为私有属性，即在属性名的前面加上两个下画线。
2）添加用于设置或获取属性值的两个方法供外界调用。

封装的示例代码如下：

源代码：3.8.4-1 封装

```python
class Person:
    def __init__(self, name, age):
        self.name = name #姓名
        self.__age = age #年龄
    #给私有属性赋值
    def setNewAge(self, newAge):
        #判断传入的参数是否符合要求
        if newAge>0 and newAge<=120:
            self.__age = newAge
    #获取私有属性的值
    def getAge(self):
        return self.__age
#创建对象
laowang = Person("老王", 30)
#获取私有属性的值
print(laowang.getAge())
```

上述示例中定义了一个 Person 类，在构造方法中添加了一个私有属性 __age，然后定义了一个对私有属性赋值的方法，通过 if 语句来判断设置值的合理性。外界通过提供的 getAge() 方法获取私有属性 __age 的值。

运行结果如下：

```
30
```

2. 继承

类的继承是指在一个现有类的基础上构建一个新的类，构建出来的新类被称作子类。继承主要体现了基于类的代码复用性，通过继承关系关联两个类之间的继承关系，在子类中可以使用父类中的公共属性和方法，复用了父类的代码。

在 Python 中，继承使用的语法格式如下：

```
class 子类名(父类名):
```

假设有一个类为 A，定义 B 类是 A 类的子类，示例代码如下：

```
class A(object):
class B(A):
```

源代码: 3.8.4-2 继承

如果在定义类的时候没有标注出父类，那么就表示这个类是默认继承于 object 类。子类继承父类属性和方法的示例代码如下：

```python
#定义一个表示猫的类
class Cat(object):
    def __init__(self, color="白色"):
        self.color = color #颜色
    def run(self): #定义用于跑的方法
        print("---跑---")
#定义一个猫的子类波斯猫
class PersianCat(Cat):
    pass
cat = PersianCat("黑色")
cat.run()
print(cat.color)
```

在上述示例中，定义了一个 Cat 类，该类中有一个 color 属性和 run() 方法，然后定义了一个继承自 Cat 类的子类 PersianCat，子类 PersianCat 继承了父类的 color 属性和 run() 方法，同时在创建 PersianCat 类实例时，使用的是继承自父类的构造方法。

运行结果如下：

```
---跑---
黑色
```

3. 多态

多态是指允许使用一个父类类型的变量或者常量来引用一个子类类型的对象，根据被引用子类对象特征的不同，得到不同的运行结果，即使用父类的类型来调用子类的方法。

下面举例说明多态的使用，示例代码如下：

```python
#定义一个表示动物的类
class Animal(object):
    def shout(self):                #叫的方法
        print("--Animal--shout--")
#定义一个表示狗的类,继承自动物类
class Dog(Animal):
    def shout(self):                #重写父类的方法
        print("--汪汪--")
#定义一个表示猫的类,继承自动物类
class Cat(Animal):
    def shout(self):                #重写父类的方法
        print("--喵喵--")
#定义一个函数
def func(temp):
    temp.shout()
dog = Dog()
func(dog)
cat = Cat()
func(cat)
```

如上述示例代码，首先定义了 Animal（动物）类，该类中有个 shout() 方法；其次定义了继承自 Animal 的两个子类 Dog（狗）和 Cat（猫），分别在两个类中重写了父类的 shout() 方法；然后定义了一个带参数的函数 func()，在该函数中调用了 shout() 方法；最后分别创建了 Dog 类的对象 dog 和 Cat 类的对象 cat，并将对象作为参数调用了 func() 函数。

运行结果如下：

```
--汪汪--
--喵喵--
```

3.9 Python 数据处理和机器学习库简介

在人工智能的模型训练或者数据挖掘的过程中，采集的原始数据里存在着各种不利于分析与建模工作的因素，如数据不完整、数据矛盾、异常值等。这些因素不仅影响建模的执行过程，也有可能会给出错误的建模结果，因此数据处理就显得尤为重要。在实际应用中，数据处理的工作量约占整个建模工作的 60% 左右。通常认为，只要数据处理做得好，模型的性能一般不会太差。

Python 具有强大的数据分析和处理能力，主要依赖于 NumPy、SciPy、Matplotlib、Pandas 这 4 个库，其中 NumPy 提供了矩阵运算的功能，SciPy 则在 NumPy 的基础上添加了许多科学计算的函数库，而这两个库就使 Python 具有和 MATLAB 一样的数据处理能力了。Matplotlib 库提供了绘图，可以实现数据的可视化。Pandas 是基于 NumPy 的一种工具，该库提供了高效操作大型数据集所需的工具。

3.9.1 科学计算库 NumPy

NumPy 的全名为 Numeric Python，是一个开源的 Python 科学计算库，如图 3-12 所示。NumPy 包括：

1）一个强大的 N 维数组对象 ndarray。
2）比较成熟的函数库。
3）用于整合 C/C++ 和 FORTRAN 代码的工具包。
4）实用的线性代数、傅里叶变换和随机数生成函数。

图 3-12　NumPy 计算库

基本的 ndarray 对象是使用 NumPy 中的数组函数创建的，支持数组与矩阵运算。例如，使用 NumPy 进行数组求和运算示例如下：

```
import numpy as np
arr1 = np.array([1, 2, 3])
arr2 = np.array([1, 2, 3])
newarr = np.add(arr1, arr2)
print(newarr)
```

运行结果如下：

```
[2 4 6]
```

3.9.2 科学计算库 SciPy

SciPy 是著名的 Python 开源科学计算库，如图 3-13 所示，其建立在 NumPy 之上，增加的功能包括数值积分、最优化、统计和一些专用函数。

图 3-13　SciPy 计算库

例如，使用 SciPy 包实现对矩阵求行列式，示例代码如下：

```
import numpy as np
from scipy import linalg
a = np.array([[1,2,3],[4,5,6],[7,8,9]])
print(linalg.det(a))    #使用 scipy.linalg.det 计算矩阵的行列式
```

运行结果如下：

```
0.0
```

3.9.3　数据分析处理库 Pandas

Pandas（Python Data Analysis Library）是基于 NumPy 的一种工具，该工具是为了解决数据分析任务而创建的，如图 3-14 所示。Pandas 提供了高效操作大型数据集所需的工具和大量快速便捷处理数据的函数和方法。

Pandas 中主要有两种数据结构，分别是 Series 和 DataFrame。Series 是像数组一样的一维对象，可以存储很多类型的数据。DataFrame 是一个表格型的数据结构，包含有一组有序的列，每列可以是不同的值类型。

图 3-14　Pandas 计算库

例如，利用 DataFrame 创建二维数组，示例代码如下：

```
import pandas as pd
import numpy as np
#创建了一个 Series 数据结构的字典
d = {'Name':pd.Series(['Tom', 'James', 'Ricky', 'Vin', 'Steve',]),
    'Age':pd.Series([25, 26, 25, 23, 30]),
    'Rating':pd.Series([4.23, 3.24, 3.98, 2.56, 3.20])}
df = pd.DataFrame(d)
print(df)
```

运行结果如下：

	Name	Age	Rating
0	Tom	25	4.23
1	James	26	3.24
2	Ricky	25	3.98
3	Vin	23	2.56
4	Steve	30	3.20

3.9.4 数据可视化库 Matplotlib

Matplotlib 是一个 Python2D 绘图库，如图 3-15 所示，可生成绘图、直方图、功率谱、条形图、误差图、散点图等多种图形，如图 3-16 所示。Matplotlib 可与 NumPy 一起使用，提供了一种有效的 MATLAB 开源替代方案。

图 3-15　Matplotlib 数据可视化库

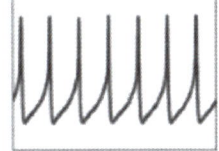   

图 3-16　Matplotlib 绘制图形

例如，利用 Matplotlib 绘制 x 轴为 [1, 10] 的一条直线图，示例代码如下：

```python
import numpy as np
from matplotlib import pyplot as plt
x = np.arange(1,11)
y = 2 * x + 5
plt.title("Matplotlib demo")
plt.xlabel("x axis caption")
plt.ylabel("y axis caption")
plt.plot(x,y)
plt.show()
```

以上示例中，使用 np.arange() 函数创建 x 轴上的值，将 y 轴上的对应值存储在另一个数组对象 y 中，使用 Matplotlib 软件包的 pyplot 子模块中的 plot() 函数将这些值绘制成图形，运行结果如图 3-17 所示。

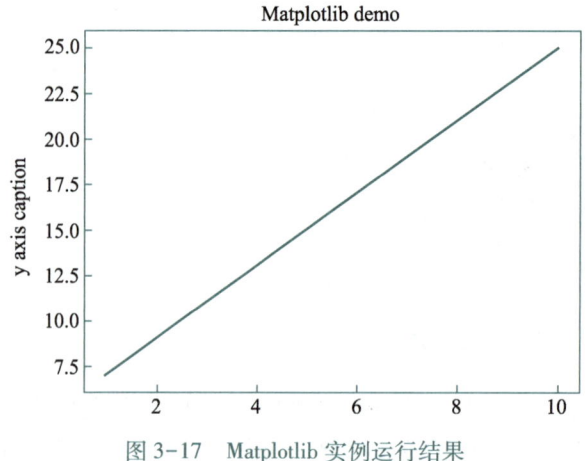

图 3-17 Matplotlib 实例运行结果

课后习题

1. Python 单行注释和多行注释分别用什么表示？
2. Python 中声明变量的注意事项有哪些？
3. 请说明布尔值有哪些？
4. 请说明转义字符 '\n' 的含义是什么？
5. 任意长度的 Python 列表、元组和字符串中，最后一个元素的下标可以用什么来表示？
6. Python 语句 list(range(1,10,3)) 执行的结果是什么？
7. 阅读下面代码，请写出执行结果。

```
a = "alex"
b = a.capitalize()
print(a)
print(b)
```

8. 编程实现：输入两个整数，输出这两个数相加的等式和结果。例如，输入"11"和"22"，则输出"11+22=33"。

第 4 章
机器学习

🔍 **学习目标**

- 了解机器学习的基本概念、基本工作流程与原理。
- 理解机器学习方法类型、模型构建以及经典机器学习算法的基本原理。
- 理解模型拟合、交叉验证、误差分析以及模型评估的方法。
- 掌握数据预处理、模型建立、模型训练以及模型评估的方法。
- 了解机器学习在日常生产生活中的应用。
- 熟悉基于 Python 的 Scikit-learn 机器学习库的使用方法。
- 会使用 NumPy、Pandas、Matplotlib 等进行数据预处理与数据可视化。
- 了解使用 Scikit-learn 实现经典机器学习算法的全流程。

4.1 机器学习概述

4.1.1 什么是机器学习

在信息时代,大量结构化、非结构化以及半结构化数据的出现为人们提供了大量分析与处理的资源。机器学习作为一种数据分析与处理技术,其核心目的是使用计算机执行人和动物与生俱来的活动,从经验中学习方法与技术。机器学习方法是计算机利用已有的经验(数据),得出了某种规律(模型),并利用此模型预测未来(新数据)的一种方法,同时当可用于学习的数据量增加时,机器学习方法又可以自适应提高性能。

米切尔(Mitchell)在机器学习经典著作《Machine Learning》中给出了定义:机器学习是指对于某类任务 T(Task)和性能度量 P(Performance),如果一个计算机程序在 T 上以 P 衡量性能随着经验 E(Experience)而自我完善,那么称该计算机程序在从经验 E 学习。

另一方面,机器学习作为人工智能学科的一个分支,是一个以多学科、交叉学科为代表的课程,包含智能信息处理、认知科学、控制论、统计学等多门学科知识以及相关知识和理论,如图 4-1 所示。

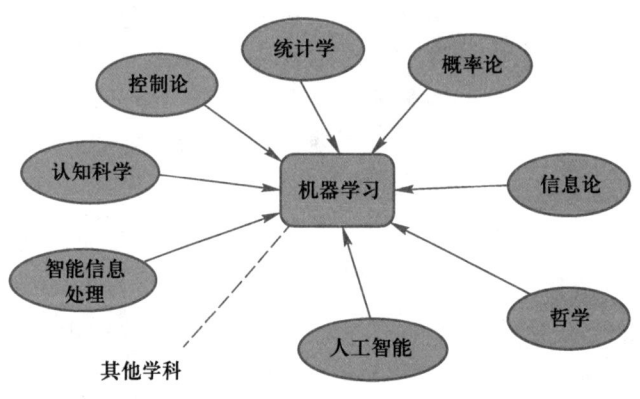

图 4-1 机器学习内容

目前,机器学习不仅在人工智能领域的研究中越来越重要,在日常生活中也发挥出越来越大的作用。例如,使用机器学习可以进行垃圾邮件过滤、文本和语音识别、网络搜索引擎、人脸与目标识别等许多工作。

4.1.2 机器学习方法

利用机器学习可以让计算机帮助人们进行思考和解决现实世界中的常见问题。从其可以解决问题的角度来看,可以将机器学习方法分为以下 4 类。

1)分类:按照数据的种类、标签或者性质分别进行归类的方法。

2）回归：分析数据变量间相互依赖和定量关系的一种统计方法。
3）聚类：将属性、性质相似的数据聚集成一类。
4）降维：降低数据的空间维度，方便后续进行机器学习的方法。

另一方面，如果按照算法对机器学习方法进行分类，可以分为有监督学习、无监督学习和半监督学习3种，如图4-2所示。

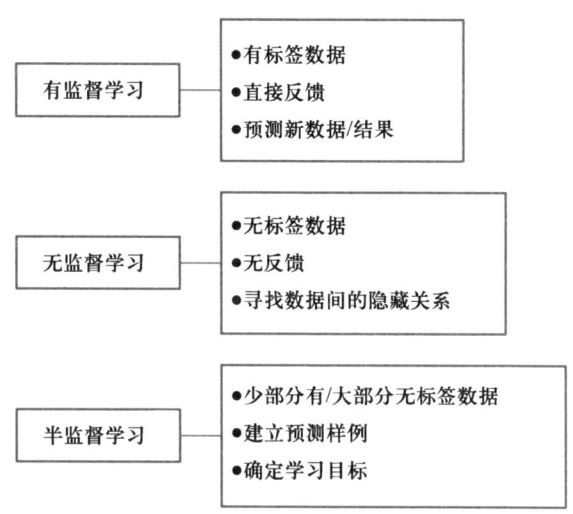

图4-2 机器学习方法类型

1）有监督学习：机器学习算法能够根据已有的包含不确定性的样本数据建立一个预测模型。有监督式学习算法可以接受已知的输入数据集（包含预测变量）和对该数据集的已知响应（输出，即响应变量），然后训练模型，使模型能够对新输入数据的响应做出合理的预测。有监督式学习通常用于分类和回归问题中。

2）无监督学习：机器学习算法在获得训练的样本数据后，在没有标签的情况下尝试找出其内部蕴含关系的一种数据挖掘工作。在这个过程中，不需要对样本数据做任何的标记或者干预。和有监督学习不同，无监督学习样本数据都没有标签，最后总结出这些训练样本与标签的映射关系，找出数据间蕴藏的相互关系。无监督学习通常应用于聚类分析与数据降维问题中。

3）半监督学习：在实际应用场景中，无标签的数据比较容易获取，而有标签的数据获取会相对困难，同时对无标签的数据进行标记和标注也是非常耗时费力的。半监督学习是有监督学习与无监督学习相结合的一种学习方法，其中训练数据的一部分是有标签的，另一部分是没有标签，而没标签数据的数量远远大于有标签数据数量。通过半监督的学习可以建立预测样例和学习目标之间的关系。半监督学习方式现在广泛应用于深度学习领域，同时也可用于强化学习与迁移学习。

4.1.3 机器学习流程

机器学习方法是从采集的数据中进行自动分析而获得模型，并利用模型对未知数据进行预测。机器学习一般流程大致可以分为数据采集、数据预处理、特征工程、数据训练、模型评估和场景应用等步骤，如图4-3所示。

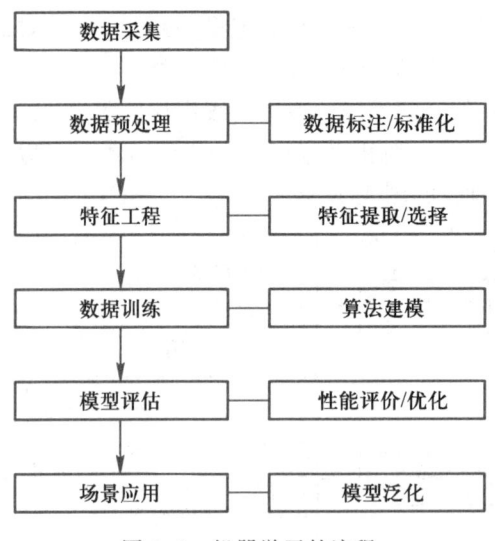

图 4-3 机器学习的流程

(1) 数据采集

机器学习的基础是数据,因为机器学习需要尽可能多的数据进行算法的训练与模型评估。数据采集是机器学习的第一步,采集数据的完整性和质量将直接影响机器学习的结果。数据采集可以从各种传感器、互联网及移动网络等来源获取各种类型的结构化、半结构化及非结构化数据。

(2) 数据预处理

由于采集数据的内容和结构不统一,通常会存在缺失数据、数据不规范、数据分布不均衡、奇异数据、很多非数值数据等,因此需要进行数据预处理。此外,有时还需要进行数据标准化,以消除数据特征之间的差异性。数据预处理是机器学习过程中的重要步骤,特别是在生产环境中,数据往往是原始的、未经加工和处理的,数据预处理常常占据整个机器学习过程的大部分时间。

(3) 特征工程

由于在采集的数据中既包含了对机器学习有价值的信息,又可能包含无价值的信息,因此需要采用特征工程的方法在经过预处理的数据集中选择具有明显特征意义的数据来训练机器学习模型。特征工程包括特征提取、特征选择与特征构建,通过特征工程可以减少特征数量,防止数据的维度灾难,减少机器学习算法的训练时间,增强算法模型的泛化能力,减少过拟合,增强对特征和特征值的理解。

(4) 数据训练

数据训练是根据已有的数据集进行机器学习算法的训练,通过训练数据集建立机器学习算法的模型,通过建立的模型可以对新数据和未知数据进行预测。目前已有很多算法可供使用,例如基于 Python 的 Scikit-learn 机器学习库(以下简称 Sklearn)中包含很多经典的机器学习算法供用户使用。

(5) 模型评估

通过使用测试集数据,验证机器学习算法模型的有效性;通过观察误差样本,分析误差产生的原因(是参数的问题还是算法选择的问题,是特征的问题还是数据本身的问题等）；根据性能测试的结果进行算法参数的调整和模型的优化。

（6）场景应用

通过训练和评估后的机器学习模型，需要在具体的应用场景中进行性能测试。通过将机器学习模型应用于不同的数据集中，提高模型的泛化能力，使得模型有更好的稳定性，并且尽可能适应新的应用场景。

4.1.4 数据集、特征和标签

数据集（Data Set）是机器学习的基础，通过结构化的列表形式进行呈现。数据集由样本组成，每个样本是一个观测数据的记录，在表格中以行的形式体现。特征（Feature）是指输入变量，在简单的机器学习中可能只使用单个特征，而比较复杂的机器学习可能会使用数百万个特征。标签（Label）是指要预测的事物，可以使用有标签的样本来训练机器学习的模型。以经典的鸢尾花数据集为例，表 4-1 显示了鸢尾花数据集的数据结构：鸢尾花数据集共有数据 150 组，每组包括花萼长度、花萼宽度、花瓣长度和花瓣宽度共 4 个特征，同时给出了每一组特征对应的鸢尾花种类即标签，包括狗尾草鸢尾、杂色鸢尾和弗吉尼亚鸢尾 3 种鸢尾花。

微课 4-2
数据集、特征和标签

表 4-1 鸢尾花数据集数据结构

列 名	描 述	类 型	说 明
SepalLength	花萼长度	Float	特征 1
SepalWidth	花萼宽度	Float	特征 2
PetalLength	花瓣长度	Float	特征 3
PetalWidth	花瓣宽度	Float	特征 4
SetosaIris	狗尾草鸢尾	Int（0）	标签 1
VersicolorIris	杂色鸢尾	Int（1）	标签 2
VirginicaIris	弗吉尼亚鸢尾	Int（1）	标签 3

表 4-1 展示了鸢尾花数据集中的数据结构，下面从该数据集的 150 个数据样本中挑选前 9 个数据样本展示其中的详细数据信息，见表 4-2。

表 4-2 鸢尾花数据集部分数据示例

序 号	特征 1 （花萼长度）	特征 2 （花萼宽度）	特征 3 （花瓣长度）	特征 4 （花瓣宽度）	标 签 （所属种类）
1	5.1	3.7	1.5	0.4	狗尾草鸢尾（种类 1）
2	4.6	3.6	1	0.2	狗尾草鸢尾（种类 1）
3	5.1	3.3	1.7	0.5	狗尾草鸢尾（种类 1）
4	7	3.2	4.7	1.4	杂色鸢尾（种类 2）
5	6.4	3.2	4.5	1.5	杂色鸢尾（种类 2）

续表

序 号	特征1（花萼长度）	特征2（花萼宽度）	特征3（花瓣长度）	特征4（花瓣宽度）	标　签（所属种类）
6	6.9	3.1	4.9	1.5	杂色鸢尾（种类2）
7	6.3	3.3	6	2.5	弗吉尼亚鸢尾（种类3）
8	5.8	2.7	5.1	1.9	弗吉尼亚鸢尾（种类3）
9	7.1	3	5.9	2.1	弗吉尼亚鸢尾（种类3）

在鸢尾花数据集的部分数据示例中，花萼长度、花萼宽度、花瓣长度和花瓣宽度这4个特征列表示的变量都是判断鸢尾花类别的因素，或者说是用来预测和解释鸢尾花所属的种类，可以认为是自变量，在机器学习中称为特征。需要关注的是鸢尾花所属的类型，因此所属种类这一列是关注的结果，可以把这一列作为因变量，也就是标签列。

4.1.5 训练集、验证集和测试集

在机器学习中，通常将一个完整的数据集划分为训练集、验证集和测试集3个部分，分别应用于机器学习模型的训练、评估和测试阶段，如图4-4所示。

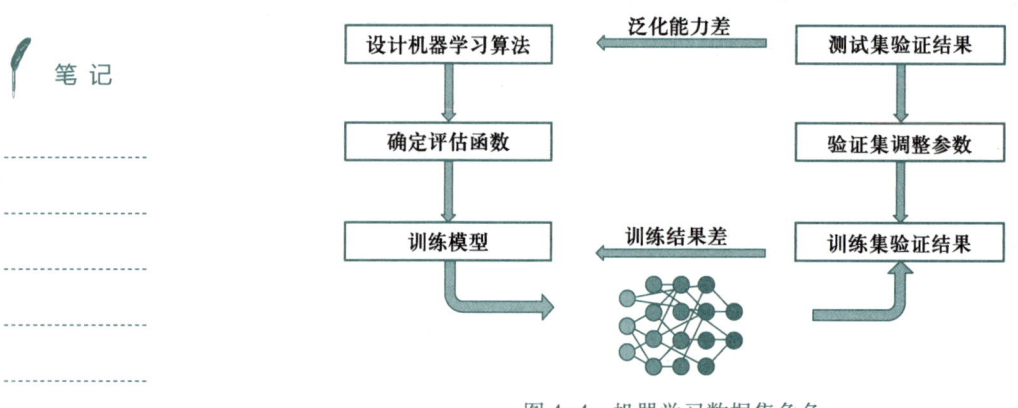

图4-4　机器学习数据集角色

训练集（Train set）：用于训练机器学习模型，以及拟合数据样本。

验证集（Development set）：模型训练过程中单独留出的样本集，用于调整模型的超参数和优化算法。

测试集（Testset）：用于对已经构建和训练好的机器学习模型进行各方面的性能评估。

在机器学习中将一个完整的数据集划分为3个不同数据集的目的是防止算法模型的过拟合问题。如果把所有数据全部用来训练算法模型，建立的模型自然是最契合这些数据的，测试和预测的表现也可能会很好。但是算法模型的性能并不是越高越好，还需要考虑应用场景的问题。如果算法模型应用迁移到别的场景，这个模型的效果可能就不是很好，甚至效果迅速下降。因此需要划分训练集、验证集和测试集3个数据集来全面评价一个机器学习模型的性能，并通过不断地调参和性能调优来满足模型在

不同应用场景中的适应性。

另一方面,在建立机器学习算法模型时,对于有的算法使用训练集就可以完成算法参数的调整与优化,如神经网络算法中的相邻两层权重和每层的偏置。但是有些算法的超参数,如神经网络算法中的学习率、隐含层的数量及每层的节点数等是优化算法无法直接更新的参数,此时需要从训练集中划分出的验证集来进行算法超参数的训练和优化。根据不同算法的建模需要,可以将一个原始的数据集划分为训练集和测试集,或者划分为训练集、验证集和测试集,如图 4-5 所示。通常,在机器学习中将原始数据集的 80% 作为训练集,20% 作为测试集;或者 60% 作为训练集,20% 作为验证集以及 20% 作为测试集。

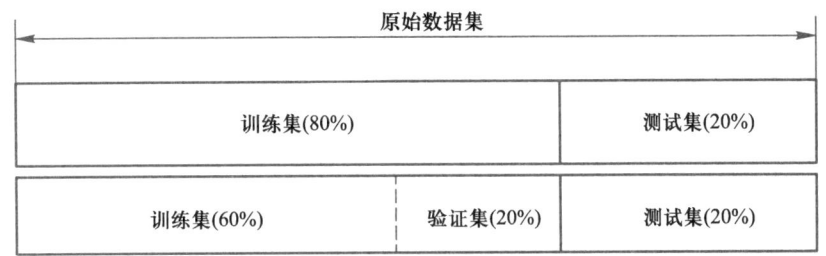

图 4-5 数据集的划分

4.1.6 数据预处理

一个结构完整的数据集是机器学习的基础,没有高质量、结构完整的数据,就没有满意的机器学习结果(高质量的模型依赖于高质量的数据)。然而现实世界中获取的原始数据常常伴有大量的噪声、"脏数据"以及存在着错误或异常(偏离期望值)。例如,一个数据集中通常会存在以下问题。

数据缺失(Incomplete):属性值为空。

数据噪声(Noisy):数据值不合常理。

数据不一致(Inconsistent):数据前后存在矛盾。

数据冗余(Redundant):数据量或者属性数目超出数据分析的需要。

数据集不均衡(Imbalance):各个类别的数据量相差悬殊。

离群点/异常值(Outliers):远离数据集中其余部分的数据。

数据重复(Duplicate):在数据集中重复出现多次的数据。

数据预处理的目的就是解决原始数据中存在的上述问题,数据的预处理主要有以下方法与步骤。

(1)数据清洗(Data Cleaning)

数据清洗包括遗漏数据处理、噪声数据处理以及不一致数据的处理等。通过将重复、多余的数据筛选清除,将缺失的数据补充完整,将错误的数据纠正或删除,最后整理成为可以进一步加工、使用的数据。

(2)数据转换(Data Transformation)

数据转换就是将数据进行转换或规格化,从而构成一个适合数据处理的描述形式。将清洗后的数据从一种格式或结构转换为另一种格式或结构,为后续的数据处理和分析处理做好准备。目前常用的数据转换方式包括归一化、规格化、正则化以及离散化等。

(3) 数据描述 (Data Description)

数据的一般性描述有 Mean、Median、Mode 和 Variance。其中, Mean 是均值; Median 是中位数, 取数据排序后在中间位置的值, 避免因为极端离群点影响客观评价; Mode 是出现频率最高的元素, 其使用的比较少; Variance 是方差衡量数据集与其均值的偏离。数据之间的相关性描述可以使用皮尔森相关系数 (Pearson Correlation Coefficient) 和皮尔森卡方检验 (Pearson Chis-quare) 等方法进行度量。

(4) 特征选择 (Feature Selection)

在做数据分析时, 数据集中的属性可能很多, 其中有些属性是无关紧要的, 有些属性是重复的, 因此需要用特征选择来挑选最相关的属性以降低数据集分析的难度。可以通过信息熵增益 (Information Entropy Gain)、分支定界 (Branch and Bound) 等方式进行特征选择。此外, 目前常用的特征选择方法还有序列前向选择 (Sequential Forward)、序列反向选择 (Sequential Backward)、模拟退火 (Simulated Annealing)、竞技搜索 (Tabu Search) 以及遗传算法 (Genetic Algorithms) 等。

(5) 特征抽取 (Feature Extraction)

在机器学习中, 数据通常需要表示为向量的形式进行训练, 但是在对高维向量进行处理和分析时, 会极大消耗系统资源, 甚至产生维度灾难。因此, 使用低维度的向量来表示高维度的向量显得十分必要。特征抽取就是用低纬度向量表示高维度向量的方法。目前常用的特征抽取方法主要有主成分分析 (Principal Component Analysis, PCA) 和线性判别分析 (Linear Discriminant Analysis, LDA)。

4.2 模型构建

4.2.1 什么是模型

模型构建是机器学习的核心。以有监督学习为例, 通过训练得到的模型本质是一个或者多个映射函数, 函数的作用是建立样本数据与标记值之间的映射关系, 如 $f(x)=y$。在模型构建时, 使用训练集数据验证与拟合映射函数, 如 $f'(x_i)=y_i$, 然后使用验证集进行模型参数的确定与调整, 最后使用测试集数据测试函数在预测集数据以及未知数据中的泛化能力。总之, 模型的构建就是根据已知数据寻找映射函数与调整模型参数的过程, 最终得到的映射关系 (函数) 就是通过机器学习算法训练出来的模型。

4.2.2 模型拟合

对于机器学习模型而言, 不仅要求它对训练数据集有很好的拟合 (训练误差小), 同时也希望它可以对未知数据集 (测试集) 有很好的拟合结果 (泛化能力强)。模型拟合好坏的直观表现就是模型对于数据的拟合程度。过拟合（Overfitting）和欠拟合（Underfitting）是用于描述模型在训练过程中两种不好的状态，一般来说，训练过程会呈现如图 4-6 所示的一个曲线图。

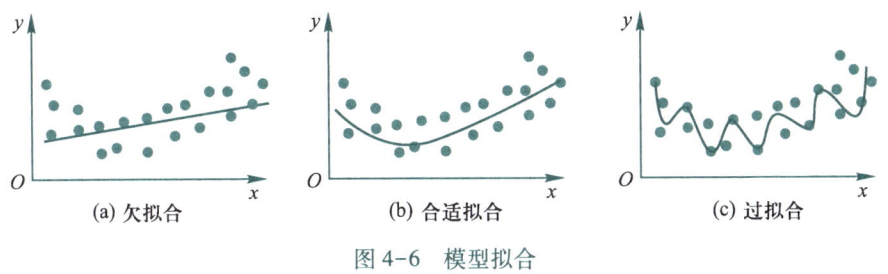

图 4-6 模型拟合

如图 4-6 所示，过拟合是指训练误差和测试误差（也称为泛化误差）之间的差距过大，模型复杂度高于实际问题，模型在训练集上表现很好，但在测试集上却表现不佳。这表示模型对训练集进行了学习（记住了不适用于测试集的训练集性质或特点），但是没有理解数据背后的规律，即泛化能力差。

造成过拟合原因主要有以下几种：

1）训练数据集样本单一，或者样本量不足。例如，如果训练样本只有负样本，使用生成的模型去预测正样本，将造成预测不准，因此训练样本要尽可能的全面，覆盖所有的样本种类。

2）训练数据中噪声干扰过大。噪声指训练数据中的干扰数据，过多的干扰会导致模型记录了很多噪声特征，而忽略了真实输入和输出之间的关系。

3）模型过于复杂。过于复杂的模型记下了训练数据的非本质特征，当模型遇到没有见过的新数据时便不能准确刻画新数据的本质特征，导致泛化能力变差。模型应对所有输入数据都有稳定的输出，模型太复杂是过拟合的重要因素。

欠拟合一般是由于训练样本被提取的特征比较少，或者由于样本数量的不足，导致训练出来的模型不能很好地匹配数据，数据预测表现得不好，甚至对训练样本本身都无法进行高效的预测。过拟合和欠拟合都是在机器学习的模型训练中需要避免出现的情况。

4.2.3 交叉验证

交叉验证（Cross Validation）是一种用于评估机器学习模型在独立数据集上概括能力的方法。在使用机器学习模型进行预测时，通过交叉验证法衡量该模型在实际数据集上的表现。4.2.2 节中介绍了模型的过拟合情况，为了避免机器学习在训练中出现算法过拟合的情况，可以使用交叉验证来尽量避免模型过拟合。交叉验证的思想是将数据集进行分组，一部分作为训练集，另一部分作为验证集。使用训练集对模型进行训练，使用验证集对模型进行测试，以此来评价模型的性能指标。

K 折交叉验证（K-fold Cross Validation）是一种常用的交叉验证法，可用于模型参数调优和降低模型过拟合，以便获得模型泛化性能最优的超参数。K 折交叉验证使用无重复抽样技术，即在每次迭代过程中每个样本点只有一次被划入训练集或测试集的机会。

在进行 K 折交叉验证时数据集划分的具体数目将根据 K 的选取决定。例如，指定 $K=5$，那么就是 5 折交叉验证，利用 5 折交叉验证的步骤如下：

1）将所有数据集分成 5 份。

2）不重复地每次取其中 1 份做测试集，用其他 4 份做训练集来训练模型，之后计算该模型在测试集上的 MSE（均方误差）。

3）将 5 次的 MSE 取平均，得到最后的 MSE。

$$\mathrm{CV} = \frac{1}{k} \sum_{i=1}^{k} \mathrm{MSE}_i \tag{4.1}$$

通常情况下，k 一般取 10。当原训练集较小时，k 值可以适当大一点，这样训练集占整体比例就不至于太小，但训练的模型个数也随之增多；当原训练集较大时，k 值可以减小一些。

4.2.4 误差分析

机器学习模型训练中，误差分析是一个重要的内容。在回归问题中，一般使用平均绝对差（Mean Absolute Error，MAE）、均方误差（Mean Square Error，MSE）和均方根误差（Root Mean Square Error，RMSE）进行误差度量。在分类问题中，一般使用偏差（Bias）、方差（Variance）、训练误差（Training Error）以及测试误差（Testing Error）作为模型优化的依据进行模型训练。偏差是描述模型输出结果的期望与样本真实结果的差距；方差是描述模型在训练集上的误差平均值，衡量模型对训练集拟合的情况；训练误差是指模型在训练集上的误差平均值；测试误差是模型在测试集上的误差平均值，用来衡量训练模型的泛化能力。在机器学习模型训练中，希望误差越小越好。一般来说，模型的误差越小，意味着该模型对未知样本的预测结果越准确。

4.2.5 模型评估

机器学习模型训练出来之后，对模型的评估是非常重要的内容，只有选择与问题相匹配的评估方法，才能发现模型训练过程中出现的问题和不足之处，并根据模型评估的结果对机器学习训练的模型进行优化和训练参数调整。

1. 混淆矩阵

在使用机器学习算法进行模型构建的过程中，针对不同的问题需要使用不同的模型评估标准。在分类问题中，常用混淆矩阵来评估模型的性能，主要的评价指标包括准确率、精确率、召回率和 F 值。

表 4-3 所示的混淆矩阵，在分类模型的评估中涉及如下几个基本概念：

1）若一个实例是正类，但是被预测成为正类，即为真正类（True Postive，TP）。

2）若一个实例是负类，但是被预测成为负类，即为真负类（True Negative，TN）。

3）若一个实例是负类，但是被预测成为正类，即为假正类（False Postive，FP）。

4）若一个实例是正类，但是被预测成为负类，即为假负类（False Negative，FN）。

表 4-3 混淆矩阵

		预测		合计
		1	0	
实际	1	真正类（True positive, TP）	假负类（False Negative, FN）	实际正类（Actual positive, TP+FN）
	0	假正类（Fasle positive, FP）	真负类（True Negative, TN）	实际负类（Actual negative, FP+TN）
合计		预测正类（Predicted positive, TP+FP）	预测负类（Predicted negative, FN+TN）	TP+FN+FP+TN

准确率（Accuracy）= 所有预测正确的样本/总的样本，即

$$\text{Accuracy} = \frac{TP+TN}{TP+TN+FP+FN} \quad (4.2)$$

精确率（Precision）= 将正类预测为正类/所有预测为正类，即

$$\text{Precision} = \frac{TP}{TP+FP} \quad (4.3)$$

召回率（Recall）= 将正类预测为正类/所有真正的正类，即

$$\text{Recall} = \frac{TP}{TP+FN} \quad (4.4)$$

精确率（Precision）和召回率（Recall）指标有时候会出现相互矛盾的情况，需要综合考虑这两个指标，此时可以使用 F-Measure（又称为 F-Score）来评估算法性能。F-Measure 是 Precision 和 Recall 加权调和平均，即

$$F = \frac{(\alpha^2+1)P \times R}{\alpha^2(P+R)} \quad (4.5)$$

当参数 $\alpha=1$ 时，就是目前最常见的 F_1 值测量，即

$$F_1 = \frac{2P \times R}{P+R} \quad (4.6)$$

2. ROC 曲线

对于现实中的分类问题，由于可能存在样本分布的不均衡现象，将使得分类模型的评估变得更加复杂，导致分类准确率指标往往不能够真正体现出模型的优劣。为了解决这一问题，人们引入了 ROC 曲线评估方法。ROC（Receiver Operating Characteristic）是一个画在二维平面上的曲线——ROC 曲线。平面的横坐标是假正率（False Positive Rate，FPR），纵坐标是真正率（True Positive Rate，TPR）。对某个机器学习分类器而言，可以根据其在测试样本上的表现得到一个 TPR 和 FPR 点对。这样，此分类器就可以映射成 ROC 平面上的一个点。调整这个分类器在分类时使用的阈值，就可以得到一个经过（0,0）和（1,1）的曲线，这就是此分类器的 ROC 曲线。一般情况下，对于一个性能良好的分类器，其 ROC 曲线都应该处于（0,0）和（1,1）连线的上方，而（0,0）和（1,1）连线形成的 ROC 曲线实际上代表的是一个随机分类器，如图 4-7 所示。根据分类结果计算得到 ROC 空间中相应的点，连接这些点就形成 ROC 曲线。如果得到一个位于此直线下方的分类器，直观表现出来的是一个性能较差的分类

器，其预测结果往往与真实情况相反，此时可以把所有的预测结果反向，即如果分类器输出结果为正类，则将其最终分类的结果视为负类，反之则为正类。

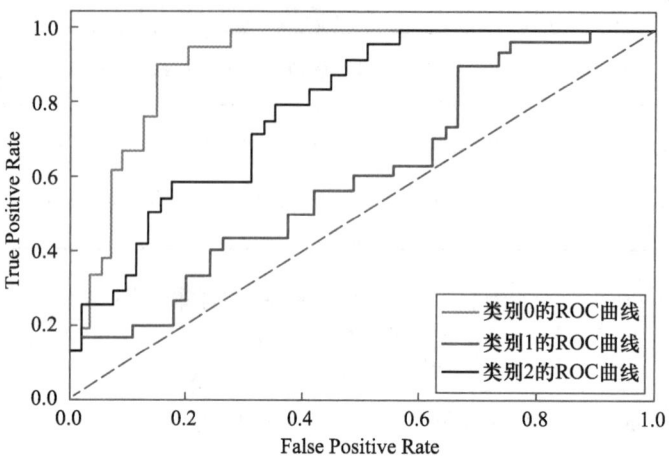

图 4-7　ROC 曲线示意图

3. AUC 曲线

AUC（Area Under-ROC Curve）是一种用来度量分类模型好坏的另一个标准。虽然用 ROC 曲线表示分类器的性能很直观，但是一般希望能有一个数值来区分分类器的好坏，于是 AUC 就出现了。顾名思义，AUC 的值就是处于 ROC 曲线下方的那部分面积的大小。通常，AUC 的值为 0.5~1.0，较大的 AUC 代表了分类器较好的性能，如图 4-8 所示。AUC 被定义为 ROC 曲线下的面积（ROC 的积分），通常大于 0.5 小于 1.0。随机挑选一个正样本以及一个负样本，分类器判定正样本的值高于负样本的概率就是 AUC 值。AUC 值（面积）越大的分类器，性能越好。

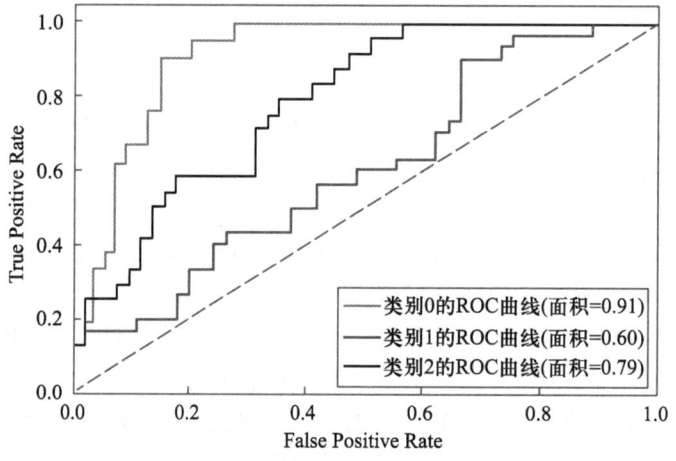

图 4-8　AUC 曲线示意图

4.3 经典算法介绍

4.3.1 线性回归

线性回归是利用数理统计中的回归分析来确定两种或两种以上变量间相互依赖的定量关系的一种统计分析方法。机器学习中的线性回归方法属于有监督学习，可以用来解决机器学习中的回归问题，即用于预测输入变量和输出变量之间的关系，特别是当输入变量的值发生变化时，输出变量的值也随之发生变化，回归模型表示为从输入变量到输出变量之间的映射函数。

假设有 n 个输入样本 $x_1,x_2,\cdots,x_n$，$x_{i1},x_{i2},\cdots,x_{ik}$ 为样本 x_i 所具有的多个独立的变量或者特征，y_i 为对应 x_i 的预测输出值，由此可以得到如下的函数关系：

$$y_i = \omega x_i + b \tag{4.7}$$

该函数称为假设函数（Hypothesis 函数），基本代表了样本数据的分布情况，ω 和 b 是该函数的参数，如图 4-9 所示。

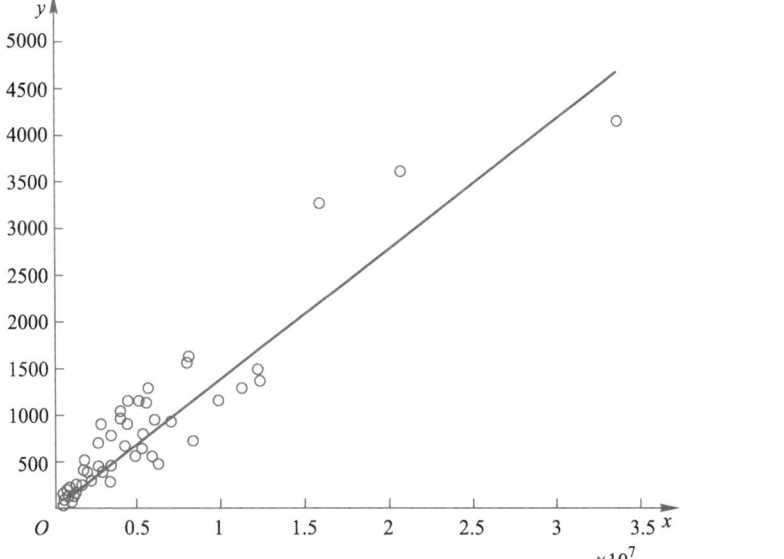

图 4-9 线性回归

在线性回归中需要某种机制去评估假设函数中的参数 ω 和 b 是否能够最佳的反映样本数据的分布情况，也就是需要对 y_i 进行评估。一般将评估函数称为损失函数（Loss Function）或者错误函数（Error Function），用来描述 y_i 假设函数的优劣程度。通常使用均方误差作为损失函数，其定义如下：

$$J(\omega,b) = \frac{1}{n}\sum_{i=1}^{n}(\omega x_i + b - y_i)^2 \tag{4.8}$$

一般采用最小二乘法（Least Square Method）对损失函数 $J(\omega,b)$ 进行最小化，从而求解得到最优回归参数 (ω^*, b^*)，由此获得最佳的线性回归模型如下：

$$y_i = \omega^* x_i + b^* \tag{4.9}$$

通常，在回归问题中，可以总结出回归算法的常规步骤如下：

1) 选择假设函数 y_i。
2) 构造损失函数 J。
3) 通过最小化 J 函数而求得最优回归参数 (ω^*, b^*)。
4) 使用最优回归参数 (ω^*, b^*) 构建线性回归模型。

4.3.2 逻辑回归

逻辑回归（Logistic Regression）与4.3.1节的线性回归都是一种广义线性模型，但是与线性回归不同，逻辑回归主要应用于解决分类问题。我们希望模型的输出值 y 是一个离散值（0或1），以便表示两个类别。如果使用线性回归来预测 y 的取值，将会导致 y 的取值并不为离散值 0 或 1，而是一个连续值，因此逻辑回归使用一个函数来归一化 y 值，使 y 的取值在区间（0，1）内，这个函数称为逻辑函数，或者 Sigmoid 函数。逻辑回归本质上是线性回归，只是在从特征到结果的映射中加入了一层函数映射，即首先对特征线性求和，然后使用函数 Sigmoid 作为假设函数来预测，通过 Sigmoid 将连续值映射为 0~1 的小数，再通过一个门限值（通常设为 0.5）将小数映射为离散值 0 或 1。通常输出值大于门限值则设置为 1，小于门限值则设置为 0，从而实现分类判别。

Sigmoid 函数公式如下：

$$g(z) = \frac{1}{1+e^{-z}} \tag{4.10}$$

Sigmoid 函数的图形如图 4-10 所示，当 z 趋近于无穷大时，$g(z)$ 趋近于 1；当 z 趋近于无穷小时，$g(z)$ 趋近于 0。

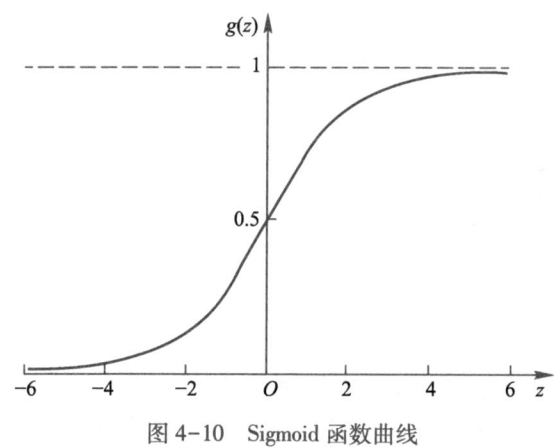

图 4-10 Sigmoid 函数曲线

从图中可以看到，Sigmoid 函数是一个标准的 S 形的曲线，它的取值为 [0,1]，在远离 0 的地方函数的值会很快接近 0 或者 1。

逻辑回归的假设函数形式如下：

$$h_\theta(x) = g(\theta^T x) \quad \text{其中,} \quad g(z) = \frac{1}{1+e^{-z}} \tag{4.11}$$

式（4.11）可以写成：

$$h_\theta(x) = \frac{1}{1+e^{-\theta^T x}} \tag{4.12}$$

其中，x 是输入的自变量，θ 为模型参数。

逻辑回归与线性回归一样，寻找合适的参数 θ 对于假设函数与训练集的拟合是很重要的，而计算损失函数的最小值是重要的步骤。在 4.2.1 节中介绍了线性回归主要采用均方误差作为损失函数进行函数评价，在逻辑回归中可以采用交叉熵、梯度下降以及最大似然估计等方法计算损失函数。对于常见的分类问题，逻辑回归通常使用交叉熵作为损失函数。

交叉熵反映的是随机变量实际输出（概率）与期望输出（概率）之间的距离。假设交叉熵中 q 是真实类别（值为 0 或 1），p 是预测类别的概率（值为 0~1 的小数），则交叉熵损失函数的公式为

$$H(p,q) = -\sum_x p(x)\log q(x) \tag{4.13}$$

交叉熵能够衡量同一个随机变量中的两个不同概率分布的差异程度，在机器学习中就表示为真实概率分布与预测概率分布之间的差异。交叉熵的值越小，两种概率的分布越接近，模型预测效果就越好。

4.3.3 决策树

决策树是一种常用的机器学习算法，是一种树状结构，其中每个内部节点表示一个属性上的判断，每个分支代表一个判断结果的输出，每个叶节点代表一种分类结果，如图 4-11 所示。决策树易于理解，能够做可视化分析，容易提取判断规则，并且执行速度较快。根据决策树的输出结果，决策树可以分为分类树和回归树，常用于解决分类和回归问题。分类树输出的结果为具体的类别，回归树输出的结果为一个确定的数值。

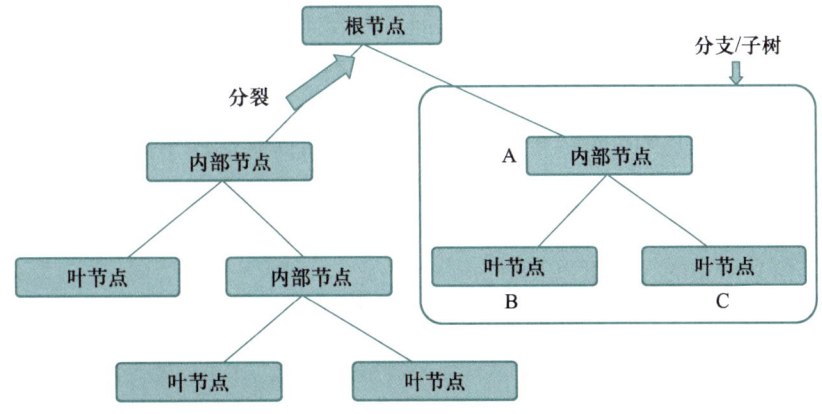

图 4-11　决策树的节点示意图

从图 4-11 中可见，决策树中存在以下 3 种节点。

根节点：树的最顶端，最开始的节点。

内部节点：树的中间节点，可以根据判断条件进一步分裂。

叶节点：树最底部的节点，也就是决策结果。

决策树算法中最重要的是决策树的构造。所谓决策树的构造就是进行属性选择度量，确定各个特征属性之间的拓扑结构，而构造决策树的关键步骤是分裂属性。分裂属性就是在某个节点处按照某一特征属性的不同划分构造不同的分支，其目标是让各个分裂子集尽可能的"纯"。尽可能"纯"就是尽量让一个分裂子集中待分类项属于同一类别。

决策树算法的构建过程是数据节点逐步分裂的过程，具体步骤如下：

1）将所有的数据看成是一个节点。

2）从所有的数据属性中挑选一个数据属性对节点进行分裂。

3）生成若干内部节点，对每一个内部节点进行判断，如果满足停止分裂的条件则进入下一步，否则返回上一步。

4）设置该节点为叶节点，其输出的结果为该节点数量占比最大的类别。

决策树的构建算法主要有 ID3、C4.5 和 CART 共 3 种，其中 ID3 和 C4.5 是分类树，CART 是分类回归树。ID3 是决策树最基本的构建算法，C4.5 和 CART 是在 ID3 的基础上进行的优化算法。

(1) ID3 算法

在信息论中，随机离散事件出现的概率存在着不确定性。为了衡量这种不确定性，信息论之父香农（Shannon）引入了信息熵的概念。熵越高，说明事件的不确定性越大，而信息不确定性越大时，该信息的价值越高。定义信息熵的数学公式如下：

$$\text{Entropy} = -\sum_{i=1}^{n} p_i \log p_i \tag{4.14}$$

其中，Entropy 表示信息熵，n 表示分类的数目，p_i 表示节点属于某个分类的概率，log 表示取以 2 为底的对数。

通过信息熵的公式，可以计算出每个节点的信息熵的值，并且可以进一步计算出信息增益或信息增益率的大小。信息增益的目的在于，将数据集划分之后带来的纯度提升，也就是信息熵的下降。如果数据集在根据某个属性划分之后，能够获得最大的信息增益，那么这个属性就是最好的选择。

信息增益指的就是划分可以带来纯度的提高，即信息熵的下降。它的计算方法是父亲节点的信息熵减去所有子节点的信息熵。在计算的过程中，将会计算每个子节点的归一化信息熵，即按照每个子节点在父节点中出现的概率，来计算这些子节点的信息熵。所以信息增益的公式可以表示为

$$\text{Gain}(D,a) = \text{Entropy}(D) - \sum_{i=1}^{n} \frac{|D_i|}{|D|} \text{Entropy}(D_i) \tag{4.15}$$

(2) C4.5 算法

与 ID3 相比，C4.5 是使用信息增益比代替信息增益，因为信息增益有一个缺点：信息增益选择属性时偏向选择取值多的属性。区别于 ID3 算法通过信息增益选择分裂

属性，C4.5算法通过信息增益率选择分裂属性。

属性 A 的"分裂信息"（Split Information）：

$$SI(S)_A = - \sum_{i=1}^{n} \frac{|S_j|}{|S|} \log \frac{|S_j|}{S} \quad (4.16)$$

其中，训练数据集 S 通过属性 A 的属性值划分为 n 个子数据集，$|S_j|$ 表示第 j 个子数据集中样本数量，$|S|$ 表示划分之前数据集中样本总数量。

通过属性 A 分裂之后样本集的信息增益率：

$$\text{Gain}_{\text{ratio}}(S,A) = \frac{\text{InfoGain}(S,A)}{SI_A(S)} \quad (4.17)$$

通过 C4.5 算法构造决策树时，信息增益率最大的属性即为当前节点的分裂属性。随着递归计算，被计算的属性的信息增益率会变得越来越小，到后期则选择相对比较大的信息增益率的属性作为分裂属性。

(3) CART算法

CART（Classification and Regression Tree，分类回归树）是一个二叉决策树，每一个决策只能是"是"和"否"，换句话说，即使一个特征有多个可能取值，也只选择其中一个取值而把数据分成两部分。CART 算法选取属性的时候是选择基尼指数最小的特征。

CART 算法假设决策树是二叉树，内部节点特征的取值为"是"和"否"，左分支是取值为"是"的分支，右分支是取值为"否"的分支。这样的决策树等价于递归地二分每个特征，将输入空间即特征空间划分为有限个单元，并在这些单元上确定预测的概率分布，也就是在输入给定的条件下输出的条件概率分布。在 CART 算法中用 Gini 指数来衡量数据的不纯度或者不确定性，同时也用该指数来决定类别变量的最优二分值的切分问题。

在分类问题中，假设有 m 个类，样本点属于第 k 类的概率为 p_k，则概率分布的 Gini 指数的定义为

$$\text{Gini}(p) = \sum_{i=1}^{m} p_k(1-p_k) \quad (4.18)$$

如果样本集合 D 根据某个特征 A 被分割为 D_1 和 D_2 两个部分，那么在特征 A 的条件下，集合 D 的 Gini 指数的定义为

$$\text{Gini}(D,A) = \frac{D_1}{D}\text{Gini}(D_1) + \frac{D_2}{D}\text{Gini}(D_2) \quad (4.19)$$

Gini 指数 Gini(D,A) 表示特征 A 不同分组的数据集 D 的不确定性。Gini 指数值越大，样本集合的不确定性也就越大，这一点与熵的概念类似。

4.3.4 朴素贝叶斯

贝叶斯分类是一类分类算法的总称，该类算法均以贝叶斯定理为基础，所以统称为贝叶斯分类。朴素贝叶斯分类是贝叶斯分类中最简单，也是最常见的一种分类方法，同时朴素贝叶斯模型是一组非常简单快速的分类算法，通常适用于维度非常高的数据集。因为运行速度快，而且可调参数少，因此非常适合为分类问题提供快速粗糙的基

本方案。

贝叶斯的数学公式十分简单，主要包含先验概率 $P(A)$、似然性 $P(B|A)$，以及最终得到后验概率 $P(A|B)$，这三者是构成贝叶斯统计的三要素。

1）先验概率：根据常识、生活经验所观测到的"原因"的概率。

2）后验概率：在知道"结果"之后，去推测"原因"的概率。

3）似然函数：根据已知结果去推测固有性质的可能性（Likelihood），是对固有性质的拟合程度。

贝叶斯公式：

$$p(\theta|x) = \frac{p(x|\theta)p(\theta)}{p(x)} \quad (4.20)$$

其中，x 为观测数据，θ 为决定数据分布的参数，$p(\theta|x)$ 为后验概率，$p(\theta)$ 为先验概率，$p(x|\theta)$ 为可能性，$p(x)$ 为验证条件。

朴素贝叶斯解决分类问题的步骤如下：

1）把每个数据样本用 n 维特征向量 $X=\{a_1,a_2,\cdots,a_n\}$ 表示，分别描述对 n 个条件属性 $\{A_1,A_2,\cdots,A_n\}$ 的 n 个度量。假设类变量 $C=\{C_1,C_2,\cdots,C_m\}$。

2）给定一个未知的数据样本 X（待分类样本），朴素贝叶斯分类模型将该未知样本分配给类 C_i，如果有：

$$P(C_i|X) > P(C_j|X) \quad (1 \leq i,j \leq m \text{ 且 } i \neq j) \quad (4.21)$$

相当于把 X 归类于类别 C 的过程转换为求解 $P(C_i|X)$ 最大值，其中使 $P(C_i|X)$ 最大的类 C_i 为最大后验假设。

3）根据前面介绍的贝叶斯公式：

$$P(C_j|X) = \frac{P(X|C_i)P(C_i)}{P(X)} \quad (4.22)$$

其中，$P(X)$ 对于所有类都为常数，用于使所有类的先验概率之和为 1，所以 $P(C_i|X)$ 取得最大值只需要满足 $P(X|C_i)P(C_i)$ 达到最大值即可。

4）朴素贝叶斯分类算法中包含条件属性相互独立的假设，计算 $P(C_i|X)$ 的过程可以表示为

$$P(X|C_i) = \prod_{k=1}^{n} P(a_k|C_i) \quad (4.23)$$

概率 $P(a_1|C_1),P(a_2|C_2),\cdots,P(a_n|C_i)$ 可以由训练样本估计求出。

朴素贝叶斯算法的优点如下：

1）算法形式简单，涉及的数学公式源于统计学，规则清楚易懂，可扩展性强。

2）算法实施的时间与空间开销小，运用该模型分类时所需要的时间复杂度和空间复杂度较小。

3）算法稳定性、健壮性较好，无论何种数据类型，都可以利用朴素贝叶斯分类算法进行处理。

朴素贝叶斯算法的缺点：

1）算法假设属性之间都是条件独立的，但是在实际应用场景中，数据集中的变量之间往往存在较强的关联性，这种关联性会对最终的分类效果有较大的影响。

2）算法将各种特征属性对于分类决策的影响程度看作相同的，这并不符合实际应用的需求。在实际的应用中，各属性变量的决策变量的影响往往存在差异。

4.3.5 K-近邻

K-近邻（k-Nearest Neighbor Classification，KNN）算法是一种原理简单的分类算法，也是一种常用的分类和回归方法。该算法的输入是测试样本和训练样本数据集，输出是测试样本的类别。K-近邻算法在模型训练时不显示训练过程，在测试时，计算测试样本和所有训练样本的距离，根据最近的 K 个训练样本的类别，通过多数投票的方式进行预测。另一方面，K-近邻算法依赖于相似度距离进行分类，如果特征代表不同的物理单元或具有不同的尺度标准，那么可以对训练数据进行归一化后再进行算法训练，可以显著提高其分类精度。

K-近邻算法的基本思想是：存在一个样本数据集合，也称作训练样本集，并且样本集中每个数据都存在标签，即已知样本集中每一个数据与所属分类的对应关系。输入没有标签的新数据后，将新数据的每个特征与样本集中数据对应的特征进行比较，然后算法提取样本最相似数据（最近邻）的分类标签。在分类阶段，K 是一个用户定义的常数，通过在 K 个最接近查询点的训练样本中分配最频繁的标签，对未标记向量（查询或测试点）进行分类。最后，选择 K 个最相似数据中出现次数最多的分类，作为新数据的分类。

K-近邻算法的步骤如下：
1）计算测试数据与各个训练数据之间的距离。
2）按照距离的递增关系进行排序。
3）选取距离最小的 K 个点。
4）确定前 K 个点所在类别的出现频率（投票）。
5）返回前 K 个点中出现频率最高的类别作为测试数据的预测分类。

通过一个简单的例子说明一下：如图 4-12 所示，中间的圆形要被决定赋予哪个类，是浅色的三角形还是黑色的正方形？如果 $K=3$，由于浅色三角形所占比例为 2/3，圆形将被赋予浅色三角形类；如果 $K=5$，由于黑色正方形比例为 3/5，圆形被赋予黑色正方形类。

在 K-近邻算法中常用的距离度量是欧氏距离（Euclidean Distance）或者曼哈顿距离（Manhattan Distance），其距离计算公式如下。

1）欧式距离：在 N 维空间中点 $x(x_1,x_2,\cdots,x_n)$ 和点 $y(y_1,y_2,\cdots,y_n)$ 之间的欧式距离为

$$d(x,y) = \sqrt{\sum_{i=1}^{n}(x_i - y_i)^2} \quad (4.24)$$

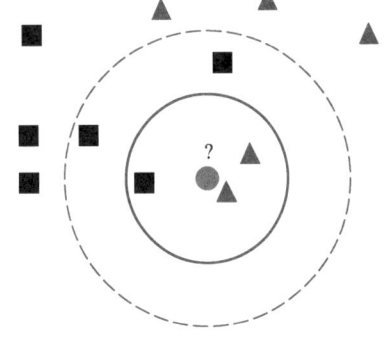

图 4-12　K-近邻算法原理

2）曼哈顿距离：在 N 维空间中点 $x(x_1,x_2,\cdots,x_n)$ 与点 $y(y_1,y_2,\cdots,y_n)$ 之间的曼哈顿距离为

$$(x,y) = \sqrt{\sum_{i=1}^{n} |x_i - y_i|} \tag{4.25}$$

4.3.6 支持向量机

支持向量机（Support Vector Machine，SVM）是机器学习中运用较为广泛的一种算法，具备完善的理论基础，在神经网络出现之前，其应用十分广泛。作为一种二分类模型，算法的基本思想是寻找一个超平面来对二类样本进行分割，分割的原则是间隔最大化。支持向量机的理论证明较为复杂，本书不做过多介绍，只针对支持向量机较为重要的一些概念与思想进行说明。

1. 线性可分

在二维空间上，如果两类点被一条直线完全分开，称作线性可分，反之则称为线性不可分，如图4-13所示。线性可分指的是可以用一个线性函数将两类样本分开。该线性函数在二维空间中表现为一条直线，在三维空间中表现为一个平面，如果不考虑空间维数，那么这样的线性函数统称为超平面。

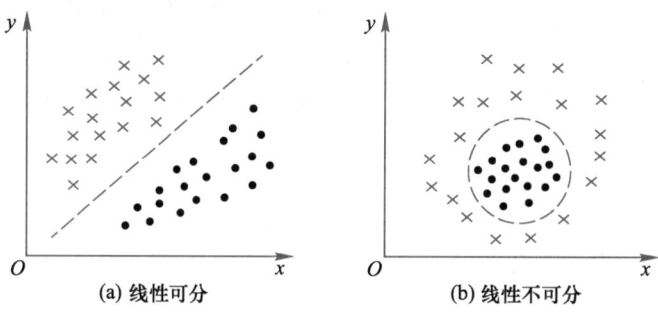

图 4-13 二维空间划分

2. 支持向量与最大化间隔

给定线性可分训练样本集 $D = \{(x_1,y_1),(x_2,y_2),\cdots,(x_m,y_m)\}$，$y_i \in \{-1,1\}$，线性分类器将基于训练样本 D 在二维空间中找到一个超平面来正确划分两类样本。由于划分样本类别的超平面通常有多个，因此需要找到分类性能最好的那个超平面。由于划分超平面的不确定性，所以需要比较同一个点到不同超平面的距离，为了使之具有可比性，可以使用欧式几何距离。在一个二维空间中，一个点 $p(x_p,y_p)$ 到一条直线（$Ax+By+C=0$）的距离可以表示为

$$d = \frac{|Ax_p+By_p+C|}{\sqrt{A^2+B^2}} \tag{4.26}$$

扩展到 n 维空间后，点 $x=(x_1,x_2,\cdots,x_n)$ 到超平面 $\omega^T x+b=0$ 的距离公式可以表示为

$$d = \frac{|\omega^T x+b|}{\|\omega\|} \tag{4.27}$$

其中，

$$\|\omega\| = \sqrt{\omega_1^2+\omega_2^2+\cdots+\omega_n^2} \tag{4.28}$$

如果要找出与两类数据间隔最大的划分超平面,很直观地会从两类样本点最靠近的地方开始寻找,因为两类处在边缘位置上的样本点最有可能是最靠近划分超平面的点,而其他点对确定超平面的最终位置作用较小,所以可以认为是这些边缘点支持了超平面的确立,如图4-14所示。由于样本空间中的点可以视为向量,比如二维点(x, y)可以看成是一个二维向量,n维点是一个n维向量,所以将这些有用的边缘点称为"支持向量"(Support Vector)。

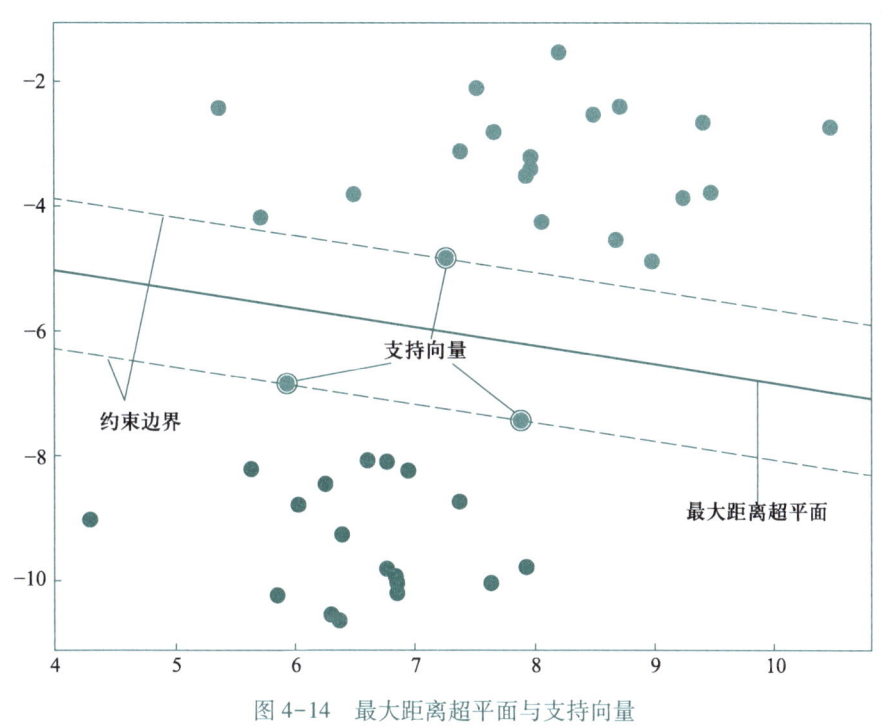

图4-14 最大距离超平面与支持向量

3. 核函数

在处理数据集线性可分的时候,可以使用支持向量与最大化间隔的方法来确定最佳超平面进行数据划分。但是在实际应用中,需要处理的数据往往是线性不可分的,这时需要使用核函数来构建超平面。对于数据线性不可分问题,SVM的处理方法是选择一个核函数,通过将数据映射到更高维的特征空间(非线性映射),使得样本在高维特征空间内变得线性可分,从而解决了原始空间中线性不可分的问题。

常用的核函数有如下几种。

1)线性核:
$$k(x_i, x_j) = x_i^T x_j \tag{4.29}$$

2)多项式核:
$$k(x_i, x_j) = (x_i^T x_j)^n,\ \text{其中}\ n \geqslant 1\ \text{为多项式次数} \tag{4.30}$$

3)高斯核:
$$k(x_i, x_j) = e^{-\frac{\|x_i - x_j\|^2}{2\sigma^2}},\ \text{其中}\ \sigma > 0\ \text{为高斯核的带宽} \tag{4.31}$$

4)拉普拉斯核:

$$k(x_i, x_j) = e^{-\frac{\|x_i - x_j\|^2}{2\sigma}}, \text{其中 } \sigma > 0 \tag{4.32}$$

5）Sigmoid 核：

$$k(x_i, x_j) = \tanh(\beta x_i^T x_j + \theta), \text{其中 tagh 为双曲面正切函数}, \beta > 0, \theta > 0 \tag{4.33}$$

4.3.7 聚类分析

聚类分析是一种无监督机器学习方法的统称，是在缺乏标签的前提下的一种分类模型。当对数据进行聚类并得到类后，一般会单独对每个类进行深入分析，从而得到更加细致的结果。根据个体的特征将它们进行分类，使同一类别内的个体具有尽可能高的同质性（Homogeneity），而类别之间则应具有尽可能高的异质性（Heterogeneity）。

1. 层次聚类

层次聚类（Hierarchical Clustering）是最简单的一类聚类算法，通过计算不同类别数据点间的相似度来创建一棵有层次的嵌套聚类树，如图 4-15 所示。在聚类树中，不同类别的原始数据点是树的最底层，树的顶层是一个聚类的根节点。创建聚类树有自下而上合并和自上而下分裂两种方法，因而层次聚类算法根据层次分解的顺序分为：自下向上法（凝聚型层次聚类，Agglomerative）和自上向下法（分裂型层次聚类，Divisive）。自下向上法就是一开始每个个体（Object）都是一个类，然后根据链接关系（Linkage）寻找同类，最后形成一"类"。自上向下法正好相反，开始时所有个体都属于一"类"，然后根据链接关系进行分类，最后每个个体都成为一"类"。

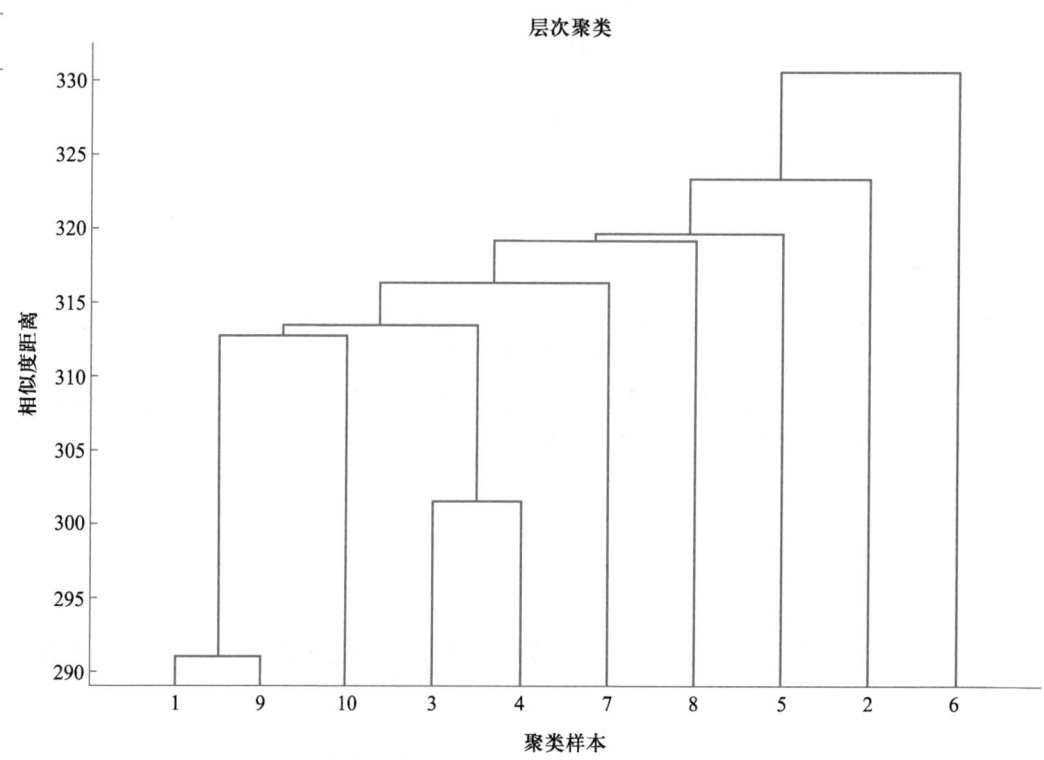

图 4-15 层次聚类示意图

凝聚型层次聚类的思想是先将每个对象作为一个类,然后合并这些原子类为越来越大的类,直到所有对象都在一个类中,或者某个终结条件被满足。绝大多数层次聚类属于凝聚型层次聚类,它们只是在类间相似度的定义上有所不同。凝聚层次聚类算法流程如下:

1)将每个对象看作一类,计算样本之间的最小距离。
2)将距离最小的两个类合并成一个新类。
3)重新计算新类与所有类之间的距离。
4)重复步骤 2 和 3,直到所有类最后合并成一类。

层次聚类采用距离系数作为分类统计量,在聚类时主要考虑两个因素:① 样本之间相似性度量;② 类之间的相似度度量。样本之间相似性度量有多种方式,可以通过使用欧几里得距离、余弦函数、相关系数方法进行样本间的相似度度量。类之间的度量同样也有多种度量方式,根据聚类对象的性质与特征,需要选择合适的类间相似度度量,见表 4-4。

表 4-4 层次聚类常见的距离度量指标

层次聚类的相似度度量			
	样本间相似度度量		类间相似度度量
1	Similarity Distance(相似度距离)	1	Single Linkage(最近链接)
2	Cosine Angle(余弦角)	2	Complete Linkage(最远链接)
3	Correlation Coefficient(相关系数)	3	Average Linkage(平均链接)
4	Relative Error Distancez(相对误差距离)	4	Sum of Squares of Deviations(WARD 离差平方和)
5	Maximum Dissimilarity Coefficient(最大不相关系数)	5	Weighted Mean(加权平均数)

下面对几种常见的类间距离的计算方法进行简单介绍。

(1) Single Linkage

假设 d_{ij} 为样本 i 和样本 j 的相似度距离,D_{pq} 为类 G_p 和类 G_q 之间的距离,则类间距离为

$$D_{pq} = \min_{i \in G_p, j \in G_q} d_{ij} \tag{4.34}$$

Single Linkage 定义类与类之间的距离为两个类中最相似的样本之间的距离。

(2) Complete Linkage

采用式(4.34)的假设,类 G_p 和类 G_q 之间的距离为

$$D_{pq} = \max_{i \in G_p, j \in G_q} d_{ij} \tag{4.35}$$

Complete Linkage 定义类与类之间的距离为两个类之间相似度距离最大的样本之间的距离。

(3) Average Linkage

采用式(3.34)的假设,类均值法的类间的距离为

$$D_{pq} = \sqrt{\frac{1}{n_p n_q} \sum_{i \in G_p, j \in G_q} d_{ij}^2} \tag{4.36}$$

其中，n 为样本数。Average Linkage 采用样本之间距离平方的均值作为类与类之间的距离度量值。

（4）离差平方和

假设 n 个样本需要分为 k 类，记为 $G_1, G_2, \cdots, G_k$，n_t 为 G_t 类中样本的个数，$\overline{X}^{(t)}$ 为 G_t 的重心，$X_i^{(t)}$ 为 G_t 中第 i 个样本 $(i=1,2,\cdots,n_t)$，则 k 个类的总离差平方和为

$$W = \sum_{t=1}^{k} \sum_{i=1}^{n_t} (X_i^{(t)} - \overline{X}^{(t)})(X_i^{(t)} - \overline{X}^{(t)}) \tag{4.37}$$

离差平方和法选择使 W 的变化量最小的两个类进行合并，直至所有样本合并为一类。

2. K-均值聚类

K-均值聚类（K-means）是一种基于相似距离的聚类算法。它将 n 个观察实例分类到 K 个聚类中，以使每个观察样本距离它所在的聚类中心点要比距离其他聚类中心点更近，如图 4-16 所示。在算法实现上，K-means 采用逐次迭代修正的方式，先选定聚类中心个数 K 作为初始分类，通过不断改变样本在 K 类中的划分和 K 个质心点的位置，使得聚类样本与质心点离差平方和最小。

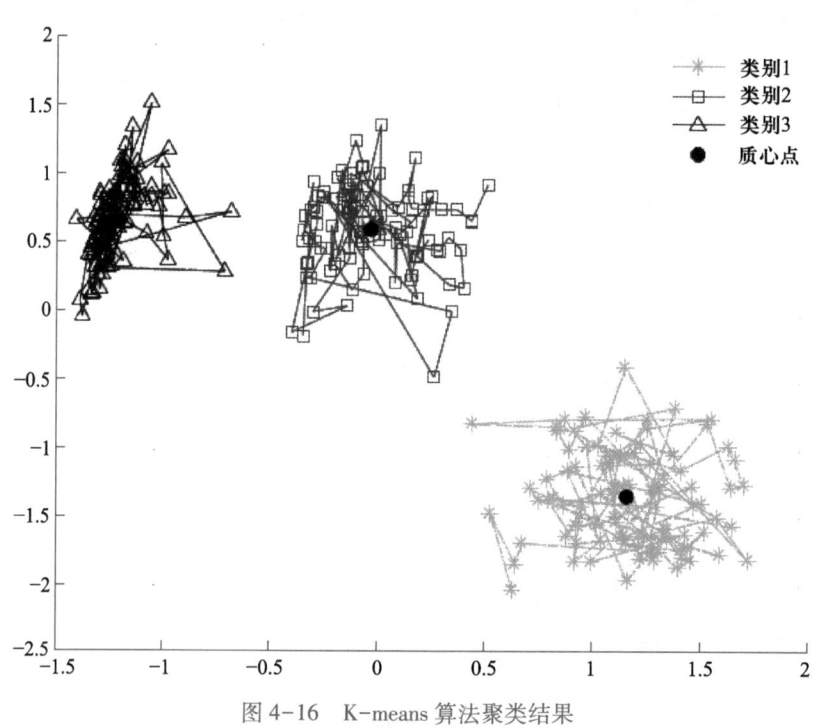

图 4-16 K-means 算法聚类结果

如图 4-17 所示，K-means 算法的一般流程如下：

（1）计算样本之间的距离

K-means 算法首先通过计算样本间距离决定样本所属的簇，距离值 $C^{(i)}$ 越小表示样本 $x^{(i)}$ 与质心点 μ_j 越相似，在算法中可以使用欧几里得距离作为相似度的计算：

$$C^{(i)} := \underset{j}{\arg\min} \| x^{(i)} - \mu_j \|^2 \tag{4.38}$$

(2) 更新簇内质心点

K-means 算法根据前一次的聚类结果决定下一次聚类的质心点，通过不断的迭代直至聚类结果不再变化。更新质心点有很多方法，以采用平均值法（means 法）为例，通过计算前一次聚类簇中所有样本坐标的平均值，确定下一次聚类质心点的坐标：

$$\mu_j := \frac{\sum_{i=1}^{m} 1\{c^{(i)} = j\} x^{(i)}}{\sum_{i=1}^{m} 1\{c^{(i)} = j\}} \quad (4.39)$$

作为经典的聚类算法，K-means 算法被广泛使用，其算法原理简单，易于理解，但是也有明显的缺点。

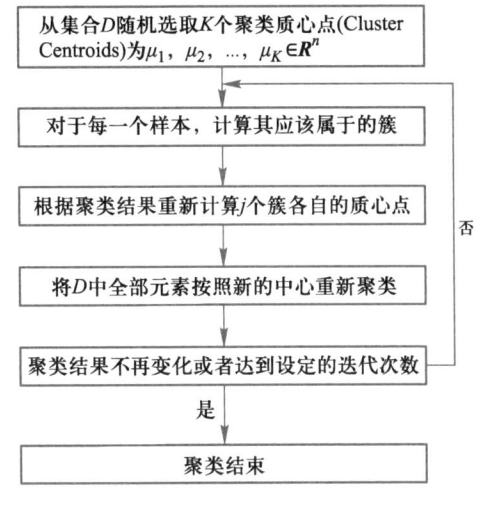

图 4-17 K-means 算法聚类流程

K-means 算法的优点如下：
1) 原理简单，容易理解，聚类效果不错，容易局部最优，但往往局部最优就够了。
2) 处理大数据集的时候，该算法可以保证较好的伸缩性。
3) 当簇近似高斯分布时，效果较好。
4) 算法复杂度低。

K-means 算法的缺点如下：
1) K 值是人为设定，不同 K 值得到的结果可能完全不一样，容易出现局部最优解。
2) 对初始的簇中心敏感，不同选取方式会得到不同结果。
3) 对异常值敏感，样本只能归为一类，不适合多分类任务。

4.3.8 集成学习

在机器学习的各种有监督算法中，比如决策树、KNN 或者 SVM，使用分类器可以得到多个结果，但是这些分类器中可能有的在某些方面表现很好（如结果稳定、预测准确性高），但是在另一些方面的表现可能不是很好（如局部最优、收敛慢），而机器学习算法的目标是希望得到一个各个方面都表现较好的算法模型。

集成学习（Ensemble Learning）方法通过组合和合并多个相同或者不同种类的机器学习分类器来完成学习任务，避免使用单一学习模型带来的学习模型缺陷，从而尽可能使机器学习模型的性能达到最优，如图 4-18 所示。

在集成学习中，样本数据集的划分是一个重要的问题，目前常用的集成学习数据取样方式有 3 种：Bagging（Bootstrap Aggregating，套袋）方式、Booting（助推）方式和 Stacking（堆叠）方式。

1) Bagging 方式在进行样本训练集划分时使用 Bootstrap 方法将数据集划分为 N 个训练数据集，然后使用 N 个训练数据集进行模型训练，得到 N 个分类器。对于分类问题，Bagging 方式使用投票方式得到分类结果；对于回归问题，Bagging 方式采用均值法作为模型结果。

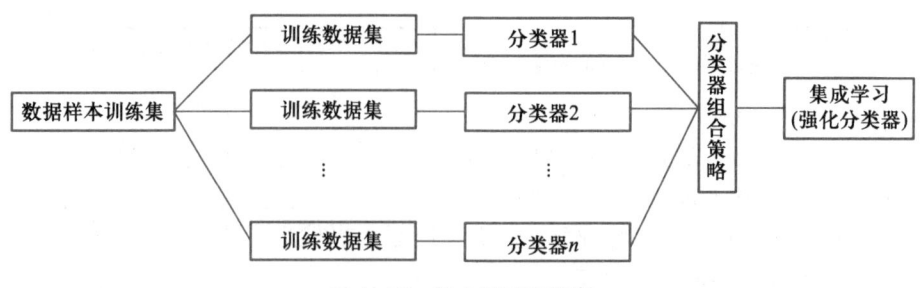

图 4-18　集成学习流程图

2）Booting 方式在进行样本训练集划分时为每个训练数据集分配权重，同时 N 个分类器设置先后顺序，在每一轮的训练中动态的调整训练数据的权值，提高在前一轮被分类器分错训练数据的权值，减小前一轮正确训练数据的权值。Booting 方式通过学习法，在进行分类器训练时调整错分样本的权重，逐步改进分类器的错误比例，强化分类器的学习性能。

3）Stacking 方式在进行分类器组合时使用的组合策略和 Bagging 方式类似，但是 Stacking 主要针对异构分类器的组合，即 Stacking 方式可以对不同种类的分类器进行组合，进而构建一个强化分类器。此外，Stacking 方式在进行每个分类器训练时，都是使用全部的样本训练集数据进行分类器训练。

集成学习得到了多个分类器，再通过分类器组合策略得到结果（强化分类器）。目前普遍采用的组合策略有平均法、投票法和学习法。

1）平均法：在回归问题中，通常使用平均法作为组合策略，即将分类器的结果求均值，得到最终结果。

2）投票法：在分类问题中，通常采用投票法作为组合策略。对 N 个分类器的分类结果进行统计，采用出现次数最多的结果作为最终结果。

3）学习法：上述两种方法较为简单，但是有可能误差较大，学习法是将 N 个分类器的结果重新作为输入，重新训练一遍分类器来得到最终结果。

1. 随机森林

随机森林是一种基于 Bagging 类型的集成学习算法。随机森林的基础是决策树，其通过随机的方式将多棵相互之间没有关联的决策树进行组合，构成随机森林。

随机森林算法在构建数据集时采用 Bagging 方式，具体步骤是每次有放回地随机选取 N 个样本进行训练，并采用 CART 算法建立 N 棵决策树。假设每棵决策树有 M 个属性，在决策树的节点需要分裂时，随机从这 M 个属性中选取出 1 个属性作为该节点的分裂属性，通过计算每个特征蕴含的信息熵，并在特征中选择 1 个最具有分类能力的特征进行节点分裂，且不做决策树的剪裁。最后，得到所需数目的决策树后，对得到的决策树的输出进行投票或者取均值，以得票最多的类作为随机森林的预测结果，如图 4-19 所示。在随机森林的决策树组合策略中，一般采用投票法和均值法。

随机森林算法可以用于解决分类与回归问题，同时在进行分类与回归时不需要进行数据降维和特征选择，并且训练速度比较快，易于实现并行计算。但是随机森林在某些噪声较大的分类或回归问题上会产生过拟合，同时对于有不同取值的属性数据，划分较多的属性会使得随机森林算法的结果变得不稳定。

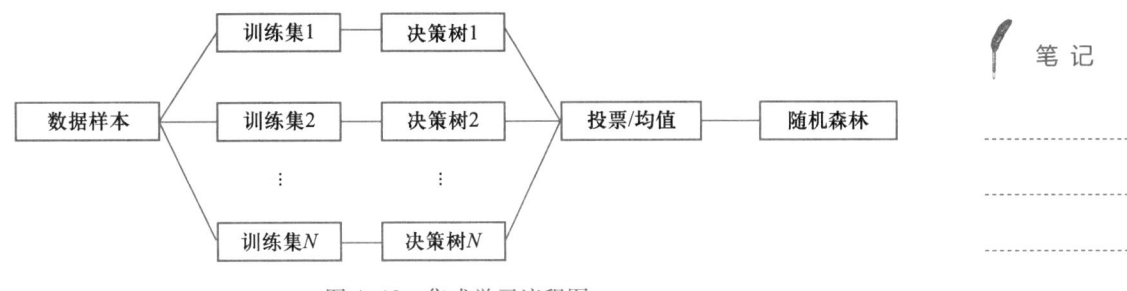

图 4-19　集成学习流程图

2. AdaBoost

AdaBoost 是 Adaptive Boosting（自适应增加）的缩写，属于一种基于 Boosting 类型的集成学习算法。在 Bagging 方式中每次进行样本取样时，采用有放回地随机取样方式，这会造成每次取样时有可能取得之前已经取样过的样本数据，从而导致多个分类器的在进行投票或取均值后得到的最终效果并不好。AdaBoost 方法和 Bagging 方式不同之处在于，AdaBoost 采用前一个分类器错误分类的样本来训练下一个分类器。此外，AdaBoost 在进行数据训练时，会为训练数据集分配权值，再根据分类器的表现对训练集样本的分布动态进行调整。AdaBoost 方法同时也会为分类器分配权重，根据更新的训练数据调整分类器权值分布。

AdaBoost 算法的基本流程为：首先在初始化阶段，为每一个样本赋予一个相等的权重，即每个样本在开始时同等重要；然后对于每一次训练后得到的模型，提高分类错误的样本点的权重，降低分类正确的样本点的权重，以确保程序越往后执行，训练出的模型就越会关注那些容易分错（权重高）的点；最后在进行 N 次迭代后（迭代次数人为指定）得到 N 个分类器，再将它们组合起来，可以对它们进行加权（错误率越大的分类器其权重值越小，错误率越小的分类器权重值越大）组合或者采用投票法得到一个最终的模型，如图 4-20 所示。

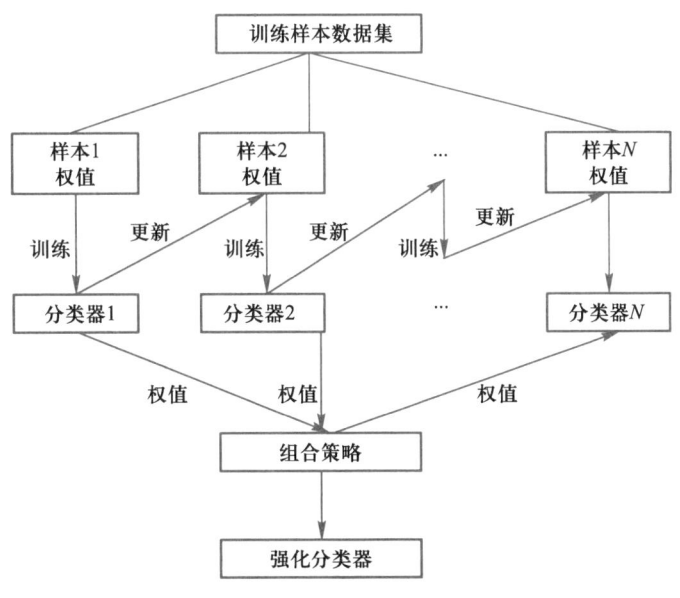

图 4-20　集成学习流程图

> **笔记**

AdaBoost 算法可用于解决分类、回归以及特征选择等问题，其使用 Boosting 方法构建多种弱分类器，进而组合出强化分类器。Boosting 是一种性能优良的方法，目前基于 Boosting 的集成算法除了 AdaBoost 之外，还有 GBDT（Gradient Boosting Decision Tree，梯度提升决策树）、XGBoost（Extreme Gradient Boosting，极限梯度提升）以及 LightGBM（Light Gradient Boosting Machine）等。

4.3.9 数据降维

在高维数据空间中，往往包含有冗余信息以及噪声信息，在实际应用中（例如图像识别）容易形成误差，从而降低了分析的准确率。另外，数据集中往往会存在多个字段，某些字段的数据对于模型训练是没有意义的，或者意义很小，但是在进行机器学习的过程中也会参与计算，会对最终分析结果造成负面影响，同时也增加了计算复杂度。因此，需要根据实际情况把数据进行降维，使得计算过程更高效。

在机器学习问题中，有时需要在高维特征空间（每个特征都能够取一系列可能值）的有限数据样本中学习一种"自然状态"（可能是无穷分布），要求有相当数量的训练数据含有一些样本组合。但是数据维度并不是越高越好，通常在给定固定数量的训练样本时，其预测能力随着数据维度的增加而减小，这就是机器学习中的"维度灾难"。通过数据降维技术，能够减少高维数据中冗余信息所造成的误差，提高识别（或其他应用）的准确度，同时希望通过降维来寻找数据内部的本质结构特征，方便对数据进行进一步处理与分析。

1. 主成分分析方法

主成分分析（Principal components analysis，PCA）是目前最重要的降维方法之一，在数据压缩消除冗余和数据噪声消除等领域都有广泛的应用。主成分分析是一种数学降维方法，利用正交变换（Orthogonal Transformation）把一系列可能线性相关的变量转换为一组线性不相关的新变量（也称为主成分），从而利用新变量在更小的维度下展示数据的特征。

（1）方差

方差是各个数据与其算术平均数的离差平方和的平均数，当数据分布比较分散（即数据在平均数附近波动较大）时，各个数据与平均数之差的平方和较大，意味着方差较大；当数据分布比较集中时，各个数据与平均数之差的平方和较小，意味着方差较小。因此，方差越大，数据的波动越大；方差越小，数据的波动就越小。在进行主成分分析时，可以理解为将空间投影后的数据尽可能分开，数据在不同空间维度的分散程度可以用数学上的方差来表示。方差越大，则数据越分散。

已知有 n 个随机变量，$\bar{x}$ 为变量均值，方差 σ 的计算公式为

$$\bar{x} = \frac{\sum_{i=1}^{n} x_i}{n} \tag{4.40}$$

$$\sigma^2 = \frac{\sum_{i=1}^{n}(x_i - \bar{x})^2}{n-1} \tag{4.41}$$

(2) 协方差

方差一般用来描述一维数据，但实际应用中通常会处理多维数据。面对多维数据集，可以按照每一维独立计算其方差。由于需要了解数据之间更多的信息，因此引入协方差（Covariance）的概念。协方差是用来度量两个随机变量关系的统计量，其定义如下：

$$\text{cov}(X,Y) = \frac{\sum_{i=1}^{n}(x_i - \bar{x})(y_i - \bar{y})}{n-1} \quad (4.42)$$

通过协方差可以分析出二维空间变量之间的关系：如果协方差结果为正值，则说明变量之间为正相关；如果结果为负值，则说明变量之间为负相关；如果结果为 0，则表示变量之间相互独立，没有线性关系。

(3) 协方差矩阵

协方差可以处理二维数据问题，那么面对高维数据就需要计算多个协方差。例如多维数据集就需要计算多个协方差，此时使用协方差矩阵来构建高维数据的协方差。

假设数据集有 3 个维度，则三维空间数据的协方差矩阵表示为

$$C = \begin{pmatrix} \text{cov}(x,x) & \text{cov}(x,y) & \text{cov}(x,z) \\ \text{cov}(y,x) & \text{cov}(y,y) & \text{cov}(y,z) \\ \text{cov}(z,x) & \text{cov}(z,y) & \text{cov}(z,z) \end{pmatrix} \quad (4.43)$$

协方差矩阵具有如下特点：

1）协方差矩阵能处理多维数据。
2）协方差矩阵是一个对称矩阵，而且对角线是各个维度上的方差。
3）协方差矩阵是计算不同维度之间的协方差，而不是样本之间的协方差。
4）样本矩阵中若每行是一个样本，则每列为一个维度，计算协方差时要按列计算均值。

图 4-21 所示为 PCA 方法的总体流程，其中目标函数

$$\frac{\sum_{i=1}^{k}\lambda_i}{\sum_{i=1}^{m}\lambda_i} \geq \varepsilon$$

是累积方差在方差总和中所占的百分比，ε 的值越接近于 1，则表示所选取的主成分的信息就包含了越多的原始信息。可以根据累计方差贡献率的大小来确定特征分析矩阵最终的维度。

2. 线性判别式分析

线性判别式分析（Linear Discriminant Analysis，LDA），也叫作 Fisher 线性判别（Fisher Linear Discriminant，FLD），是一种有监督（Supervised）的线性降维算法，其既可以用于数据降维，也可以应用于数据分类。

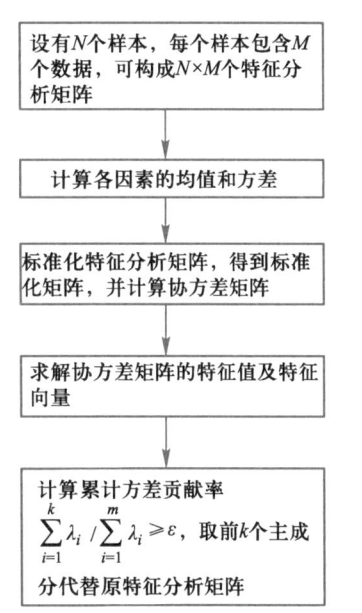

图 4-21 PCA 方法

与无监督的 PCA 降维方法不同，LDA 的数据降维思想是通过将高维样本数据投影到最佳分类的向量空间，使得数据样本在新的向量空间投影后的类内方差最小、类间方差最大，如图 4-22 所示。

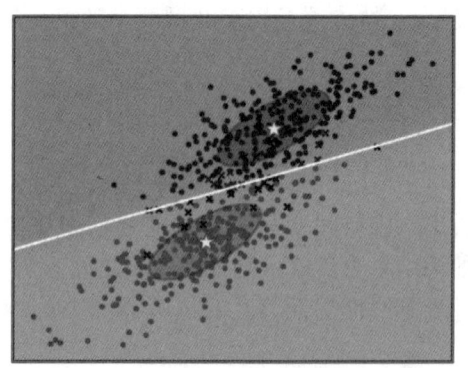

图 4-22　LDA 分析

在 PCA 中介绍过方差、协方差和协方差矩阵的相关概念，方差可以认为是协方差的一个特例。方差可以用来度量一维数据的离散程度，$x-\bar{x}$ 越大，表示数据距离样本中心越远，数据越离散，数据的方差越大。同理，根据协方差的公式，$x-\bar{x}$ 和 $y-\bar{y}$ 越大，表示数据距离样本中心越远，数据分布越分散，协方差越大。方差越小则表示数据距离样本中心越近，数据分布越集中，协方差也越小。所以，协方差不仅反映了变量之间的相关性，同样反映了多维样本分布的离散程度，协方差越大，表示数据的分布越分散。

LDA 中有两个重要的概念分别是类内散度矩阵（Within-class Scatter Matrix）和类间散度矩阵（Between-class Scatter Matrix）。类内散度矩阵用于反映样本数据点距离中心点（均值）的分布情况，类间散度矩阵则用于反映样本数据在新投影空间中的分布情况。

（1）类内散度矩阵

类内散度矩阵用于表示各个类内数据点聚集程度。假设 $\bar{u}_i$ 为属于第 i 类样本的均值，x_k 为第 k 个样本，c 为类别个数，类内散度矩阵计算公式如下：

$$S_w = \sum_{i=1}^{c} \sum_{x_k \in \text{class} i} (\bar{u}_i - x_k)(\bar{u}_i - x_k)^{\mathrm{T}} \tag{4.44}$$

（2）类间散度矩阵

假设 $\bar{u}$ 为所有样本的均值，$\bar{u}_i$ 为属于第 i 类样本的均值，$\bar{u}$ 为所有样本的均值，类间散度矩阵计算公式如下：

$$S_b = \sum_{i=1}^{c} n_i (\bar{u}_i - \bar{u})(\bar{u}_i - \bar{u})^{\mathrm{T}} \tag{4.45}$$

矩阵 $(\bar{u}_i - \bar{u})(\bar{u}_i - \bar{u})^{\mathrm{T}}$ 的实际意义是一个协方差矩阵，这个矩阵是该类与样本总体之间的关系，其中该矩阵对角线上的函数所代表的是该类相对样本总体的方差（即分散度）。

根据类间散度矩阵和类内散度矩阵公式，计算出样本与总体的协方差矩阵的总和，即可从总体上描述所有类和总体之间的离散和冗余程度。

（3）最佳投影方向

LDA 的中心思想是最大化类间距离、最小化类内距离。根据类内散度矩阵和类间散度矩阵，可以使用这两个散度矩阵构造如下目标函数：

$$J(\omega) = \frac{\omega^T S_b \omega}{\omega^T S_w \omega} \tag{4.46}$$

通过最大化目标函数可求得到最佳投影方向 ω，即

$$\text{argmax} J(\omega) = \frac{\omega^T S_b \omega}{\omega^T S_w \omega} \tag{4.47}$$

LDA 和 PCA 方法都是常用的数据降维方法，两者有很多类似的地方，也有很多不同的特征。

相同点：

1）两者均可以对数据进行降维。
2）两者在降维时均使用了矩阵特征分解的思想。
3）两者都假设数据符合高斯分布。

不同点：

1）LDA 是有监督的降维方法，而 PCA 是无监督的降维方法。
2）LDA 降维最多降到类别数 $k-1$ 的维数，而 PCA 没有这个限制。
3）LDA 除了可以用于降维，还可以用于分类。
4）LDA 选择分类性能最好的投影方向，而 PCA 选择样本点投影具有最大方差的方向。

课后习题

1. 请说明机器学习方法的一般流程和步骤。
2. 简述机器学习中为什么要进行特征选择。
3. 请用具体算法举例说明监督学习和非监督学习的区别以及它们的适用场合。
4. 简述常用的聚类算法并说明其优缺点。
5. 简述决策树算法构建决策树的基本过程。
6. 简述目前机器学习算法中常用的激活函数和核函数。
7. 目前模型评估的指标有哪些？分别适用于哪些场景？
8. 数据降维的目的是什么？常用的数据降维方法有哪些？

第 5 章
深度学习

🔍 **学习目标**

- 熟悉全连接神经网络结构和常见的激活函数、损失函数。
- 了解深度学习中优化和正则化的应用场景以及常用方法。
- 掌握卷积神经网络的结构以及卷积计算、池化计算,了解卷积神经网络的经典算法和应用。
- 熟悉循环神经网络的结构,了解 LSTM 网络的特点。
- 了解深度学习的应用场景。
- 熟悉 Tensorflow、Keras 深度学习框架。
- 掌握使用 Keras 框架构建全连接网络的代码实现方法。
- 熟悉网络优化和正则化的代码实现方法。
- 掌握构建卷积神经网络和循环神经网络的代码实现方法。

第 4 章学习了机器学习（Machine Learning）的相关知识，可以知道机器学习就是通过算法，使得机器能从大量的历史数据中学习规律，从而对新的样本做智能识别或预测。然而，在图像识别、语音识别、自然语言理解、基因表达以及内容推荐等很多方面，机器学习并不能给出很好的解决方案。

传统的机器学习方法是：获取数据，经过预处理、特征提取、特征选择，再到建立模型、优化模型，最终实现数据的分类或预测。在这个过程中，良好的特征表达，对最终算法的准确性起到了非常关键的作用，而机器学习中的特征工程主要还是依靠人工完成，需要很强的专业知识和行业经验。那么机器能不能自动地学习特征呢？深度学习就这个问题提出了一种解决方案。

深度学习打破了传统的图像分类、语音识别、文本理解等众多领域的算法设计思路，提出了一种"端到端"的解决思路，即从数据（输入端）出发，经过深度网络模型，直接得到结果（输出端）。在这个过程中，并不需要人工处理特征，模型会根据输入的大量数据，自动学习得出相应的特征模式，从而实现举一反三，泛化到从未见过的数据集上。

本章主要介绍 3 种最常见的神经网络以及其应用，即全连接神经网络、卷积神经网络和循环神经网络，包括每一种网络的基本架构、传播方式、连接方式、激活函数、反向传播的应用和各种优化算法的原理。

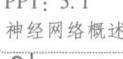

5.1 神经网络概述

5.1.1 神经元模型

人工神经网络（Artificial Neural Network，ANN）简称神经网络（Neural Network，NN），在机器学习和认知科学领域，是一种模仿生物神经网络（动物的中枢神经系统，特别是大脑）的结构和功能的数学模型或计算模型，用于对函数进行估计或近似。

相关学科对神经网络的定义有很多种，本书采用目前使用最广泛的一种，即 1988 年科霍南（Kohonen）教授对神经网络的定义：

神经网络是由具有适应性的简单单元组成的广泛并行互连的网络，它的组织能够模拟生物神经系统对真实世界物体所做出的交互反应。

神经网络最基本的构成元素是神经元（Neuron），也就是科霍南神经网络定义中的"简单单元"。

神经元的设计灵感来源于生物上的大脑神经元。人的大脑中有上亿个神经元构成神经网络，生物神经网络中各个网络节点之间相互连接，通过神经递质相互传递信息。

生物神经元结构大致可分为树突、细胞体及轴突，如图 5-1 所示。其中，树突负责接收来自其他神经元的信号，细胞体对所有树突传来的信号进行加工处理并生成一个输出信号，轴突则负责将细胞体生成的输出信号传送给其他相连的神经元的树突。

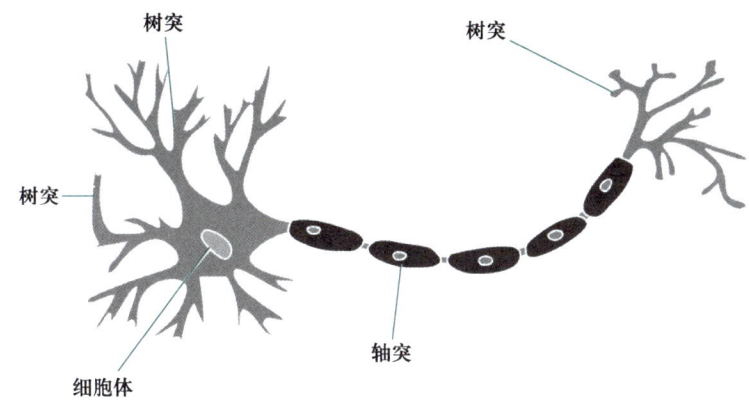

图 5-1　生物神经元结构

受生物神经元启发，1943 年麦卡洛克（McCulloch）和皮茨（Pitts）首次提出了神经网络中的神经元模型——M-P 神经元模型，其结构如图 5-2 所示。

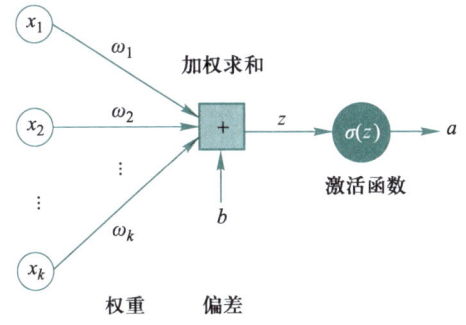

图 5-2　M-P 神经元基本结构

在神经元模型中，输入为实例的特征向量 x，输出是经过一系列转换得到的实数 a。这里有 3 个重要的概念。

权重值（Weight）：$\omega_1, \omega_2, \cdots, \omega_k \in \mathbf{R}$

偏置项（Bias）：$b \in \mathbf{R}$

激活函数（Activation Function）：$\sigma(z): \mathbf{R} \rightarrow \mathbf{R}$

神经元计算分为以下两步。

第一步：线性求和。将神经元的输入值和对应的权重矩阵相乘，并加上偏置项，而后得到求和后的值 z。具体的计算公式如下：

$$z = x_1 \omega_1 + x_2 \omega_2 + \cdots + x_k \omega_k + b \tag{5.1}$$

第二步：激活函数。加权求和后的 z 经过一个非线性的激活函数 $\sigma(z)$ 后，得到神经元的最终激活值（Activation）

$$a = \sigma(z) \tag{5.2}$$

其中，非线性函数 $\sigma(z)$ 称为激活函数（Activation Function）。

在深度网络中，一般都使用非线性函数作为激活函数，因为神经网络的线性求和过程，本质上仍然是一个线性过程，只能解决线性可分问题，对于线性不可分问题仍然难以解决。因此，非线性的激活函数的重要作用之一就是进行非线性映射，将神经网络的线性映射转换成非线性映射，从而在一定程度上解决线性不可分问题。

5.1.2 激活函数

由于激活函数是深度学习的基础，下面简要介绍一些常见的激活函数。

1. 符号函数 Sign

符号函数 Sign 的值域为+1 或-1，即当输入大于或等于 0 时，输出+1；小于 0 时，输出-1。它的表达式为

$$\text{Sign}(x) = \begin{cases} +1 & x \geq 0 \\ -1 & x < 0 \end{cases} \tag{5.3}$$

符号函数 Sign 的函数图像如图 5-3 所示。

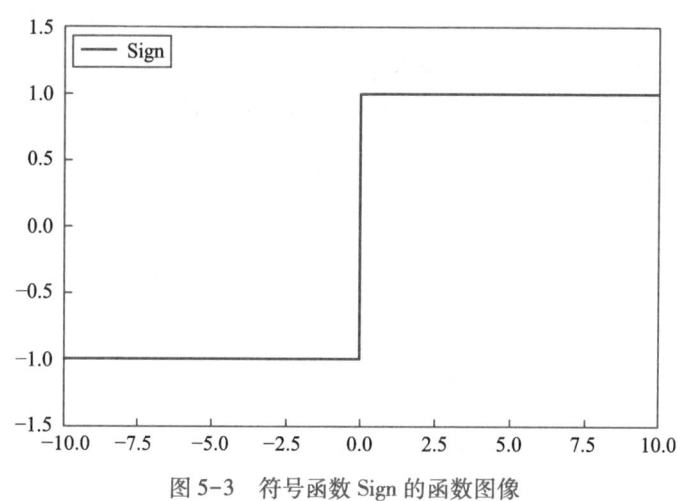

图 5-3 符号函数 Sign 的函数图像

2. 阶跃函数 Sgn

阶跃函数 Sgn 与符号函数 Sign 非常接近，区别在于当输入小于 0 时，Sgn 输出是 0，而 Sign 输出是-1。它的表达式为

$$\text{Sgn}(x) = \begin{cases} 1 & x \geq 0 \\ 0 & x < 0 \end{cases} \tag{5.4}$$

阶跃函数 Sgn 的函数图像如图 5-4 所示。

3. Sigmoid 函数

Sigmoid 函数的值域为 (0,1)，它的表达式为

$$\sigma(x) = \frac{1}{1+e^{-x}} \tag{5.5}$$

Sigmoid 函数的导数可以表示为

$$\sigma'(x) = \sigma(x)(1-\sigma(x)) \tag{5.6}$$

Sigmoid 及其导数的函数图像如图 5-5 所示。

Sigmoid 函数可以看成是一个"挤压"函数，把一个实数域的输入"挤压"到(0, 1)的区间内。当输入值在 0 附近时，Sigmoid 函数近似为线性函数；当输入值靠近两端时，对输入进行抑制。输入越小，越接近于 0；输入越大，越接近于 1。该激活函数如

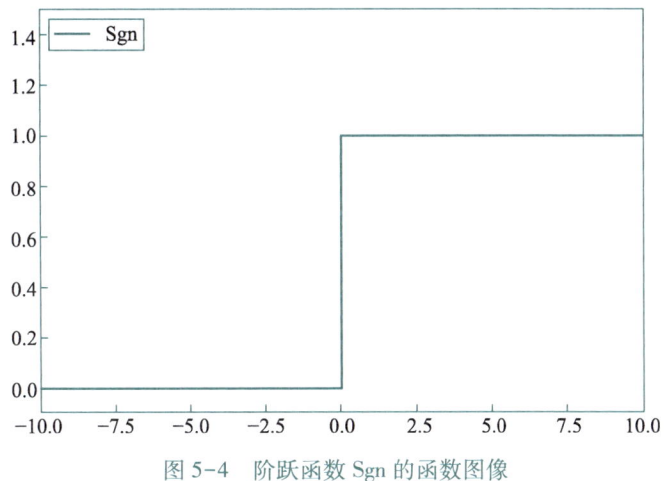

图 5-4　阶跃函数 Sgn 的函数图像

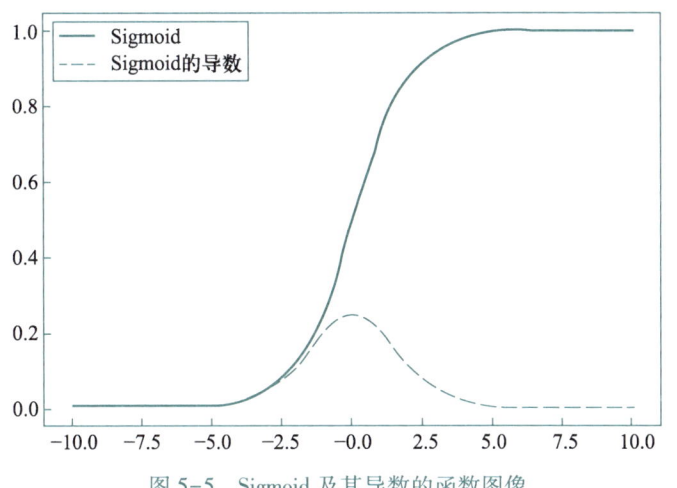

图 5-5　Sigmoid 及其导数的函数图像

今并不常用，因为它的梯度太容易饱和，但是在 RNN-LSTM 网络中仍在使用 Sigmoid 作为激活函数。

4. Tanh 函数

Tanh 函数可以看作是放大并平移的 Sigmoid 函数，其值域是 $(-1,1)$，它的表达式如下：

$$\mathrm{Tanh}(x) = \frac{1-\mathrm{e}^{-2x}}{1+\mathrm{e}^{-2x}} \tag{5.7}$$

Tanh 函数的导数可以表示为

$$\mathrm{Tanh}'(x) = 1-\mathrm{Tanh}^2(x) \tag{5.8}$$

Tanh 及其导数的函数图像如图 5-6 所示。

Tanh 函数曾经被广泛应用，但是与 Sigmoid 函数一样，Tanh 函数也存在两端梯度容易饱和的问题，后来由于 ReLU 函数的出现，Tanh 逐渐被替代。

5. ReLU 函数

ReLU（Rectified Linear Unit，修正线性单元）函数的值域为 $[0,+\infty)$，它的表达

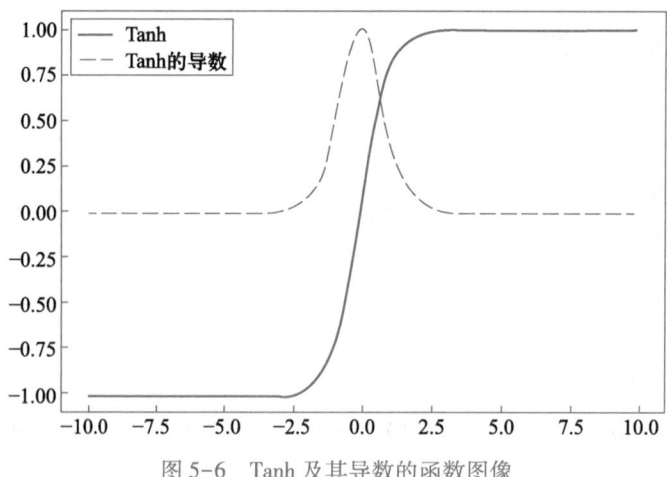

图 5-6　Tanh 及其导数的函数图像

式为

$$\text{ReLU}(x) = \begin{cases} x & x \geq 0 \\ 0 & x < 0 \end{cases} \quad (5.9)$$
$$= \max(0, x)$$

ReLU 函数的导数可以表示为

$$\text{ReLU}'(x) = \begin{cases} 1 & x \geq 0 \\ 0 & x < 0 \end{cases} \quad (5.10)$$

ReLU 及其导数的函数图像如图 5-7 所示。

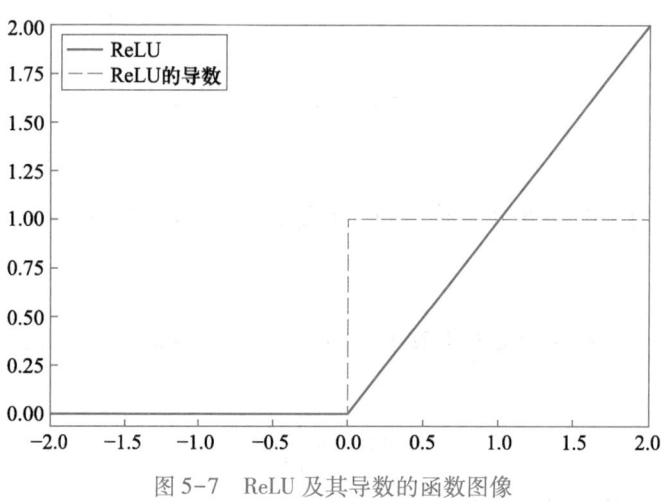

图 5-7　ReLU 及其导数的函数图像

ReLU 函数是目前深度神经网络中最常使用的激活函数。

ReLU 函数的优点如下：

1）采用 ReLU 函数的神经元只须进行加、乘和比较的操作，计算上更加高效。

2）Sigmoid 型激活函数会导致一个非稀疏的神经网络，而 ReLU 函数有很好的稀疏性，大约 50% 的神经元会处于激活状态。

3）在梯度下降中，相比于 Sigmoid 型函数的两端饱和，ReLU 函数缓解了神经网络的梯度弥散问题，加速梯度下降的收敛速度。

ReLU 函数的缺点是其可能会"杀死"特定的隐藏神经元，即一旦 ReLU 关闭（即处于零值），它将不会被再次激活，这种现象称为死亡 ReLU 问题。

为了解决死亡 ReLU 问题，引进了 ReLU 函数的变体：渗漏线性修正单元（Leaky-ReLU）函数。

6. Leaky-ReLU 函数

Leaky-ReLU（渗漏线性单元）函数的值域为$(-\infty,+\infty)$，该函数对 ReLU 函数做了微小的修正，不管输入神经元的是什么值，其至少能得到一个非零的数值。它的表达式为

$$\text{Leaky\_ReLU}(x) = \begin{cases} x & x \geq 0 \\ \alpha x & x < 0 \end{cases} \tag{5.11}$$

Leaky-ReLU 函数的导数可以表示为

$$\text{Leaky\_ReLU}'(x) = \begin{cases} 1 & x \geq 0 \\ \alpha & x < 0 \end{cases} \tag{5.12}$$

Leaky-ReLU 及其导数的函数图像如图 5-8 所示。

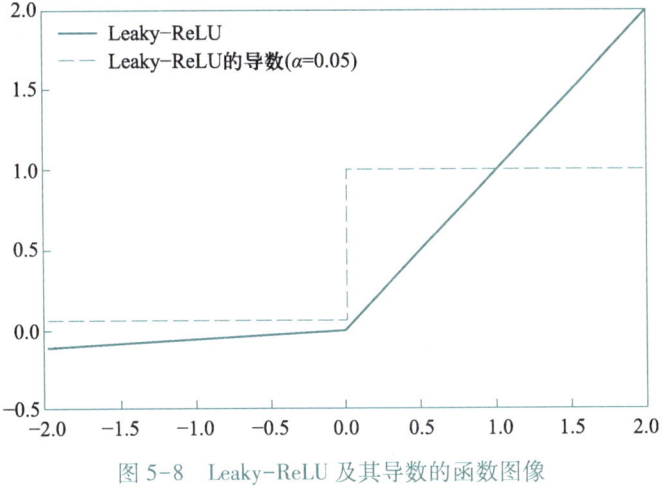

图 5-8 Leaky-ReLU 及其导数的函数图像

这里的 α 通常是一个很小的常数（比如 0.05）。这样做既修正了数据分布，又保留了一些负轴的值，使得负轴信息不会全部丢失，很大程度解决了 ReLU 函数的"死亡"问题。

激活函数在神经元中是非常重要的。为了增强网络的表示能力和学习能力，激活函数需要具备以下几点性质：

1）连续并可导（允许少数点上不可导）的非线性函数。可导的激活函数可以直接利用数值优化的方法来学习网络参数。

2）激活函数及其导数要尽可能的简单，有利于提高网络计算效率。

3）激活函数的导数的值域要在一个合适的区间内，不能太大也不能太小，否则会影响训练的效率和稳定性。

本章的前两节介绍了神经网络的基本单元——神经元，以及神经元中用到的常用

激活函数。下一节将以感知机入手,逐步揭开神经网络的神秘面纱。

5.1.3 从感知机到神经网络

为了更好地理解神经网络,下面先从简单的感知机说起。感知机(Perceptron)是罗森布拉特(Rosenblatt)在1957年就职于康奈尔航空实验室(Cornell Aeronautical Laboratory)时所发明的一种人工神经网络,可以被视为是一种最简单形式的神经网络,是一种二元线性分类器。

1. 单层感知机

单层感知机(Single Layer Perceptron)仅包含了输入层和输出层两层结构:输入层有若干节点接收外界信号;输出层是一个M-P神经元,使用符号函数Sign(式5.1)作为激活函数。简单来说,单层感知机就是将输入向量与权重向量加权求和后再增加偏置项,并通过符号函数得到+1或-1。单层感知机是一种线性可分模型,仅能解决线性可分的数据问题,其网络结构示意如图5-9所示。

单层感知机可以很容易地实现逻辑与、逻辑或的运算。下面使用阶跃函数Sgn(式5.2)作为激活函数来进行说明。

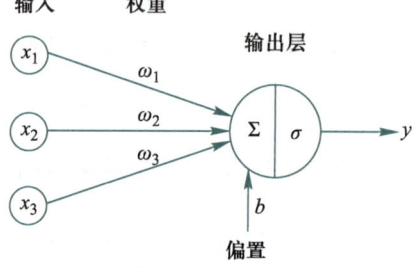

图5-9 单层感知机网络结构

单层感知机实现逻辑与(AND):令 $\omega_1=1$, $\omega_2=1$, $b=-2$,则 $y=\text{Sgn}(x_1+x_2-2)$,当且仅当 $x_1=1$, $x_2=1$ 时,$y=1$,其余情况 $y=0$。

单层感知机实现逻辑或(OR):令 $\omega_1=1$, $\omega_2=1$, $b=-0.5$,则 $y=\text{Sgn}(x_1+x_2-0.5)$,当且仅当 $x_1=0$, $x_2=0$ 时,$y=0$,其余情况 $y=1$。

由此可见,单层感知机能够出色地完成"与"和"或"的表示,其原因是"与""或"操作是线性可分的,如图5-10所示,而对于"异或"(XOR)操作,由于数据的线性不可分性,所以无论怎样设置权重值,单层感知机都无法解决异或问题。

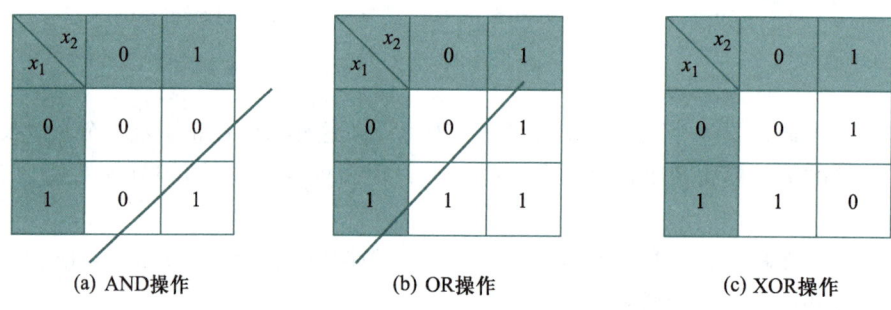

图5-10 逻辑与、或、异或的数据示意图

单层感知机的缺点如下:
1)只有一层神经元,学习能力差。
2)只能解决线性可分问题,无法解决非线性可分问题。

那么,要想解决线性不可分的问题,就需考虑使用多层感知机。

2. 多层感知机

多层感知机（Multilayer Perceptron，MLP）是一种前向结构的人工神经网络，映射一组输入向量到一组输出向量，网络结构可以有多层，输出节点也可以有多个。MLP 也叫作多层神经网络，是最典型的深度学习中的神经网络模型，能很好地解决线性不可分的问题。简单的两层感知机就能解决异或问题，实现结构如图 5-11 所示。

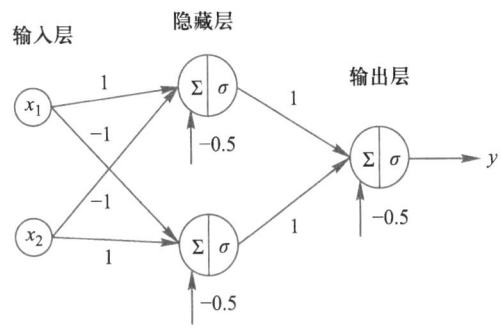

图 5-11　解决异或问题的两层感知机结构

其中，输入层和输出层中间的一层网络被称为隐藏层，隐藏层和输出层都使用阶跃函数 $\mathrm{Sgn}(x)$（式 5.2）作为激活函数。

当然，更常见到的是含有多个隐藏层的 MLP 模型。在深度学习未盛行之前，MLP 在 20 世纪 80 年代曾是相当流行的机器学习方法，拥有广泛的应用场景，如语音识别、图像识别、机器翻译等，但自 20 世纪 90 年代以来，MLP 遇到来自更为简单的支持向量机（SVM）的强劲竞争，且由于计算性能的瓶颈导致 MLP 无法在大数据集上实施较深层次的网络，所以一度陷入发展滞缓期。近年来，由于大数据采集技术和 GPU 性能迅猛发展等因素，深度学习逐渐崛起，MLP 也重新得到了关注。

在深度学习领域，人们更习惯称多层感知机为前馈神经网络，相关的内容会在 5.1.4 节详细说明。

5.1.4　神经网络的分类

神经网络的结构十分丰富，本节按信息传递的角度，介绍 3 种最常用的神经网络结构。

1. 前馈网络

前馈网络中各个神经元按接收信息的先后分为不同的层，每一层中的神经元接收前一层神经元的输出作为输入，计算后将该层的输出传递到下一层神经元。整个网络中的信息朝一个方向传播，没有反向的信息传播。常见的前馈网络包括全连接前馈网络（5.2 节）、卷积神经网络（5.4 节）等。

2. 记忆网络

记忆网络，也称为反馈网络，即网络中的神经元不仅可以接收其他神经元的信息，也可以接收自己的历史信息，并且在不同的时刻可以具有不同的状态。记忆神经网络中的信息可以是单向传递，也可以是双向传递。常见的记忆网络包括循环神经网络（5.5 节）、Hopfield 网络、玻尔兹曼机等。

3. 图网络

前馈网络和记忆网络都要求输入是向量形式，但实际应用中很多数据是图结构的，如知识图谱、社交网络数据等。图网络是可以处理图结构数据的神经网络，其节点之间的连接可以是有向的，也可以是无向的，每个节点可以收到来自相邻节点或自身的信息。图网络是前馈网络和记忆网络的泛化，常见的图网络包括图卷积网络、图注意力网络等。

5.2 全连接神经网络

5.2.1 前向传播

本节将介绍第一种，也是最基本的前馈神经网络——全连接神经网络（Fully Connected Neural Network）。

全连接神经网络是指每层神经元与下层神经元两两之间完全互连，神经元之间既不存在同层连接也不存在跨层连接，信息方向仅正向传递的神经网络。

在全连接网络中，第 i 层的任意一个神经元一定与第 $i+1$ 层的任意一个神经元相连。虽然这看起来很复杂，但是从小的局部模型来说，其实和感知机一样，即每一个神经元都是一个线性关系 $z = \sum(\omega_i x_i + b)$ 加上一个激活函数 $\sigma(z)$，其网络结构如图 5-12 所示。

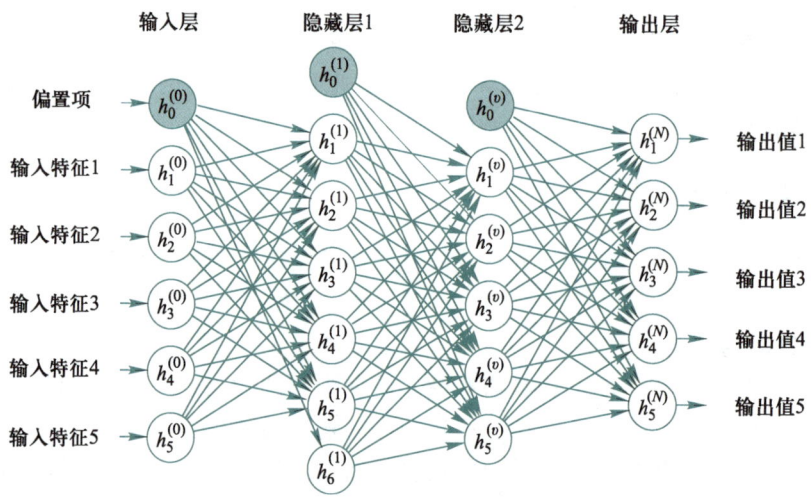

图 5-12 前馈神经网络结构

按不同层的位置划分，全连接神经网络的层可以分为以下 3 类。

（1）输入层（Input Layer）

网络的第一层是输入层，接收来自样本的特征向量 x，经过输入层的激活函数后，传递到第一个隐藏层。

(2)隐藏层(Hidden Layer)

输入层和输出层之间的层都叫作隐藏层,具有隐藏层的前馈网络提供了一种万能近似框架。

万能近似定理(Universal Approximation Theorem)表明:理论上,只要隐藏层的网络节点和层数足够多,且至少一层具有任何一种"挤压"性质的激活函数(如 Sigmoid、Tanh 激活函数等),那么就可以任意精度来近似表示任何从一个有限维空间到另一个有限维空间的 Borel 可测函数。

(3)输出层(Output Layer)

网络的最后一层是输出层,在不同的任务中,输出层的节点数量和激活函数是不一样的。下面以最常见的回归问题和分类问题为例。

在回归问题中,通常输出节点数量只有一个,输出层激活函数一般用恒等函数,恒等函数会将输入按原样输出,其数学表达式为

$$f(x)=x \tag{5.13}$$

在分类问题中,输出节点的数量表示分类数量,例如在猫狗识别这样的二分类问题上,输出节点是 2 个,而在 0~9 的手写体识别的十分类问题上,输出节点就是 10 个。输出层激活函数一般用 Softmax 函数,其表达式为

$$y_k = \frac{e^{x_k}}{\sum_{i=1}^{n} e^{x_i}} \tag{5.14}$$

Softmax 函数有两个重要的特性:

1)每个输出项是 0~1 的实数。

2)所有输出项的总和是 1。

正因为有了这些性质,可以把 Softmax 函数的输出解释为某一个类别的"概率"。神经网络会把输出值最大的神经元所对应的类别作为识别结果。

下面来看一个手写体识别的分类任务,如图 5-13 所示。

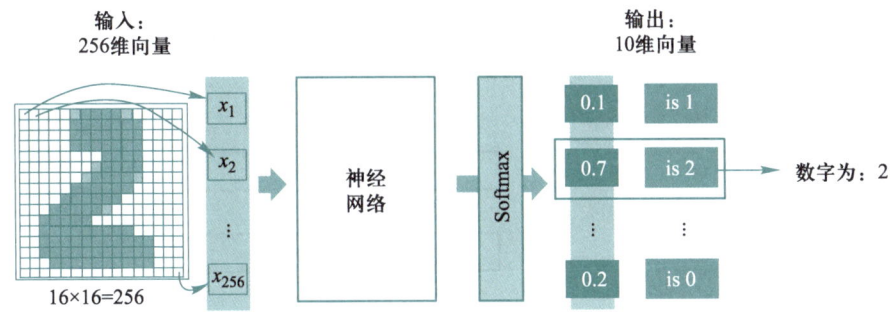

图 5-13 手写体识别问题输出层示意图

在这个任务中,输出层的神经元从上往下依次对应数字 1, 2, …, 9, 0 的概率。经过 Softmax 函数后,第二个神经元(对应数字 2)的值最大,所以模型判断该图片是数字"2"。

本节介绍了全连接神经网络前向传播过程中的基本构件和计算原理,下一节将介绍全连接神经网络的最优化求解过程。

5.2.2 损失函数

神经网络的训练本质上是有监督学习，也就是每一个输入向量 x，都有一个对应的真实值 $\hat{y}$，而整个网络训练的目的是希望找到能使模型的输出值 y 与真实值 $\hat{y}$ 最接近的一套参数组合，那么训练的过程就是不断缩小损失的过程。

损失函数（Loss Function）是用来估量模型的预测值 y 与真实值 $\hat{y}$ 的不一致程度，它是一个非负实值函数，损失函数值越小，说明模型的拟合效果越好。

损失函数大致可分为两类：回归问题的损失函数和分类问题的损失函数。下面介绍几种常用的损失函数。

1. 均方误差

均方误差（Mean Squared Error，MSE）表示预测值和真实值的欧式距离，常用于回归问题中。输出层配套的激活函数一般为 Linear、Sigmoid、Tanh 等。输出神经元数量通常为 1 个。其表达式如下：

$$\text{loss}(\bm{y}, \hat{\bm{y}}) = \frac{1}{2m} \sum_{i=1}^{m} (y - \hat{y})^2 \tag{5.15}$$

2. 交叉熵

交叉熵（Cross-entropy）来源于信息论中熵的概念，是目前神经网络处理分类问题常用的损失函数。输出层配套的激活函数一般为 Sigmoid（二分类）、Softmax（多分类）。输出神经元数量为分类的数量。其表达式为

$$\text{loss}(\bm{y}, \hat{\bm{y}}) = - \sum_{x} \sum_{\hat{y}_k} \hat{y}_k \log \alpha_k \tag{5.16}$$

其中，$\hat{y}_k$ 表示类别 k 的标签（实际概率），α_k 表示属于类别 k 的预测概率。

5.2.3 梯度下降

5.2.2 节介绍了损失函数，可以知道模型训练的最终目的是希望损失函数的值能越小越好，损失值越小，即模型的预测值与真实值越接近，模型拟合效果越好。换句话说，模型训练的目的是要找到一组合适的参数，使得损失函数值最小，从而得到最好的拟合效果，如图 5-14 所示。

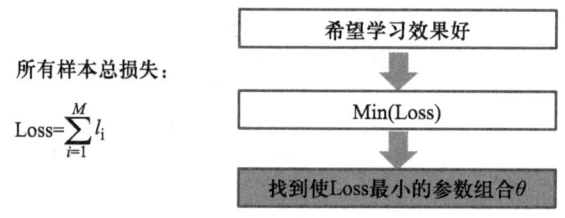

图 5-14 模型训练学习目的

梯度下降（Gradient Descent）是一种常用的求解最优化的模型参数的方法。

1. 梯度

在微积分中，对多元函数的参数求偏导数，把求得的各个参数的偏导数以向量的形式写出来，就是梯度（Gradient）。例如，函数 $f(x, y)$ 分别对 x 和 y 求偏导数，求得

的梯度向量就是$(\partial f/\partial x, \partial f/\partial y)$，简称$\nabla f(x,y)$。

梯度的意义从几何意义上讲，就是函数变化增加最快的地方。或者说，沿着梯度向量的方向，更加容易找到函数的最大值。反过来说，沿着梯度向量相反的方向，也就是$-\nabla f(x,y)$的方向，梯度减少最快，也就是更加容易找到函数的最小值。

在机器学习和深度学习算法中，在最小化损失函数时，可以通过梯度下降法来一步步地迭代求解，得到最小化的损失函数，以及对应的模型参数值。

2. 梯度下降算法的直观解释

首先来看看梯度下降的一个直观解释。比如身处一座大山上的某个位置，周边都是迷雾，仅能看清身边的一小块地方。由于不知道怎么下山，于是决定走一步算一步，也就是在每走到一个位置的时候，求解当前位置的梯度，沿着梯度的负方向，也就是当前最陡峭的位置向下走一步，然后继续求解当前位置梯度，向这一步所在位置沿着最陡峭最易下山的位置走一步。当然这样一步一步地走下去有可能不能走到山脚，而是到了某一个局部的低处。梯度下降的直观解释如图 5-15 所示。

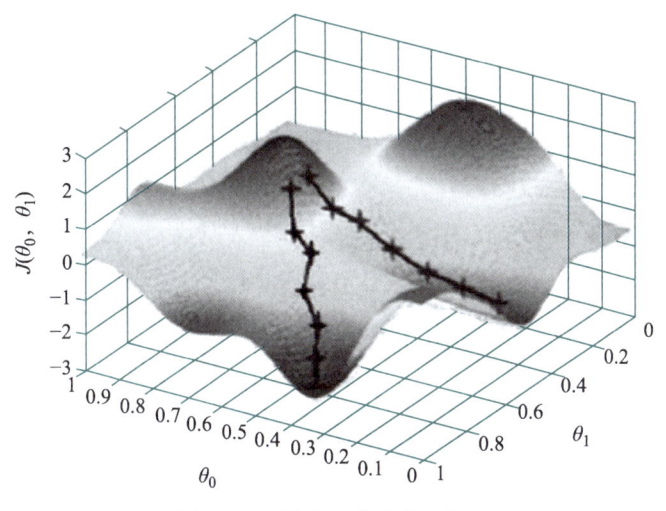

图 5-15　梯度下降的直观解释

从上面的解释可以看出，梯度下降不一定能够找到全局的最小值，有可能是一个局部最小值。由于初始时刻的不同，得到的局部最小值也有可能不同。当然，如果损失函数是凸函数，梯度下降法得到的解就一定是全局最优解。

3. 梯度下降法数学表示

梯度∇f指损失函数 Loss 在θ_i方向的偏导数为

$$\nabla f = \frac{\partial L}{\partial \theta_i} \tag{5.17}$$

$-\nabla f$指向函数下降最快的方向，极值搜索公式为

$$\theta \leftarrow \theta - \eta\, \nabla f(\theta) \tag{5.18}$$

其中，η 表示学习率（Learning Rate），一般取一个较小的常数（如 0.001）。

5.2.4　反向传播

在全连接神经网络中，直接利用梯度下降算法求解损失的最小值的过程中，需要

大量的对网络中的参数做偏导计算。反向传播算法则是由输出层开始，使用梯度下降的方式，逐步向前更新每层参数。此方向与前向传播方向相反，所以称为反向传播（Back Propagation，BP）算法。

BP 算法给出了一种计算损失函数各参数的梯度的方法，概括说明如下。

1）随机初始化参数。

2）前向传播：输入 x，输入层的激活值为 a^l，对每一层（$l=2,3,\cdots,L$），计算对应的 $z^l=\omega^l a^{l-1}+b^l$ 和 $a^l=\sigma(z^l)$。

3）计算损失值：$\mathrm{Loss}(\boldsymbol{y},\hat{\boldsymbol{y}})=\sum_{i=1}^{m}l_i$。

4）计算输出层误差 δ^L：$\delta^L=\nabla_a L\sigma'(z^L)$。

5）反向传播：从输出层反向计算，对每一层（$l=L-1,L-2,\cdots,2$），计算 $\delta^l=((\omega^{l+1})^\mathrm{T}\delta^{l+1})\sigma'(z^l)$。

6）输出：计算得出损失函数的所有参数的偏导数（即梯度）$\dfrac{\partial L}{\partial \omega_{jk}^l}=a_k^{l-1}\delta_j^l$ 和 $\dfrac{\partial L}{\partial b_j^l}=\delta_j^l$。

下面总结一下 BP 算法。之所以称为反向传播算法，是因为利用微积分里的链式法则，从最后一层开始向前计算误差 δ，从而推导得到每一个参数的梯度，再用梯度下降算法，不断迭代就能找到神经网络的损失函数的最小值，以及对应的参数组合，即为模型最佳参数组。

5.3 神经网络优化技术

在使用反向传播算法求解深度神经网络的过程中，主要存在以下两类问题。

欠拟合问题：即模型在训练集上拟合度就不佳，由于深度神经网络模型一般来说是非凸函数（即损失函数有多个局部最小值），且深层神经网络一般参数很多，所以模型很难找到最优解。

过拟合问题：即模型在训练集上拟合很好，而在验证集上效果不佳。这种情况下需要通过一定的正则化方法来改善网络的泛化能力。

本节将详细介绍神经网络中的优化技术和正则化技术。

5.3.1 数据标准化

数据标准化（Normalization）是指将数据进行一定方法的缩放后，使之落入特定的数值区间，其目的是去除数据的单位限制，将其转换为无量纲的纯数值，便于不同单位或量级的指标能够进行比较和加权。在梯度下降算法中，使用标准化后的数据，有助于提升模型的收敛速度。

数据标准化的方法有很多，最典型的就是对数据进行归一化处理（即将数据统一映射到[0,1]上），常见的方法有 Min-Max 标准化。当然，也可以不指定落到[0,1]上，而是指定均值和方差，典型的是 Z-score 标准化。另外，还可以通过范式来进行标准化，如 L1 标准化和 L2 标准化等。这里介绍两种最常用的标准化方法。

1. Min-max 标准化

Min-max 标准化（Min-max Normalization）将数据缩放到 [0，1] 的范围内，计算公式如下：

$$x' = \frac{x - X_{\min}}{X_{\max} - X_{\min}} \tag{5.19}$$

其中，$X_{\max}$ 为样本数据的最大值，$X_{\min}$ 为样本数据的最小值。这种方法的缺点是：当有新数据加入时，可能导致 $X_{\max}$ 和 $X_{\min}$ 的变化，需要重新定义。

2. Z-score 标准化

Z-score 标准化（Zero-mean Normalization）也叫作零均值标准化，是通过特征的平均值 $\bar{x}$ 和标准差 $\text{std}(x)$，将特征缩放成一个标准的正态分布，缩放后的均值为 0，方差为 1。即使原始数据不服从正态分布，也可以用此方法处理。计算公式如下：

$$x' = \frac{x - \bar{x}}{\text{std}(x)} \tag{5.20}$$

5.3.2 梯度下降的几个变种

深层网络的参数学习主要是通过梯度下降方法来寻找最优解，一般可以分为批量梯度下降、随机梯度下降以及小批量梯度下降 3 种形式。

1. 批量梯度下降

批量梯度下降（Batch Gradient Descent，BGD）是梯度下降法最常用的形式，具体做法是：在更新梯度时，使用全量的样本 x 来进行计算。在每次迭代中，都要用到训练集所有的数据，如果训练集规模很大的话，计算资源占用会很大，计算效率会变慢。

2. 随机梯度下降

BGD 每次更新参数都需要用到所有的样本，随机梯度下降（Stochastic Gradient Descent，SGD）的区别在于每更新一次参数所用到的样本数只有 1 个，且是随机选取的。

假如训练集有十万个样本，BGD 每次迭代都需要十万个样本，SGD 可能只需要其中 5 万个样本就可以达到最优解。

但是 SGD 伴随的一个问题是对噪声数据比较敏感。遇到噪声数据时，SGD 的方向有可能就不是朝着最优解方向，因此优化过程比较"曲折"。另外，因为每次只用到一个样本进行参数优化的缘故，因此得到最优解之前可能需要经历成千上万次的迭代，这也影响了计算的效率。

3. 小批量梯度下降

小批量梯度下降（Mini-batch SGD）中和了 BGD 和 SGD 的优点，即每次迭代中随机均匀采样多个样本组成小批量，然后使用这个小批量来计算梯度。对于 m 个总样本，采用 x 个子样本来迭代，$1<x<m$。这样不仅能减少梯度估计的方差，还能充分利用计算资源，使得计算速度更快。Mini-batch SGD 也是目前深度学习中使用最多的梯度下降方法。

当然，在使用梯度下降和其变体的过程中，还要面临以下一些问题。

1）很难选择一个合适的学习率。学习率太小会导致网络收敛过于缓慢，而学习率太大可能会影响收敛，并导致损失函数在最小值上波动，甚至出现梯度发散。

2）容易收敛到局部最小值。在神经网络中，最小化非凸误差函数很容易陷入多个局部最小值中。梯度函数上会出现鞍点，这些鞍点通常被相同误差值的平面所包围，这使得 SGD 算法很难脱离出来，因为梯度在所有维度上接近于零，如图 5-16 所示。

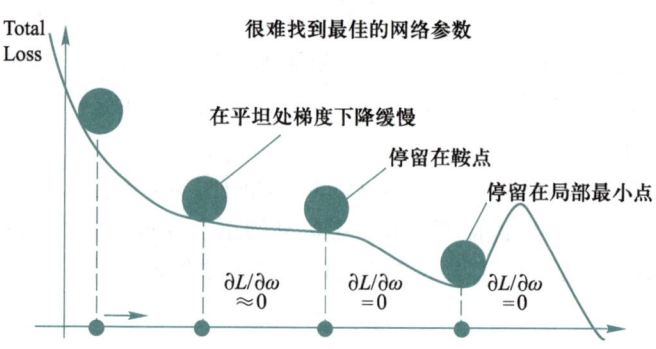

图 5-16 深度网络梯度下降中的鞍点和局部最小点

为解决上述 SGD 中可能出现的问题，在 Mini-batch SGD 的基础上，进一步发展出一系列优化办法，主要分为梯度方向优化（动量法）和学习率衰减优化（自适应学习率）两个方面。

5.3.3 动量法

动量（Momentum）法可以有效解决 SGD 中可能出现的收敛不稳定的问题。动量法类比物理动量，在参数更新时考虑历史移动信息，引入一个新的方向向量 v。动量法参数更新规则如下：

$$v^{(t+1)} = \lambda v^{(t)} + \eta \nabla L(\theta^{(t)})$$
$$\theta^{(t+1)} = \theta^{(t)} + v^{(t+1)}$$
(5.21)

其中，动量参数 $\lambda \in [0,1)$ 决定了历史梯度贡献的衰减速率，通常设定为 0.9。

下面来看一个具体的例子，如图 5-17 所示。

初始时刻：$\theta^0 = 0$, $v^0 = 0$

$$v^1 = \lambda v^0 - \eta \nabla L(\theta^0) \quad \theta^1 = \theta^0 + v^1$$
$$v^2 = \lambda v^1 - \eta \nabla L(\theta^1) \quad \theta^2 = \theta^1 + v^2$$
(5.22)

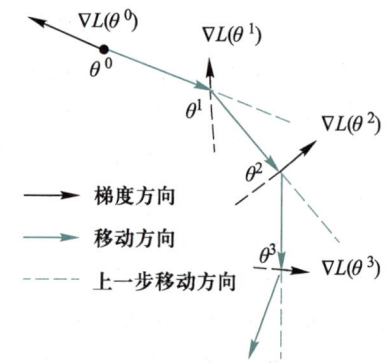

图 5-17 动量法示意图

动量法用历史累积的动量来代替真正的梯度，每次迭代的梯度可以看作是"加速度"。如果某个参数在最近一段时间内的梯度方向不一致时，其参数更新幅度会变小；当在一段时间内的梯度方向都一致时，其参数更新幅度会变大，起到加速作用，可以更快地到达最优点。

在迭代初期，梯度方向都比较一致，动量法会起到加速作用，更快到达最优点；在迭代后期，梯度方向会在收敛值附近震荡，动量法会起到减速的作用，增加稳定性。

5.3.4 自适应学习率

梯度下降过程中，学习率 η 的值很重要，如果过大，则容易错过最优导致不会收敛；如果过小，则收敛速度太慢。从经验上看，学习率一开始要保持较大来保证收敛速度，而在收敛到最优点附近时要调整为较小值，以避免来回震荡。

1. 自适应梯度算法

自适应梯度（Adaptive Gradient，AdaGrad）算法的思想是：每一次参数更新，不同的参数使用不同的学习率。对于梯度较大的参数，学习率会变得较小；对于梯度较小的参数，学习率会变得较大。这样可以使得参数在平缓的地方下降的稍微快些，不至于徘徊不前，而在最优点附近时，下降较慢，不至于错过最佳值。

常规梯度下降参数变化如下：

$$\omega \leftarrow \omega - \eta\, \partial L / \partial \omega \tag{5.23}$$

AdaGrad 参数变化如下：

$$\omega \leftarrow \omega - \frac{\eta}{\varepsilon + \sqrt{\sum_{i=0}^{t}(g^i)^2}} \partial L / \partial \omega \tag{5.24}$$

其中，ε 是为了保持数值稳定性而设置的非常小的常数，防止分母为 0；$\sum_{i=0}^{t}(g^i)^2$ 表示第 $t+1$ 轮迭代前的 t 轮偏导数的平方的总和。

AdaGrad 算法的优点是：如果某个参数的偏导数累计比较大，其学习率就会变得较小；相反如果其偏导数累计较小，其学习率就会变得较大。整体是随着迭代次数的增加，学习率逐渐变小，从而实现了学习率的自适应。

AdaGrad 算法的缺点是：经过一定次数的迭代，如果依然没有找到最优点，由于此时学习率已经非常小，很难再继续找到最优点。

2. 均方根传递算法

均方根传递（Root Mean Square prop，RMSprop）主要是为了解决 AdaGrad 算法中学习率过度衰减的问题——AdaGrad 根据平方梯度的整个历史来收缩学习率，可能使得学习率在达到局部最小值之前就变得太小而难以继续训练。RMSprop 使用指数衰减平均（递归定义）以丢弃遥远的历史，使其能够在找到某个"凸"结构后快速收敛。此外，RMSprop 还加入了一个超参数 α 用于控制衰减速率。RMSprop 的算法过程如下：

$$\begin{aligned}
&\omega^1 \leftarrow \omega^0 - \frac{\eta}{\sigma^0} g^0 \quad \sigma^0 = g^0 \\
&\omega^2 \leftarrow \omega^1 - \frac{\eta}{\sigma^1} g^1 \quad \sigma^1 = \sqrt{\alpha(\sigma^0)^2 + (1-\alpha)(g^1)^2} \\
&\omega^3 \leftarrow \omega^2 - \frac{\eta}{\sigma^2} g^2 \quad \sigma^2 = \sqrt{\alpha(\sigma^1)^2 + (1-\alpha)(g^2)^2} \\
&\quad\quad\quad\quad\quad \vdots \\
&\omega^{t+1} \leftarrow \omega^t - \frac{\eta}{\sigma^t} g^t \quad \sigma^t = \sqrt{\alpha(\sigma^{t-1})^2 + (1-\alpha)(g^t)^2}
\end{aligned} \tag{5.25}$$

经验上，RMSprop 已被证明是一种有效且实用的深度神经网络优化算法。但是

> 笔记：RMSprop 依然需要设置一个全局学习率 η 和一个超参数 α。

5.3.5 L2 正则化

由于深度网络的表达能力很强，模型复杂度高，很容易导致过拟合，泛化能力差，即在训练集表现很好，而在验证集表现不佳，如图 5-18 所示。正则化通过降低模型复杂度的方式来防止过拟合。

常用的深度网络的正则化技术有 L2 正则化、提前终止、Dropout 等。下面介绍第一种 L2 正则化。

首先对比一下 L1 和 L2 正则化。

L1 正则化：

$$L = L_0 + \frac{\lambda}{n}\sum_{i=1}^{n}|\omega_i| \quad (5.26)$$

L2 正则化：

$$L = L_0 + \frac{\lambda}{2n}\sum_{i=1}^{n}\omega_i^2 \quad (5.27)$$

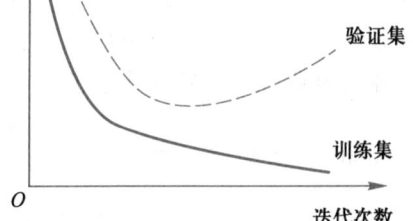

图 5-18 深度网络欠拟合情况下的损失情况

L1 正则化项是所有参数的绝对值之和，可以抑制参数的大小，但是易产生稀疏解，即一部分为 0，另一部分为非零实数。

L2 正则化项是参数的平方和，倾向于让参数数值上尽可能小，最后构造出一个所有参数都比较小的模型，一定程度上避免过拟合。

L1 使权重稀疏，L2 使权重平滑。

在深度网络中，常用 L2 正则。λ（惩罚系数）越大，权重总体越小。

5.3.6 提前终止

模型的泛化能力通常是使用验证集评估得到的。随着不停的迭代，模型在训练集上的误差越来越小，而验证集上误差往往会先减小后变大，因此可以在验证集上效果变差的时候提前停止，如图 5-19 所示。

在模型训练时，可以保存每一次迭代后在训练集和验证集上的损失值和参数组合。当验证集上的损失值在一定迭代次数内没有进一步改善时，算法就会终止，这种策略称为提前终止（Early Stopping）。这可能是深度学习中最常用的正则化形式。

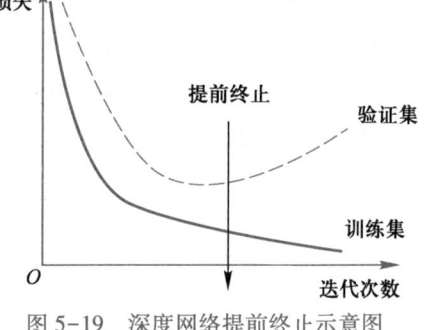

图 5-19 深度网络提前终止示意图

5.3.7 Dropout

Dropout 是深度网络中很常用的一种防止过拟合提高泛化性的方法。

在深度网络的训练过程中，每次更新参数之前，每个神经元都有 p 的概率被丢弃，如图 5-20 所示。

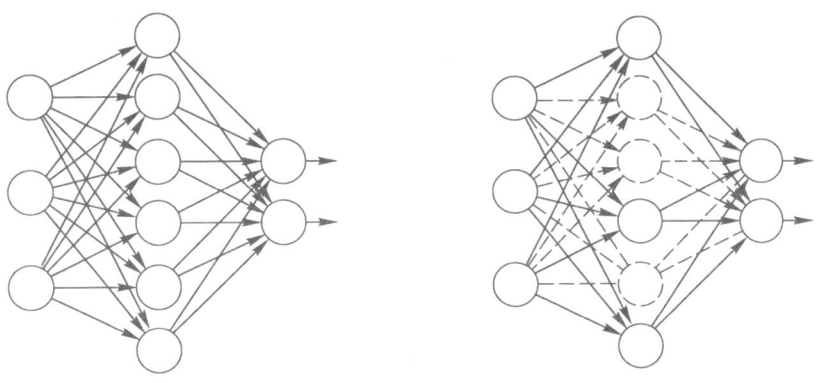

图 5-20　Dropout 丢弃神经元示意图

在训练阶段：
1）每一层之后都可增加 Dropout，并设置该层每个节点被随机丢弃的概率值 p。
2）在消除一些节点后，删除从该节点进出的所有连线。
3）这样就得到了一个节点更少、规模更小的网络（Thinner Network）。
4）用 Backprop 方法进行训练，求解权重组合。

在测试阶段：不使用随机失活，即不丢弃任何神经元，直接进行前向传播。

Dropout 可以理解为是对数量巨大的子网络做模型集成的一种 bagging 方法，以此来计算出一个平均的预测。

下面举一个例子进行说明。网络结构为输入层两个节点，一个隐藏层两个节点，一个输出层单一节点。当在输入层和隐藏层增加 Dropout 后，这 4 个节点共有 16 个可能的子集。图 5-21 展示了从原始网络中丢弃不同的单元子集而形成的所有 16 个子网络。

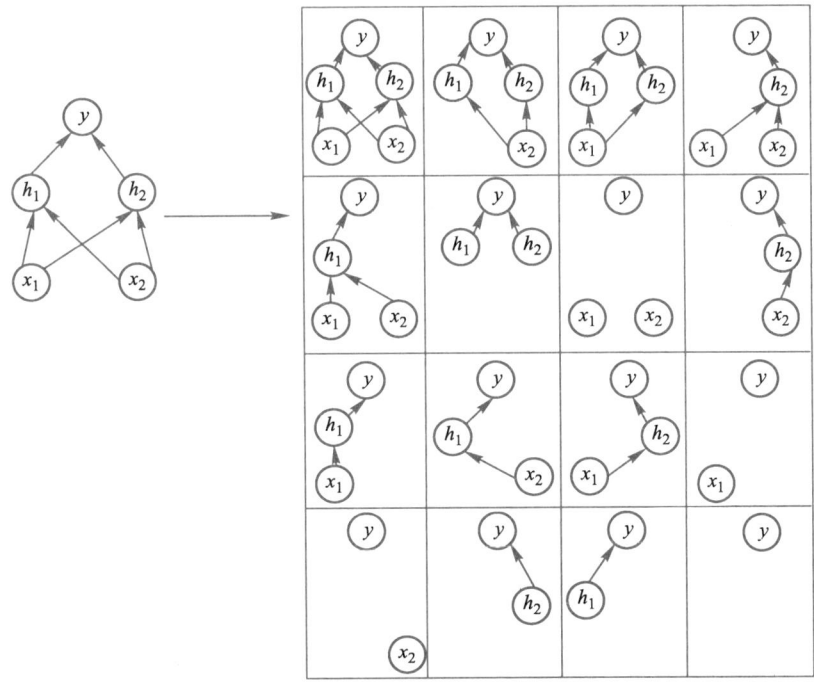

图 5-21　Dropout 形成的子网络示意图

Dropout 每次迭代随机使部分神经元失效，使得模型的多样性增强，获得了类似多模型集成（Ensemble）的效果，避免过拟合。这其实也是一个数据增强的过程，它导致了稀疏性，使得局部数据簇差异性更加明显，这也是其能够防止过拟合的原因。

5.4 卷积神经网络

卷积神经网络（Convolutional Neural Networks，CNN）是一类包含卷积计算且具有深度结构的神经网络，是深度学习的代表算法之一。卷积神经网络在图像识别、自然语言处理、语音识别等方面的应用都非常广泛，特别是在图像识别领域。大部分跟视觉相关的工作，都可以用卷积神经网络处理。

5.4.1 全局连接和局部连接

1. 全连接网络的参数量

普通神经网络把输入层和隐藏层进行"全连接"（Full Connected）的设计，从计算的角度来讲，相对较小的图像从整幅图像中计算特征是可行的。但是，如果是更大的图像，要通过这种全连接网络的方法来学习整幅图像上的特征，从计算角度而言，将变得非常耗时。

以 MNIST 数据集为例（见图 5-22），该数据集的每一张图像的尺寸都是 (28,28,1)，即图像由长宽均为 28、channel 为 1 组成了一张灰度图。当使用全连接的网络结构时，就意味着网络输入一张图片的参数就有 $28\times28\times1=784$（个），如果隐藏层用了 15 个神经元，那么简单计算一下，整个网络的计算参数量就有 $784\times15\times10+15+10=117625$（个），随便进行一次反向传播的计算量都是巨大的。所以，从计算资源和调参的角度都不建议用传统的神经网络。

2. 局部神经元连接

图 5-23 中有人有马，在分辨马和人的位置时，是否需要观看整幅图呢？显然不需要，只要针对目标所在的局部区域进行观看并分析即可。同样，判断图中哪个是人，哪个是马的时候也不一定要看完所有部位，只需要看到人的头、胳膊、腿等部位就可以判断图像表示的是人了。很明显，这也是基于局部区域特征而做出的判断。而对于每个小的局部信息做一个处理就要简单的多了，同时计算量会大幅减少。

因此，在一幅图中要识别单独的某个物体，模型只要感受到局部的信息即可，无须感受到全图的信息。也就是说，只要提取对应局部位置的特征信息即可，无须把图像上所有的信息都计算一遍。如果能够设计出一个只需要提取图像局部信息的网络模型，就可以解决这个问题了，这也就是相当于神经元的局部激活，只在图像的对应位置做计算。这样一来，原来在整幅图上做的运算，就变成了在局部做运算了。

3. 局部特征提取

卷积层最主要的两个特征就是局部连接和参数共享。所谓局部连接，就是卷积层的节点仅仅和其前一层的部分节点相连接，只用来学习局部特征。而参数共享则极大

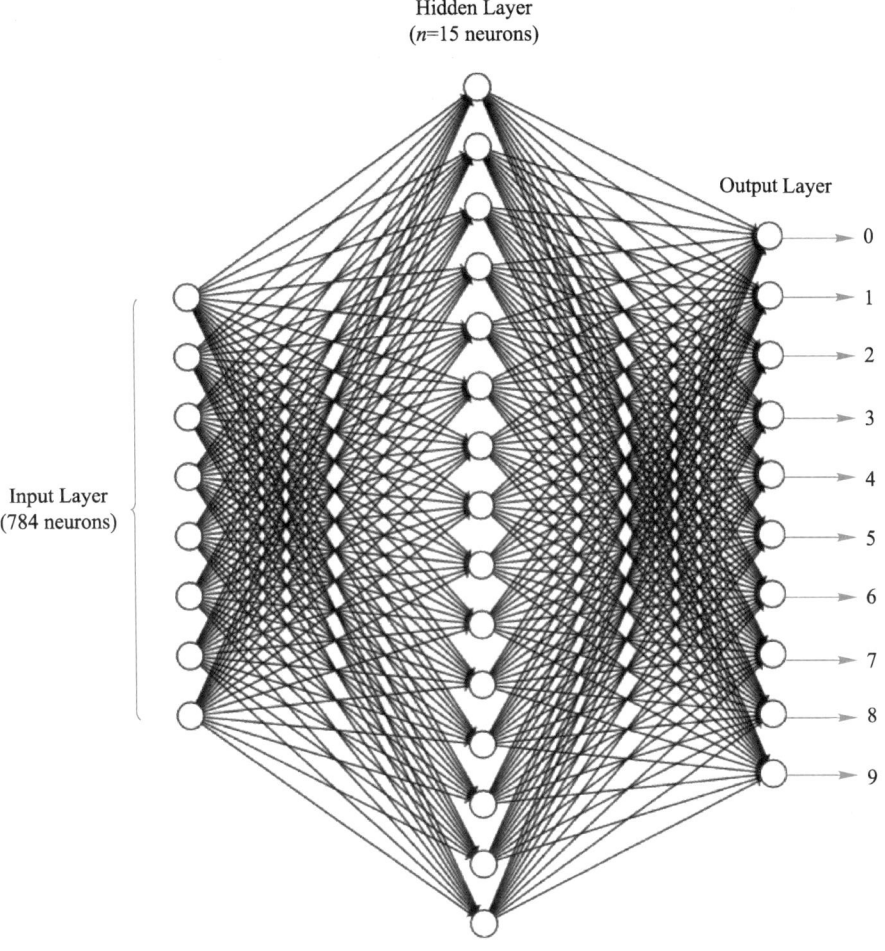

图 5-22　MNIST 数据集在全连接网络中的参数连接

图 5-23　人和马的风景照

地减少了需要学习的自由变量的个数，它利用重复单元对特征进行识别，而不考虑它在可视域中的位置，使得我们能更有效地进行特征抽取。

本页彩图

局部感知结构的构思理念来源于动物视觉的皮层结构，指的是动物视觉的神经元在感知外界物体的过程中起作用的只有一部分神经元。在计算机视觉中，图像中的某一块区域中，像素之间的相关性与像素之间的距离同样相关，距离较近的像素间相关性强，距离较远的像素间则相关性就比较弱。由此可见，局部相关性理论也适用于计算机视觉的图像处理领域。

在一幅图像中，想要提取局部数据的特征，最直接的办法就是让这些局部的数据和一个对应大小的权重矩阵做内积运算，这个权重矩阵称为卷积核（Kernels）。通过移动滤波器（Filter）来提取局部数据特征的过程，称为神经网络的卷积过程。这种提取网络特征的模型被称为卷积神经网络模型。

5.4.2 卷积神经网络的基本结构

卷积神经网络（Convolutional Neural Networks，CNNs）与普通神经网络非常相似，它们都由具有可学习的权重和偏置常量的神经元组成。每个神经元都接收一些输入，并进行点积计算，输出是每个分类的分数。不同点在于，卷积神经网络默认输入的是图像，可以把特定的性质编码入网络结构，使前馈函数更加有效率，并减少了大量参数。

一个典型的卷积神经网络通常由若干个卷积层（Convolutional Layer）、激活层（Activation Layer）、池化层（Pooling Layer）及全连接层（Fully Connected Layer）组成。

(1) 卷积层

卷积层是卷积神经网络的核心所在。在卷积层，通过实现"局部连接"和"参数共享"等系列的设计理念，可达到两个重要的目的：对高维输入数据实施降维处理和实现自动提取原始数据的核心特征。

卷积神经网络中每层卷积层由若干卷积单元组成，每个卷积单元的参数都是通过反向传播算法优化得到的。卷积运算的目的是提取输入的不同特征，第一层卷积层可能只能提取一些低级的特征，如边缘、线条和角等层级，更多层的网络能从低级特征中迭代提取更复杂的特征。

(2) 激活层

激活层的作用是将前一层的线性输出，通过非线性激活函数处理，从而可模拟任意函数，进而增强网络的表征能力。前面介绍过，在深度学习领域，ReLU是目前使用较多的激活函数，原因是它收敛更快，且不会产生梯度消失问题。

(3) 池化层

通常在卷积层之后会得到维度很大的特征，在池化层中将特征切成几个区域，取其最大值或平均值，得到新的、维度较小的特征。简单来说，利用局部相关性，"采样"在较少数据规模的同时保留了有用信息。巧妙的采样还具备局部线性转换不变性，从而增强卷积神经网络的泛化处理能力。

(4) 全连接层

全连接层把所有局部特征结合变成全局特征，用来计算最后每一类的得分。这个网络层相当于传统的多层感知机（MLP）。通常来说，"卷积—激活—池化"是一个基本的处理栈，通过多个前栈处理之后，待处理的数据特性已有了显著变化：一方面，输入数据的维度已下降到可用"全连接"网络来处理了；另一方面，此时全连接层的输入数据经过反复提纯。因此，最后输出的结果可控性好。

5.4.3 卷积层

卷积层是卷积神经网络的核心所在，它对输入数据进行卷积操作，输出运算之后的特征图。

1. 卷积

在图像处理时，给定输入图像，输入图像中一个小区域中像素加权平均后成为输出图像中的每个对应像素，其中权值由一个函数定义，这个函数称为卷积核。

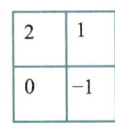

微课 5-4
卷积层

下面用一个例子来做说明。假设有一个原图为 3×3 的二维矩阵，卷积核为 2×2 的二维矩阵，如图 5-24 所示。

对于图 5-24 中的原图像和卷积核，通过每次移动一个步长，将两个矩阵上的对应区域做内积运算，得到一个新的矩阵。图 5-25 详细展示了一个完整的卷积运算过程。

图 5-24 原图像和卷积核

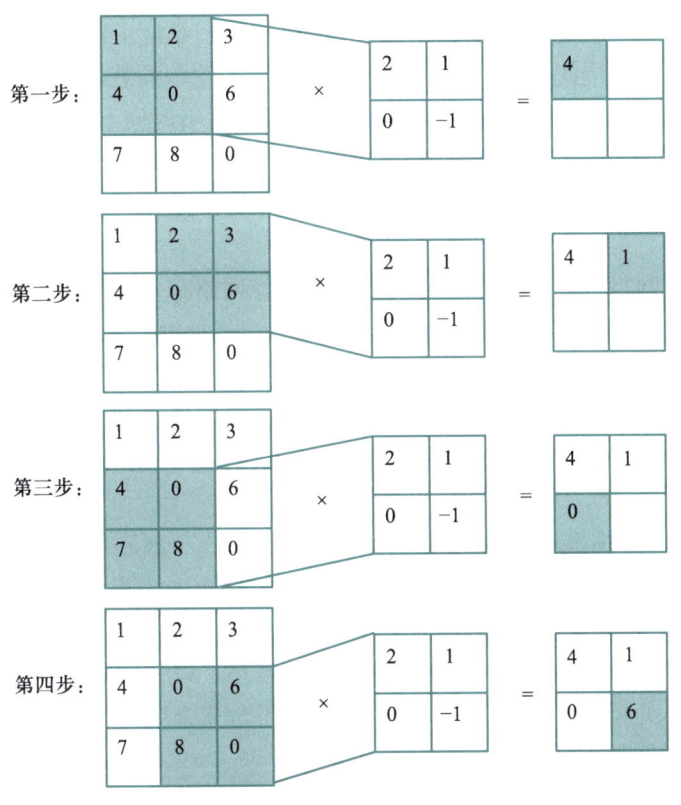

图 5-25 卷积运算过程

第 1 步：卷积核移动至原图像的左上角灰色区域，两者区域内位置相同的元素进行乘积并求和，得到新的图像点，值为 4。

第 2 步：卷积核移动至原图像的右上角灰色区域，两者区域内位置相同的元素进行乘积并求和，得到新的图像点，值为 1。

第 3 步：卷积核移动至原图像的左下角灰色区域，两者区域内位置相同的元素进行乘积并求和，得到新的图像点，值为 0。

第 4 步：卷积核移动至原图像的右下角灰色区域，两者区域内位置相同的元素进行乘积并求和，得到新的图像点，值为 6。

此时，卷积核已经遍历完原图像的所有位置，并得到了一个卷积之后的新图像，这个新图像是一个 2×2 的二维矩阵，如图 5-26 所示。

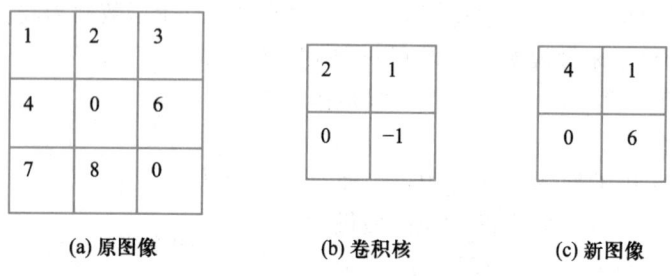

图 5-26　卷积运算的结果

卷积核的形状一般是二维的，指的是卷积核在各个维度上的数据卷积，而各个维度上的卷积核其实是同时卷积的，这样各个维度上的卷积核就形成了一个滤波器，所以说滤波器是三维的。但是在深度学习中，二者的叫法有时候不是很明显。

卷积核的大小定义了卷积操作的感受野（Receptive Field）。在二维卷积中，通常设置为 3，即卷积核大小为 3×3。

2. 感受野

在卷积神经网络中，感受野的定义是卷积神经网络每一层输出的特征图（Feature Map）上的像素点在原始图像上映射的区域大小。通俗地说，感受野就是输入图像对这一层输出的神经元的影响有多大。

感受野用来表示网络内部的不同神经元对原图像的感受范围的大小，或者说卷积神经网络中每一层输出的特征图上的像素点在原始图像上映射的区域大小。

3. 步长

步长定义了卷积核遍历图像时的步幅大小。卷积核（滤波器）每次移动的像素单位就称为步长，其默认值为 1。图 5-23 中就是通过每次 1 个步长进行移动。设步幅大小为 S，当 S 为 1 时，滤波器每次移动一个像素的位置；当 S 为 2 时，每次移动滤波器会跳过 2 个像素。S 越大，卷积得到的特征图就越小。以一维数据为例，当卷积核为 [1,0,-1]，输入矩阵为 [0,1,2,-1,1,-3,0] 时，图 5-27 显示了步幅分别为 1 和 2 时卷积层的神经元分布情况。

4. 填充

卷积运算后，输出图片尺寸缩小，越是边缘的像素点，对于输出的影响越小，因为卷积运算在移动到边缘时就结束了。中间的像素点有可能会参与多次计算，但是边缘像素点可能只参与一次，所以结果可能会丢失边缘信息。

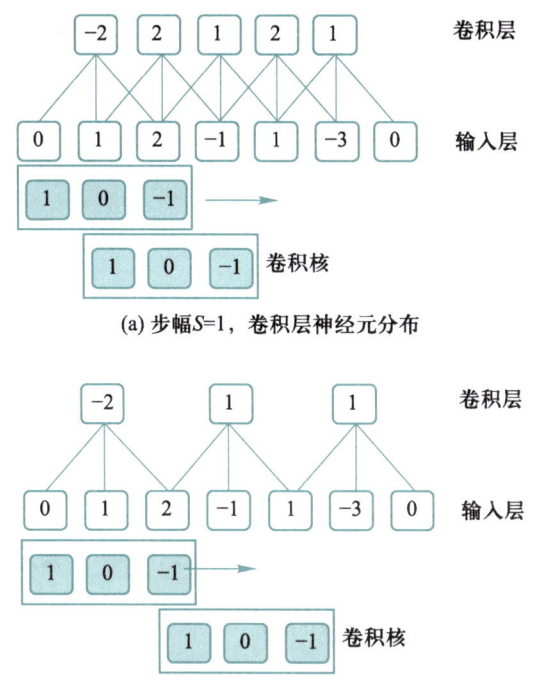

(a) 步幅$S=1$，卷积层神经元分布

(b) 步幅$S=2$，卷积层神经元分布

图 5-27 当步幅为 1 和 2 时，输入层和卷积层的神经元空间分布

这个结果是不能接受的，有时甚至还希望输入和输出的大小应该保持一致。为解决这个问题，引入了填充（Padding）的概念。在进行卷积操作前，对原矩阵进行边界填充，或者说是扩充图片，在图片外围补充一些像素点，把这些像素点初始化为 0，如图 5-28 所示。

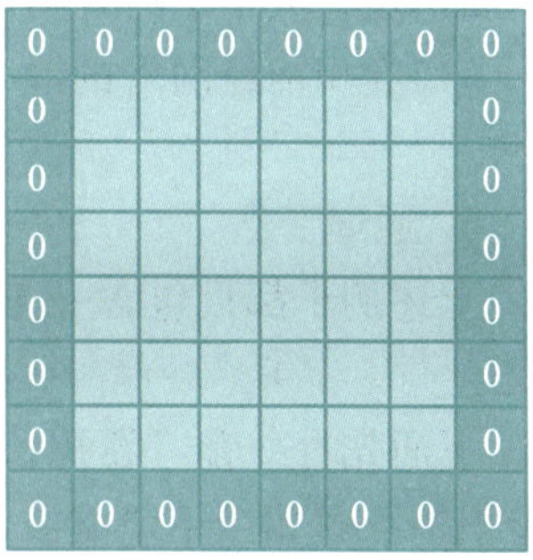

经过填充之后，原始图片尺寸变为$(n+2p)\times(n+2p)$，卷积核尺寸为$f\times f$，则卷积后的图片尺寸为$(n+2p-f+1)\times(n+2p-f+1)$。若要保证卷积前后图片尺寸不变（步长为 1），则 p 应满足

图 5-28 图像的填充操作

$$p=\frac{f-1}{2}$$

下面举例说明这个概念。假设步幅 S 的大小为 2，为了简单起见，假设输入数据为一维矩阵[0,1,2,-1,1,-3]，卷积核为[1,0,-1]，在卷积核滑动两次之后，此时输入矩阵边界多余一个"-3"，不够滑动第 3 次，如图 5-29（a）所示。此时，便可以在输入矩阵填入额外的 0 元素，使得输入矩阵变成[0,1,2,-1,1,-3,0]，这样一来，所有数据都能得到处理，如图 5-29（b）所示。

归纳而言，填充的优势如下：

1）保持边界信息。如果没有加填充，输入图片最边缘的像素点信息只会被卷积核操作一次，但是图像中间的像素点会被扫描到很多遍，那么就会在一定程度上降低边

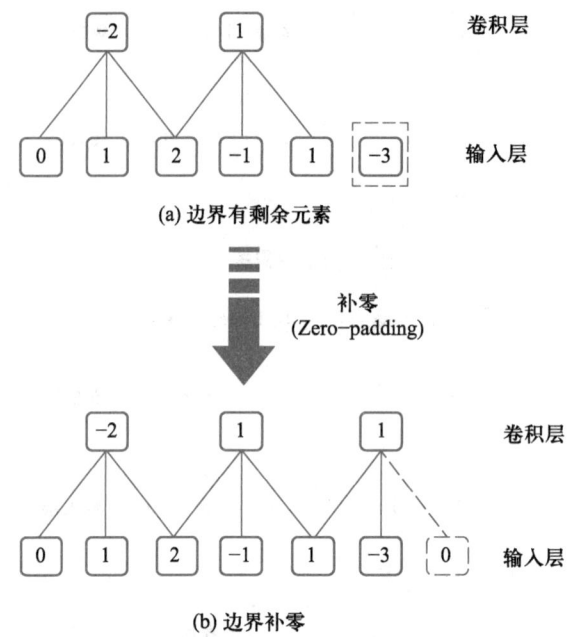

(a) 边界有剩余元素

补零
(Zero-padding)

(b) 边界补零

图 5-29 在输入矩阵边界处补零

界信息的参考程度。但是在加填充之后,在实际处理过程中就会从新的边界进行操作,在一定程度上解决了这个问题。

2) 步长大于 1 的时候,卷积不会丢失信息。

3) 卷积神经网络的卷积层加入填充,可以使得卷积层的输入大小和输出大小一致。

5. 通道变化

上述例子都只包含一个输入通道。实际上,大多数输入图像都有 R、G、B 3 个通道。

下面先看一看"卷积核"和"滤波器"的具体区别。在只有一个通道的情况下,"卷积核"就相当于"滤波器",这两个概念是可以互换的。但在一般情况下,它们是两个完全不同的概念。每个"滤波器"实际上恰好是"卷积核"的一个集合,在当前层,每个通道都对应一个卷积核,且这个卷积核是独一无二的。

多通道卷积的计算过程:将矩阵与滤波器对应的每一个通道进行卷积运算,最后相加,形成一个单通道输出,加上偏置项后,得到了一个最终的单通道输出。如果存在多个滤波器,这时可以把这些最终的单通道输出组合成一个总输出。

这里还需要注意一些问题,即滤波器的通道数和输出特征图的通道数。

某一层滤波器的通道数=上一层特征图的通道数。如图 5-30 所示,输入一张 6×6×3 的 RGB 图片,那么滤波器(3×3×3)也要有 3 个通道。

某一层输出特征图的通道数=当前层滤波器的个数。如图 5-30 所示,当只有一个滤波器时,输出特征图(4×4×1)的通道数为 1;当有 3 个滤波器时,输出特征图(4×4×3)的通道数为 3。

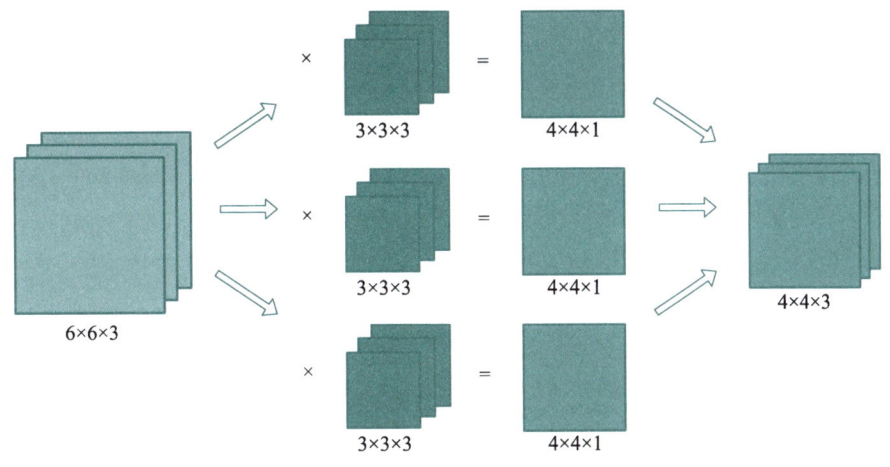

图 5-30　一张 RGB 图像的卷积操作

5.4.4　卷积神经网络的运行过程

1. 卷积的变化过程

下面来看一下卷积核在通道上是如何进行相加的。图 5-31 所示的输入层是一个 5×5×3 矩阵，有 3 个通道，卷积核的大小为 3×3，滤波器是一个 3×3×3 矩阵。

多通道二维卷积的第 1 步：滤波器中的每个核分别与输入层中的三个通道进行卷积，产生 3 个尺寸为 3×3 的通道，并得到每个通道上的特征图，如图 5-31（a）所示。

多通道二维卷积的第 2 步：将这三个通道相加（元素相加），形成一个单通道(3×3×1)。该通道是使用滤波器(3×3×3)对输入层(5×5×3)进行卷积的结果，如图 5-31（b）所示。

多通道二维卷积的第 3 步：将这个图像与一个偏置项（Bias）相加后就会得到一个最终的结果，偏置项不影响结果矩阵的形状只影响矩阵的值，如图 5-31（c）所示。

2. 卷积的计算

关于卷积后图像尺寸，可以利用公式计算：假设原始图像为 $M×M$，卷积核大小为 $N×N$，边缘填充像素个数为 pad，步长为 stride，则卷积后图像的尺寸变为 $m=(M-N+2×pad)/sride+1$，浮点数结果向下取整。

根据对卷积的结构分析，可以确定卷积过程中的权重参数是和卷积核的大小、输入通道数、输出通道数相关的，而和输入大小、输出大小无关。卷积层的参数数量就是卷积核的形状乘以输入通道数，再乘以输出通道数，再加偏置，即 kernel W×kernel H×in channels×out channels+out channels。

例如，图像输入大小是 6×6×3，卷积核大小是 3×3，通道变化是从 3 变到 2，也就是说卷积核从 3 个通道的输入变成了 2 个通道的输出，当然对应的特征图也成了 2 个，那么卷积层的参数数量就是 3×3×3×2+2，后面加的 2 是输出通道上的偏置，如图 5-32 所示。

再比如，某一层卷积神经网络的卷积核是 3×3，输入通道为 1，输出通道为 16，那么这一层网络的参数数量就是 3×3×1×16+16=160，后面加的 16 是输出通道上的偏置。

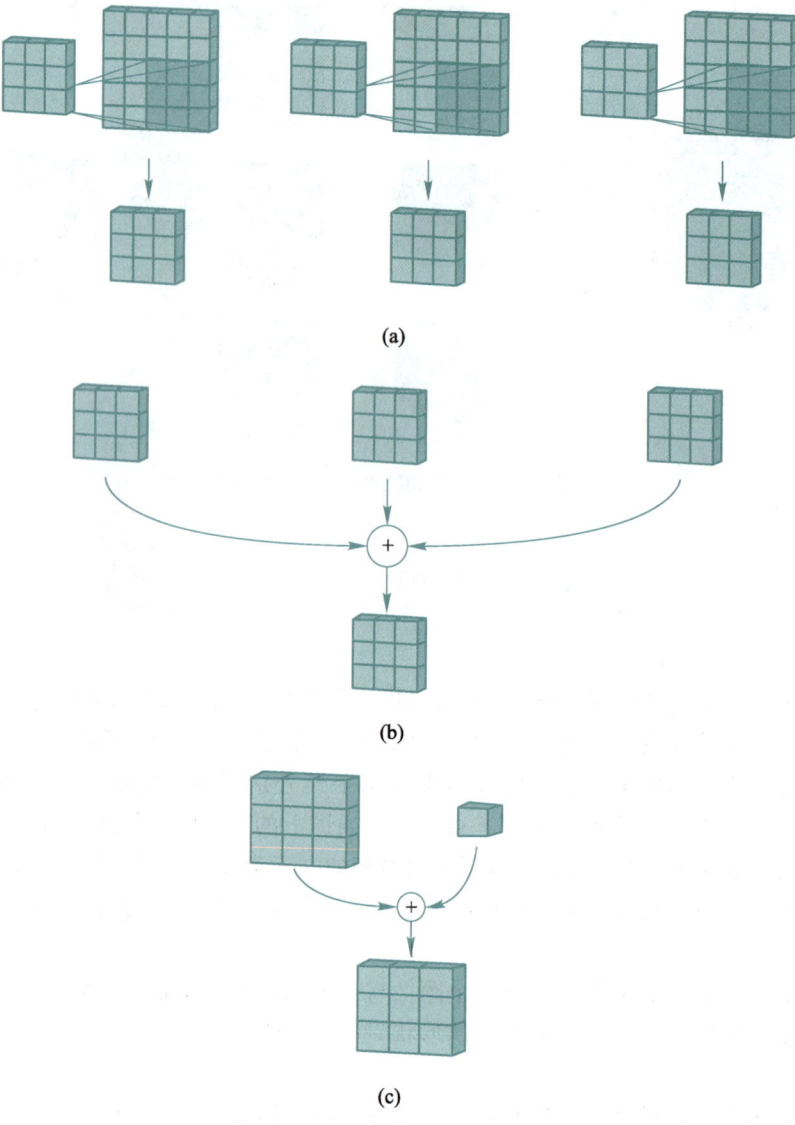

图 5-31 卷积的步骤拆解

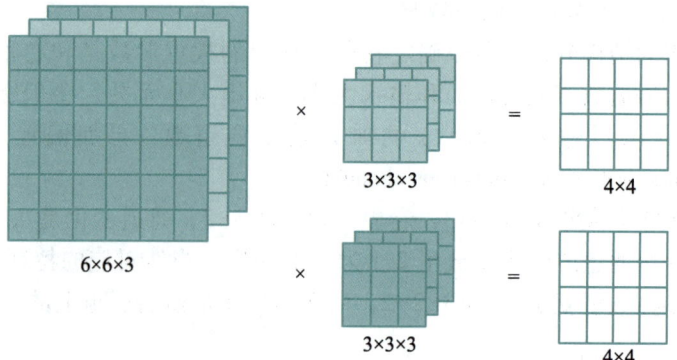

图 5-32 输入通道为 3、输出通道为 2 的卷积操作

所以，在卷积的某一层中的运算量到底是多少，这个结果的影响就不仅仅是通道和卷积核的因素了，还和输出特征图的大小以及批次有关系。例如，某一层卷积神经网络的卷积核是 3×3，输入通道为 1，输出通道为 16，输出的特征图大小是 14×14，如果输入数据的批次是 100，那么还要乘以这个批次，所以这一层网络的运算量就是

$$(3×3×1×16+16)×14×14×100 = 2822400+313600 = 3136000$$

卷积核在图上每滑动一次，相当于就做了一次运算结果的变化，所以最后的特征图大小正是卷积核在图上的横向和竖向的滑动总次数。另外，还有批次的影响，如果批次是一次输入 2 张图像，那么计算上还要乘以 2 才可以。

5.4.5 常见的卷积类型

1. 一维卷积

一维卷积比较简单，只在一个维度上进行卷积操作，其输入数据和卷积核都是一个行向量，如图 5-33 所示。

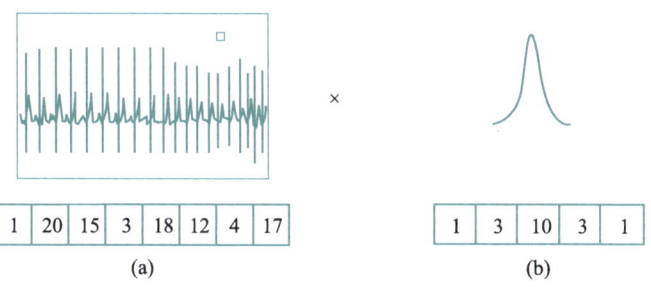

图 5-33 一维卷积

其中，图 5-33（a）中的横轴表示次数，纵轴表示频率（统计量）；图 5-33（b）表示卷积核。

一维卷积常用于序列模型、信号处理、自然语言处理领域。

2. 二维卷积

上文所用到的例子中，大部分都是二维卷积（见图 5-34），常用于计算机视觉、图像处理领域。

3. 三维卷积

三维卷积（见图 5-35）在二维卷积的基础上，增加了一个维度，常用于医学领域（CT 影像）、视频处理领域（检测动作及人物行为）。

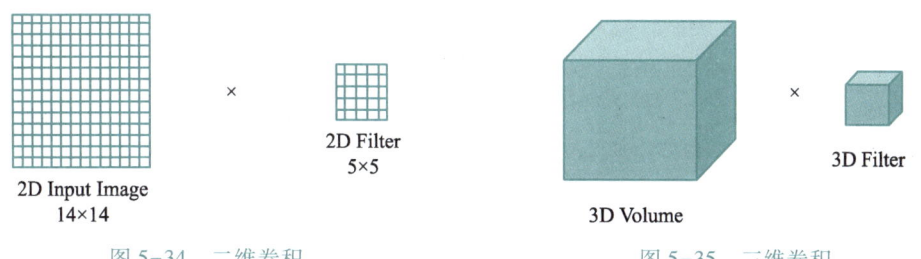

图 5-34 二维卷积　　　　　　图 5-35 三维卷积

4. 扩张（空洞）卷积

扩张卷积（Dilated Convolutions）又称为空洞卷积（Atrous Convolutions），即向卷积层引入了一个称为"扩张率"（Dilation Rate）的新参数，该参数定义了卷积核处理数据时各值的间距。换句话说，相比原来的标准卷积，扩张卷积多了一个超参数"扩张率"，即卷积核各点之间的间隔数量，通常为1。扩张卷积在保持参数个数不变的情况下增大了卷积核的感受野，同时它可以保证输出的特征映射的大小保持不变，如图5-36所示。一个扩张率为2的3×3卷积核，感受野与5×5的卷积核相同，但参数数量仅为9个，是5×5卷积参数数量的36%。扩张卷积经常用在实时图像分割中。当网络层需要较大的感受野，但计算资源有限而无法提高卷积核数量或大小时，可以考虑扩张卷积。

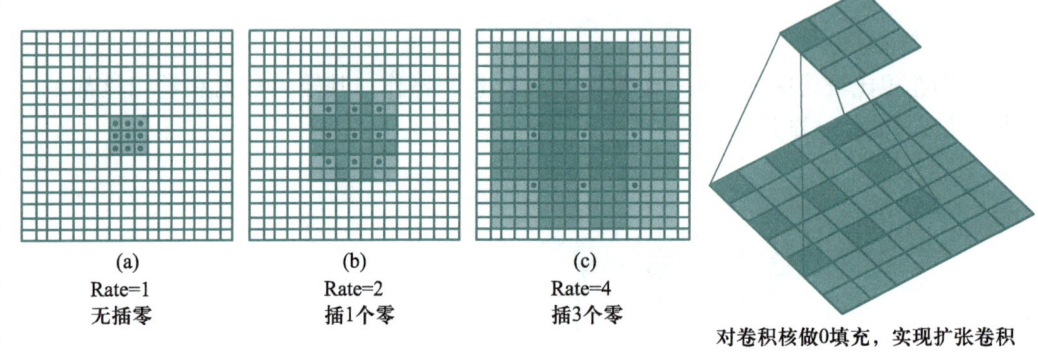

图 5-36 扩张卷积进行插零操作

5.4.6 池化层

池化（Pool）也称为下采样（Downsamples），其目的是使得数据特征及参数减少，加快计算速度，但池化的目的并不仅在于此。池化目的是保持某种不变性（如旋转、平移、伸缩等）。最常见的池化层规模为2×2，步幅为2，对输入的每个深度切片进行下采样。

池化层常用的运算如下：

1) 最大池化（Max Pooling），如图5-37所示。取4个点的最大值，它能更多地保留图像的纹理信息，更加关注前景，一般使用在网络层中。

2) 均值池化（Mean Pooling），如图5-38所示。取4个点的均值，它能更多地保留图像的背景信息，更加关注背景，一般使用在网络结尾。

本页彩图

图 5-37 最大池化计算过程　　　　　　图 5-38 均值池化计算过程

注意：池化操作将保持深度大小不变。

如果池化层的输入单元大小不是2的整数倍，一般采取边缘补零（Zero-padding）

的方式补成 2 的倍数，然后再池化。

池化的主要意义如下：

1）池化就是把某一区域当作一个水池，然后挑出这个水池中的代表性特征，平均值或者是最大值，即 Mean Pooling 和 Max Pooling。

2）一方面对输入的特征图进行压缩，使特征图变小，简化网络计算复杂度；另一方面进行特征压缩，提取主要特征。

3）图像具有一种"静态性"的属性，这也就意味着在一个图像区域有用的特征极有可能在另一个区域同样适用。因此，为了描述大的图像，对不同位置的特征进行聚合统计。例如，人们可以计算图像一个区域上的某个特定特征的平均值（或最大值）来代表这个区域的特征。

5.4.7 全连接层

经过多轮卷积层和池化层的处理后，在卷积神经网络的最后一般由 1~2 个全连接层给出最后的分类结果。经过几轮卷积和池化操作，可以认为图像中的信息已经被抽象成了信息含量更高的特征。可以将卷积和池化看成自动图像提取的过程，在特征提取完成后，仍然需要使用全连接层来完成分类任务。

对于多分类问题，最后一层激活函数可以选择 Softmax，这样可以得到样本属于各个类别的概率分布情况。

5.5 循环神经网络

5.5.1 循环神经网络概述

回想一下卷积神经网络，它的输出都是只考虑前一个输入的影响，而不考虑其他时刻输入的影响，例如简单的猫、狗、手写数字等单个物体的识别具有较好的效果。但是，对于一些与时间先后有关的，例如视频的下一时刻的预测、文档前后文内容的预测等，这些算法的表现就不尽如人意了。因此，循环神经网络就应运而生了。

1. 循环神经网络的定义

循环神经网络（Recurrent Neural Network，RNN）是一种特殊的神经网络结构，它是根据"人的认知是基于过往的经验和记忆"这一观点提出的。与 DNN 和 CNN 不同的是，RNN 不仅考虑前一时刻的输入，而且赋予了网络对前面的内容的一种"记忆"功能。

之所以称其为循环神经网路，即一个序列当前的输出与前面的输出也有关。具体的表现形式为网络会对前面的信息进行记忆并应用于当前输出的计算中，即隐藏层之间的节点不再无连接而是有连接的，并且隐藏层的输入不仅包括输入层的输出还包括上一时刻隐藏层的输出。

2. 循环神经网络的应用领域

循环神经网络的应用领域有很多，可以说只要考虑时间先后顺序的问题都可以使用其来解决。这里主要说一下几个常见的应用领域。

1）自然语言处理（NLP）：主要有视频处理、文本生成、语言模型、图像处理等。
2）机器翻译、机器写小说。
3）语音识别。
4）图像描述生成。
5）文本相似度计算。
6）音乐推荐、网易考拉商品推荐、视频推荐等新的应用领域。

RNN 之所以能够有效的处理序列数据，主要是基于它的比较特殊的运行原理。下面介绍一下 RNN 的基本运行原理。

5.5.2 循环神经网络的原理及运行过程

在传统的神经网络中，假设所有的输入（包括输出）之间是相互独立的。对于很多任务来说，这样做的结果并不好。例如，想预测一个序列中的下一个词，最好能知道哪些词在它前面。RNN 之所以是循环的，是因为它针对系列中的每一个元素，都执行相同的操作，每一个操作都依赖于之前的计算结果。

换一种方式思考，可以认为 RNN 记忆了到当前为止已经计算过的信息。理论上 RNN 可以利用任意长的序列信息，但实际中只能回顾之前的几步。图 5-39 是 RNN 的基本运行原理。

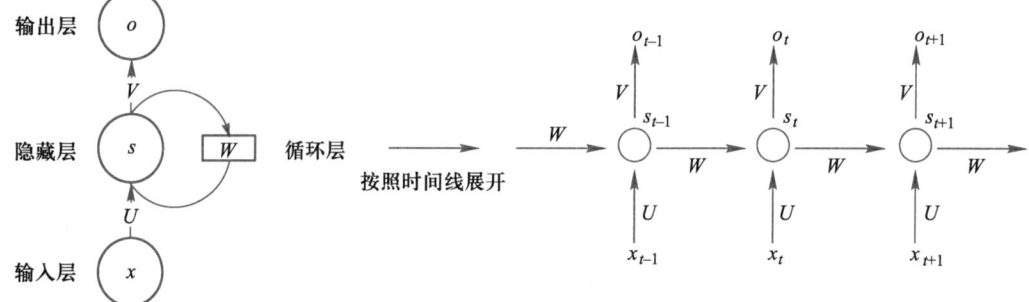

图 5-39 RNN 的运行原理

1）U 是输入层到隐藏层的权重矩阵；V 是隐藏层到输出层权重矩阵；W 是权重矩阵，也就是隐藏层上一次的值作为这一次的输入的权重。RNN 在所有时刻中共享相同的参数 U、V 和 W。这反映了在每一步中都在执行相同的任务，只是用了不同的输入，这极大地减少了需要学习到参数的个数。

2）x_t 是 t 时刻的输入。一个箭头表示对该向量做一次变换。

3）s_t 是对应 t 时刻隐藏状态，是网络的记忆单元。s_t 通过前一步的隐藏状态和当前状态的输入得到 $s_t=f(U \times x_t + W \times s_{t-1})$。$s_{t-1}$ 通常用来计算第一个隐藏状态，会被 0 全部初始化。

4）o_t 是 t 时刻的输出。例如，如果想要预测句子中的下一个词，那么它就是会包含词表中所有词的一个概率向量。

5）RNN 可以看作是同一神经网络的多次赋值，每个神经网络模块会把消息传递给下一个。上一次提取的输出特征和当前层的输入一起输入当前网络,从而影响当前层的输出结果。

在 $t=1$ 时刻,一般初始化输入 $s_0=0$,随机初始化 W、U 和 V,进行下面的公式计算:

$$h_1 = Ux_1 + Ws_0$$
$$s_1 = f(h_1)$$
$$o_1 = g(Vs_1)$$
(5.28)

其中,f 和 g 均为激活函数,f 可以是 Tanh、Relu、Sigmoid 等激活函数,g 通常是 Softmax 函数,也可以是其他函数。

时间向前推进,此时的状态 S_1 作为时刻 1 的记忆状态将参与下一个时刻的预测活动,也就是

$$h_2 = Ux_2 + Ws_1$$
$$s_2 = f(h_2)$$
$$o_2 = g(Vs_2)$$
(5.29)

以此类推,可以得到最终的输出值为

$$h_t = Ux_t + Ws_{t-1}$$
$$s_t = f(h_t)$$
$$o_t = g(Vs_t)$$
(5.30)

5.5.3 循环神经网络的多种结构

1. N-to-N

假设输入为 $X=(x_1, x_2, x_3, x_4)$,每个 x 是一个单词的词向量。

为了建模序列问题,RNN 引入了隐状态 h(Hidden State)的概念,h 可以对序列形状的数据提取特征,接着再转换为输出。先从 h_1 的计算开始,如图 5-40 所示。

h_2 的计算和 h_1 类似,如图 5-41 所示。需要注意的是,在计算时,每一步使用的参数 U、W 和 b 都是一样的,也就是说每个步骤的参数都是共享的,这是 RNN 的重要特点。

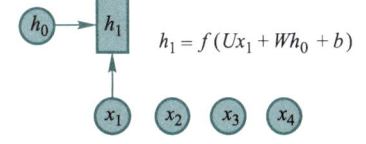

图 5-40　N-to-N 结构的计算流程(1)

依次进行剩下来的计算(使用相同的参数 U、W 和 b),如图 5-42 所示。

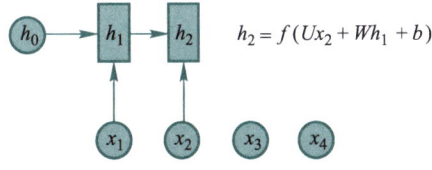

图 5-41　N-to-N 结构的计算流程(2)

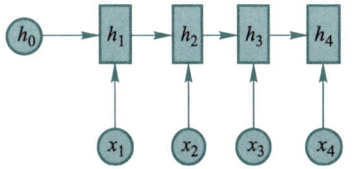

图 5-42　N-to-N 结构的计算流程(3)

这里为了方便起见,只画出序列长度为 4 的情况。实际上,这个计算过程可以无限持续下去。得到输出值的方法就是直接通过 h 进行计算,如图 5-43 所示。

正如之前所说，一个箭头就表示对对应的向量做一次类似于 $f(Wx+b)$ 的变换，这里的这个箭头就表示对 h_1 进行一次变换，得到输出 y_1。剩下的输出类似进行（使用和 y_1 同样的参数 V 和 c），如图 5-44 所示。

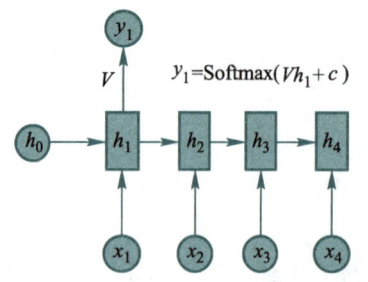

图 5-43　N-to-N 结构的计算流程（4）

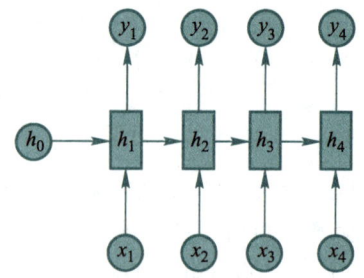

图 5-44　N-to-N 结构的计算流程（5）

这就是最经典的 RNN 结构，它的输入是 $x_1, x_2, \cdots, x_n$，输出为 $y_1, y_2, \cdots, y_n$，也就是说，输入和输出序列必须是等长的。由于这个限制的存在，经典 RNN 的适用范围比较小，但也有一些问题适合用经典的 RNN 结构建模，如计算视频中每一帧的分类标签。因为要对每一帧进行计算，因此输入和输出序列等长。

2. N-to-One

处理的问题输入是一个序列，输出是一个单独的值而不是序列，应该怎样建模呢？实际上，只在最后一个 h 上进行输出变换就可以了，如图 5-45 所示。

这种结构通常用来处理序列分类问题。例如，输入一段文字判别它所属的类别，输入一个句子判断其情感倾向，输入一段视频并判断它的类别等。

3. One-to-N

与 N-to-One 相反，输入是单独的一个值 X，输出则是一个序列，建模如图 5-46 所示。

还有一种结构是把输入信息 X 作为每个阶段的输入，如图 5-47 所示。

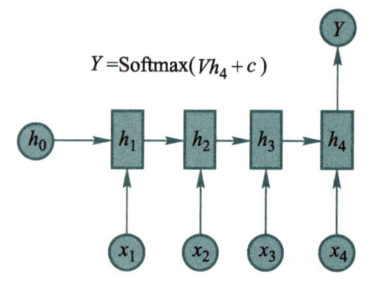

图 5-45　N-to-One 结构的计算流程

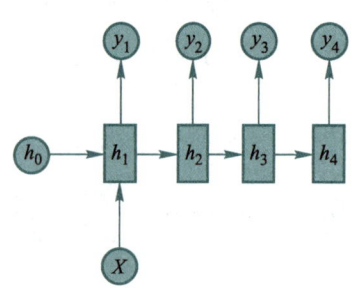

图 5-46　One-to-N 结构的计算流程（1）

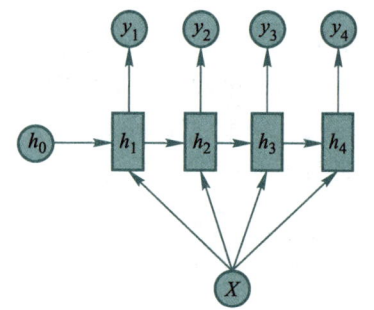

图 5-47　One-to-N 结构的计算流程（2）

从图像生成文字（Image Caption），此时输入的 X 就是图像的特征，而输出的 y 序列就是一段句子，就像看图说话等从类别生成语音或音乐等。

5.5.4 LSTM

在深度学习领域（尤其是 RNN）中，"长期依赖"（Long Term Dependencies）问题是普遍存在的。长期依赖产生的原因是当神经网络的节点经过许多阶段的计算后，之前比较长的时间片的特征已经被覆盖。例如，试着去预测"我出生在中国……我说中文"最后的词。当前的信息建议下一个词可能是一种语言的名称，但是如果需要弄清楚是什么语言，则需要首先从前面获取中国的背景。这说明相关信息和当前预测位置之间的间隔就肯定变得相当大。然而，在这个间隔不断增大时，RNN 会丧失学习到连接如此远的信息的能力。

LSTM（Long Short Term Memory）是具有记忆长短期信息的能力的神经网络，其提出的动机是为了解决上面提到的长期依赖问题。之所以能够解决 RNN 的长期依赖问题，是因为 LSTM 引入了门（Gate）机制，用于控制特征的流通和损失。

LSTM 由一系列 LSTM 单元（LSTM Unit）组成，其链式结构如图 5-48 所示。

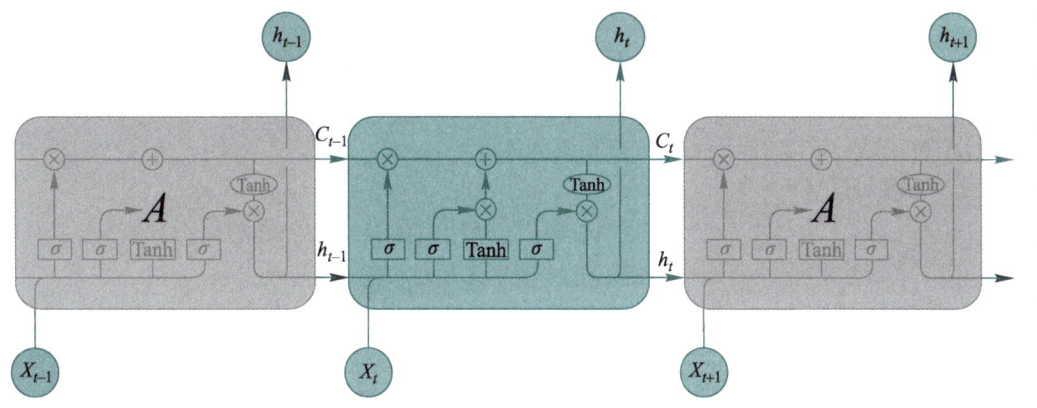

图 5-48 LSTM 单元

首先弄明白 LSTM 单元中的每个符号的含义。每个黄色方框表示一个神经网络层，由权值、偏置以及激活函数组成；每个粉色圆圈表示元素级别操作；每一条箭头表示向量流向，用来传输整个向量，从一个节点的输出到其他节点的输入；相交的箭头表示向量的拼接；分叉的箭头表示向量的复制。LSTM 的符号含义如图 5-49 所示。

图 5-49 LSTM 的符号含义

1. LSTM 的核心思想

LSTM 的关键是细胞状态，表示细胞状态的这条线水平地穿过图的顶部，如图 5-50 所示。

细胞的状态类似于输送带，其在整个链上运行，只有一些小的线性操作作用其上，信息很容易保持不变地流过整个链。

LSTM 确实具有删除或添加信息到细胞状态的能力，这个能力就是由被称为门（Gate）的结构所赋予的。

门是一种可选地让信息通过的方式，它由一个 Sigmoid 神经网络层和一个点乘法运算组成，如图 5-51 所示。

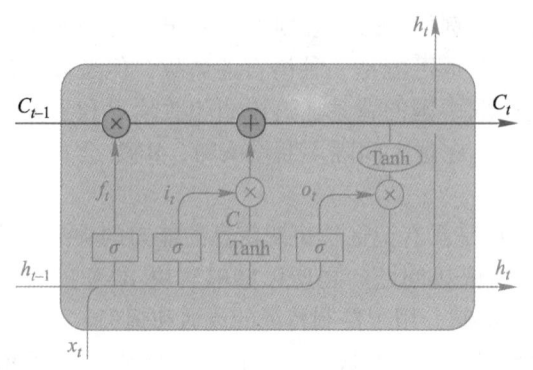

图 5-50　LSTM 的单元状态

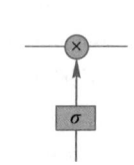

图 5-51　LSTM 的门结构

Sigmoid 神经网络层输出 0~1 的数字，这个数字描述每个组件有多少信息可以通过，0 表示不通过任何信息，1 表示全部通过。

LSTM 有 3 个门，用于保护和控制细胞的状态。

2. 拆解 LSTM

LSTM 的第 1 步是决定要从细胞状态中丢弃什么信息，这个决定称为"忘记门（又称遗忘门）"，然后通过 Sigmoid 层实现。它查看 h_{t-1}（前一个输出）和 x_t（当前输入），并为单元格状态 C_{t-1}（上一个状态）中的每个数字输出 0~1 的数字（1 代表完全保留，而 0 代表彻底删除），如图 5-52 所示。

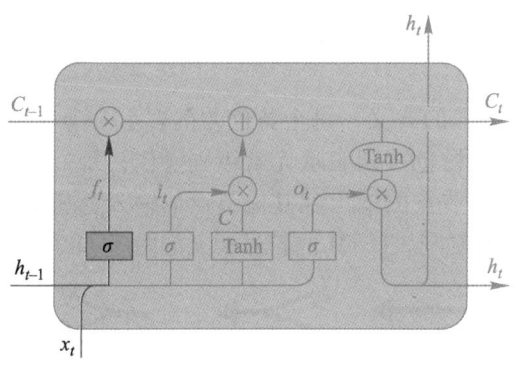

$$f_t = \sigma(W_f\,[h_{t-1},\,x_t] + b_f)$$

图 5-52　LSTM 的忘记门

下一步是决定在细胞状态中存储什么信息，又包含两小步。第 1 步，称为"输入门"的 Sigmoid 层决定将更新哪些值，然后由一个 Tanh 层创建候选向量 C_t，该向量将会被加到细胞的状态中；第 2 步，结合这两个向量来创建更新值，如图 5-53 所示。

下面需要将上一个状态值 C_{t-1} 更新为 C_t，把上一个状态值乘以 f_t，表示需要忘记的部分，之后将得到的值加上 $i_t \widetilde{C}_t$。得到新的候选值，它会根据更新每个状态值的多少来衡量，如图 5-54 所示。

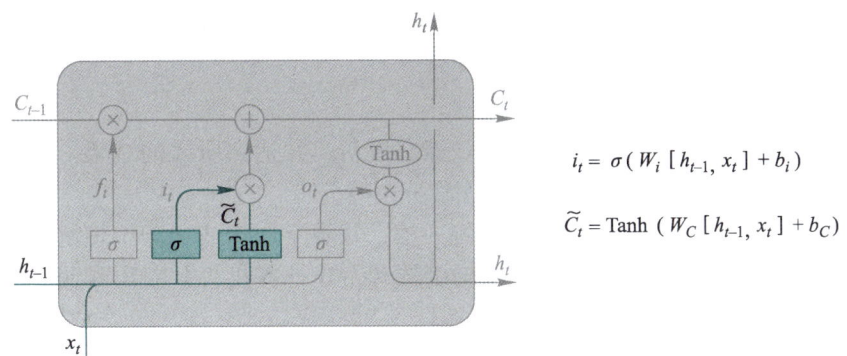

图 5-53　LSTM 的输入门和单元状态更新值的计算方式

$i_t = \sigma(W_i[h_{t-1}, x_t] + b_i)$

$\widetilde{C}_t = \text{Tanh}(W_C[h_{t-1}, x_t] + b_C)$

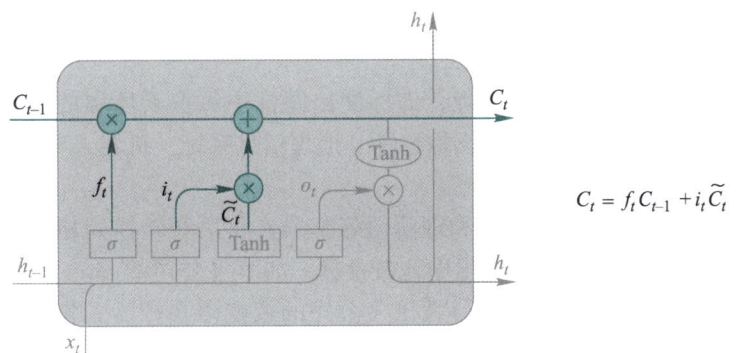

图 5-54　更新细胞状态

$C_t = f_t C_{t-1} + i_t \widetilde{C}_t$

最后,决定需要输出什么。该输出将基于细胞状态,但会进行过滤。首先,由一个 Sigmoid 层决定细胞状态的哪些部分进行输出;然后,将细胞状态通过 Tanh 函数将值归一化到 $-1\sim 1$,再和 Sigmoid 门的输出相乘,最终得到确定输出的部分,如图 5-55 所示。

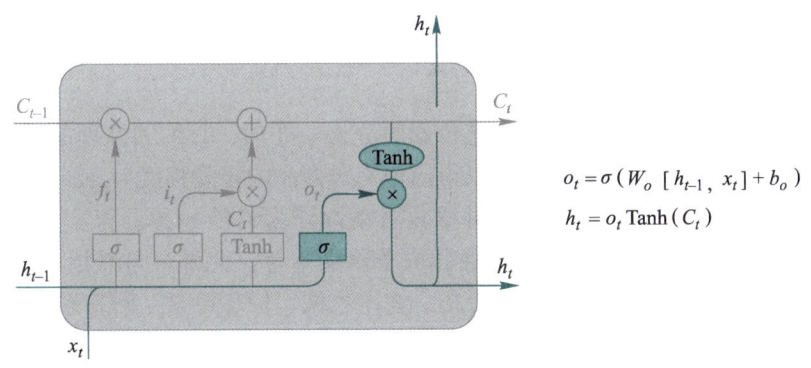

$o_t = \sigma(W_o[h_{t-1}, x_t] + b_o)$

$h_t = o_t \text{Tanh}(C_t)$

图 5-55　LSTM 的输出门

5.6　深度学习应用

深度学习已经在计算机视觉、语音识别、自然语言处理等各个不同的领域,展现出了优异的性能。本节将初步介绍深度学习在这些领域的一些应用，在后续的章节中会对这些应用进行详细介绍。

1. 图像处理

图像处理是指使用计算机对图像进行综合分析，并达到所需的结果。最主要的图像处理技术包括图像分类、目标检测和图像分割等。

图像分类是让计算机像人类视觉系统一样，从数字图像或视频中理解其深层语义的一门技术。例如，给出一张猫和一张狗的图片，让计算机去判断出哪张是猫，哪张是狗。

目标检测是指能够识别出图像的目标并给出其位置。例如，给出一张包含猫和狗的图片，让计算机给出猫和狗的精确位置。因此，目标检测比分类任务更复杂。在无人驾驶中，就是使用目标检测技术快速识别并定位出前面行人或车辆的具体位置，从而做出下一步的决策。

图像分割是指像素级地识别图像，即标注出图像中每像素所属的对象类别。常见的图像分割应用有无人驾驶、医学图像诊断、地理信息系统、机器人等。

2. 语音识别

语音识别就是让机器通过识别和理解语音信号，将语音转换为相应的文本或命令的技术。语音识别在我们的日常生活中比较常见，如苹果公司的 Siri、阿里巴巴公司的天猫精灵、小米公司的小爱同学、科大讯飞公司的智能语音产品、各大汽车公司的智能车载系统等。随着语音识别模型算法能力的不断提高，相信语音识别系统的应用将更加广泛与深入。

3. 自然语言处理

自然语言处理，就是让计算机具备处理、理解和运用人类语言的能力。近年来，深度学习技术的发展让自然语言处理技术取得了广泛的应用，包括文本分类、情感分析和机器翻译等。

文本分类是指对文本按照一定的体系或标准进行自动分类标记，垃圾邮件过滤功能就是它的应用实例之一。

情感分析是指对文本内容进行情感色彩的分析、处理、归纳和推理的过程。例如，对消费者的商品评价进行情感分析，以得出他们对商品的喜爱程度。

机器翻译是指将文本或语音从一种语言自动翻译为另外一种语言。例如，将文本从中文翻译成英语、将意大利语音频翻译成德语文本等。此外，自然语言处理还包括很多有趣的研究与应用方向，如语义分析、文本挖掘、信息检索、问答系统等。

课后习题

1. 设计一个前馈神经网络来解决 XOR 问题，要求该前馈神经网络具有两个隐藏神经元和一个输出神经元，并使用 ReLU 作为激活函数。
2. 举例说明"死亡 ReLU 问题"，并提出解决方法。

3. 说明为什么隐藏层的激活函数不能用线性函数？
4. 说明为什么 BP 反向传播算法中，需要使用随机初始化参数？
5. 说明在图片分类问题中，卷积神经网络相对于全连接神经网络有什么优势？
6. 思考在二维卷积中，使用 1×1 卷积核的作用。
7. 一个由三个卷积层组成的 CNN：kernel = 3×3，stride = 2，padding = SAME。第一个隐藏层输出 100 个特征映射，第二个隐藏层输出 200 个特征映射，第三个隐藏层输出 400 个特征映射。输入 200×300 的 RGB 图片，计算该 CNN 中参数的总数目是多少？
8. 说明 Max Pooling 层的作用。
9. 说明循环神经网络与卷积神经网络的结构区别。
10. 说明 N-to-N RNN 有哪些应用？
11. 说明为什么 RNN 训练时 Loss 波动很大。

第 6 章
知识图谱

🔍 **学习目标**

- 了解知识图谱的基本概念。
- 掌握知识的主要表示方法。
- 熟悉知识图谱的逻辑架构和技术架构。
- 掌握知识图谱系统的构建流程和基本方法。
- 了解知识图谱系统的主要应用领域和案例。
- 掌握使用简单开源工具构建语义网络的方法。
- 了解构建知识图谱系统的常用技术和开源工具。
- 掌握使用开源工具和数据构建简单知识图谱的方法。

当前人工智能技术正处于爆发式发展期，这在很大程度上得益于近年来深度学习的蓬勃发展及其大量的成功应用，然而深度学习缺乏可解释性的特点是目前制约其发展的重要因素。在某些应用场景下，使用一个不可解释的模型是具有很大风险的。可以设想一下，假如某个疾病诊断系统经过一系列的计算后得到了一个诊断结论，但是该系统却无法合理地解释为何得出这样的结论，那么这样的诊断结论是不能被接受的，该系统也不能被放心地使用。可见，一个可解释的人工智能系统才是真正可以被信任的。

知识图谱是人工智能的一个分支，主要以事实性知识为基础进行构建，对可解释人工智能具有重要意义。近几年来，随着知识表示和机器学习等技术的发展，知识图谱相关技术取得了突破性的进展，特别是知识图谱的构建、推理和计算技术以及知识服务技术，都得到了快速发展。这些技术的进步使知识图谱在工业界受到了广泛关注，并取得了显著成果。百度、谷歌、微软等主流互联网公司率先构建了大规模通用知识图谱，在语义搜索、智能决策、智能推荐和智能问答等系统中起到了重要作用。知识图谱不仅有巨大的应用价值，而且具有重要的理论价值。知识图谱使传统知识表示和推理技术有了落脚点，同时也给知识表示和推理带来了新的挑战。

6.1 什么是知识图谱

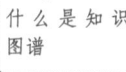

6.1.1 知识图谱概述

知识图谱（Knowledge Graph）在学术上尚没有一个标准的、统一的定义，一般认为知识图谱是知识工程的一个分支，是以知识工程中的语义网络作为理论基础，结合了机器学习、自然语言处理、知识表示和知识推理等相关技术，以结构化的形式来描述客观世界中的各种概念和实体间的关系，使机器在信息表达方面能够更加接近人类的思维方式。类似于人类的大脑，知识图谱的知识库是机器的大脑，在知识库的基础上结合一系列的算法和规则，在一定程度上模拟人类的思维模式，使得知识图谱能够像人类一样运用知识解决实际问题。

知识图谱的概念最早是由谷歌公司于2012年提出，目的在于实现更加智能的搜索引擎，以提高搜索质量、改善用户体验。传统的搜索引擎主要采用基于关键词的搜索技术，首先根据关键词找到对应的网页集合，然后通过某种算法或者根据某种规则对网页集合内的网页进行排序，最后将一个包含关键词的网页列表展示给用户，而用户需要进一步对网页列表进行人工排查和筛选，从网页列表中寻找想要的结果，可见这种网页搜索技术并不能让用户快速准确地获取到信息。随着互联网信息总量的爆炸性增长，这种信息搜索方式已经很难满足人们对信息资源的需求。在这样的背景下，谷歌开始着手增强其搜索引擎技术，从传统的基于关键词的搜索升级到基于语义的搜索。首先从语义层面理解用户的搜索意图，然后在语义知识库中遍历知识，便能够比较精准地找到用户想要的信息，最后将查询到的结果返回给用户，从而大幅提升了搜索质量。

随后，国内的搜索引擎公司如百度、搜狗等也纷纷通过知识图谱技术改进搜索能力，推出了基于知识图谱的商业应用，如百度知心、搜狗知立方等。下面以百度搜索为例，直观体验基于知识图谱的搜索效果。在百度搜索栏中输入"苏轼的父亲"，得到搜索引擎的反馈结果如图 6-1 所示。

图 6-1　知识图谱在搜索中的展现示例

从搜索引擎反馈的结果来看，用户得到的已经不再是一系列只包含关键词的网页列表的堆砌，而是直接获得了精准的答案"苏洵"，并将其相关信息展示出来。当进入详情页之后，不仅展示了人物的详细个人信息，也同时给出了其人物关系图谱，如儿子苏辙和苏轼、女儿苏八娘、父亲苏序等。因此，用户在获得人物信息的同时，也同步得到了该人物的关系信息，如图 6-2 所示。

图 6-2　知识图谱对关系信息的展示

上述高质量的搜索效果应归功于搜索引擎背后的知识图谱。知识图谱本质上是一种叫作语义网络（Semantic Network）的知识库，是一个采用有向图结构建立起来的知识库，旨在描述真实世界中存在的各种实体或概念及其关联关系，并构成一张巨大的语义网络图，如图 6-3 所示。

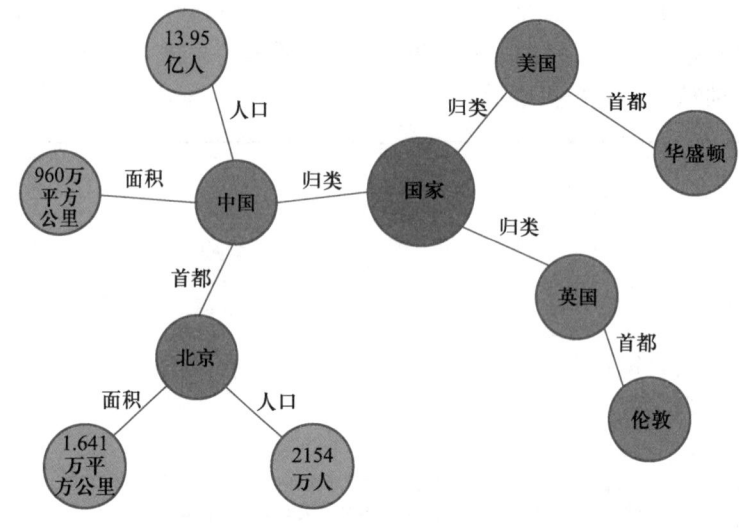

图 6-3 知识图谱示例

图中的节点表示概念或者实体，边则由关系和属性构成。概念也称为类，是某一领域内相同性质对象集合的抽象表示形式，如国家。实体是概念中的特定元素，对应客观世界的具体事物，如"中国""北京""美国""华盛顿""英国""伦敦"。关系是概念与概念间或者概念与实体间的关联类型，如"中国"与"国家"之间是一种"归类"关系，"北京"与"中国"之间是一个"首都"类型的关系。属性能够更好地刻画概念，如"国家"或者"城市"这样的概念可以由"人口""面积"等多种属性进行描述。属性值是实体指定属性所拥有的具体值，如"960 万平方公里"是实体"中国"的属性"面积"所指定的属性值，"2154 万人"是实体"北京"的属性"人口"所指定的属性值。可见，这种基于语义的信息表示模式直观地模拟了人类的思维方式，从而使得知识图谱能够像人类一样进行信息检索和知识推理。

根据覆盖范围的不同，通常将知识图谱分为通用知识图谱（或开放知识图谱）和领域知识图谱（或行业知识图谱）两大类。通用知识图谱注重知识的广度，强调融合更多的实体，对知识的准确性要求不严格，因而其准确度不够高，主要应用于智能语义搜索领域。典型的通用知识图谱包括 Zhishi.me、CN-DBPedia、XLore 等，有兴趣的读者可以查阅相关的资料延伸阅读。领域知识图谱通常需要依靠特定领域或者行业的数据来构建，面向特定的垂直行业，通过知识推理实现辅助分析及决策支持功能。因此，领域知识图谱对专业性与准确性的要求较高，如全球地理数据库 GeoNames、中医医案知识图谱等，不同垂直领域知识图谱的构建方案与应用形式也有所不同。

近年来，国内很多企业都推出了自己的知识图谱平台和技术，如百度、腾讯、阿里、明略数据、海义知、海致星图等，同时国内一些知识图谱专家和学者共同发起成立了中文开放知识图谱联盟（OpenKG），旨在促进中文知识图谱数据的开放与互联，促进知识图谱和语义技术的普及和应用，为中国人工智能的发展以及创新创业做出贡献。联盟搭建有 OpenKG.CN 技术平台，目前已有 64 家机构入驻，汇聚了一批典型的中文知识库如 Zhishi.me、CN-DBPedia、XLore、PKU-PIE 等，包含常识、医疗、城市、金融、农业、生活、出行、科教等 15 个类目的开放知识图谱。

6.1.2 知识的定义

简单的理解知识图谱就是一个基于语义网络的知识库（Knowledge Base），是由一条一条的知识构建起来的巨大网络。在讨论知识这个概念之前，首先需要理解数据和信息的概念，然后需要明确知识和数据、信息之间的区别与联系。

数据是反映客观事物运动状态的信号通过感觉器官或观测仪器感知而形成的文本、数字、事实或者图像等符号形式的记录。数据是原始的记录，未被加工解释，没有回答特定的问题，与其他数据之间没有建立相互联系，是分散和孤立的。

信息是对数据进行加工处理，使数据之间建立相互联系，形成回答了某个特定问题的文本，以及能够被解释成有具体意义的数字、事实、图像等。信息是隐藏在数据背后的规律，需要人类的挖掘和探索才能够发现。

知识不是数据和信息的简单积累，知识是可用于指导实践的信息，是人们在改造世界的实践中所获得的认识和经验的总和，是人类对物质世界以及精神世界探索的结果总和，是数据和信息更加高级抽象的概念。

可见，知识来源于数据和信息，但到目前为止对知识还没有一个统一而明确的定义。一个经典的定义来自于柏拉图：一条陈述能称得上是知识则必须满足 3 个条件，即知识一定是被验证过的、正确的、被人们相信的，这也是科学与非科学的区分标准。例如，下面的 3 句话中，每一条的描述都可视为一条知识：

1）中国位于亚洲。
2）北京是中国首都。
3）李白是唐代诗人。

将知识表示成适合计算机处理的形式，并将大量的知识进行有效的组织和存储，就构成了语义知识库，在知识库的基础上对知识进行高效的检索、计算和推理，从而能够支撑各种场景的知识图谱应用。

6.1.3 知识表示

知识表示是对知识的一种描述，或者说是对知识的一组约定，是一种计算机可以接受的用于描述知识的数据结构。知识表示是机器通往智能的基础，使得机器可以像人类一样运用知识。目前有很多知识表示的方法，如一阶谓词逻辑、产生式系统、框架表示、语义网络、本体表示等，其中在知识图谱中应用最为广泛的是本体表示法和语义网络表示法。

微课 6-2
知识表示

1. 本体表示

本体（Ontology）的概念源于哲学领域，在哲学中被定义为"对世界上客观事物的系统描述"。本体论是研究"存在"的科学，试图解释存在是什么、世界上所有存在的共同特征是什么，即哲学中本体所关心的是客观现实的抽象本质。根据本体论的理论框架，在计算机领域产生了基于本体的知识表示方法。本体是在语义层次上描述知识，可以作为描述领域知识的通用概念模型。德国学者施图德（Studer）在1998年提出了本体的定义：本体是共享概念模型的形式化规范说明。本体显式地定义了领域中的概念、关系和公理及其之间的关系。从本体的定义中，可以看出本体具有以下4层含义。

1）概念化：本体对于事物的描述表现为一组概念，是对客观世界中存在的事物或者现象以及它们之间关系的概念化抽象。

2）明确性：本体中全部的术语、属性及公理都有明确的定义。

3）形式化：本体能够被计算机所处理，是计算机可读的、可理解的和可推理的。

4）共享性：本体的表示要建立在领域内共同认知的基础上，本体中体现的知识是被共同认可的，反映到领域中公认的术语集合，因此可以有效地促进知识共享。

本体通常用来描述领域知识，是从客观世界中抽象出来的一个概念模型，这个模型包含了某个学科领域内的基本术语和术语之间的关系，或者称为概念以及概念之间的关系。本体必须是相应领域内被公认的概念集合，如图6-4所示。由此可见，基于本体的知识表示法在领域知识图谱的构建中显得尤为重要。

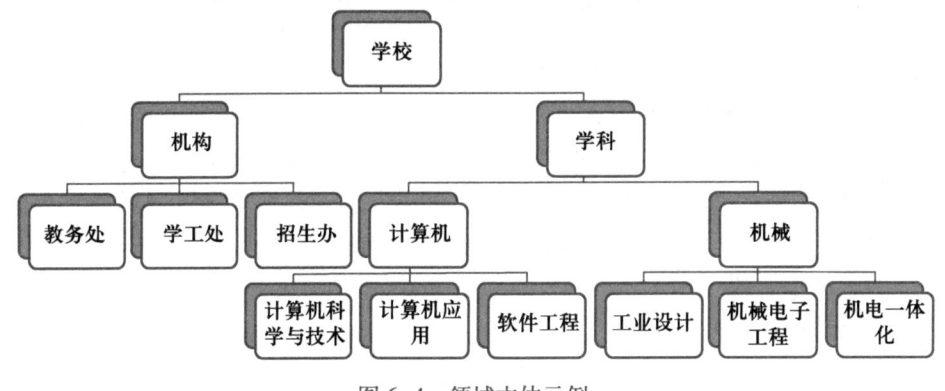

图6-4 领域本体示例

一般而言，一个本体应包含5种基本元素：类（Class）、关系（Relations）、函数（Function）、公理（Axioms）和实例（Instances），其中类也称为概念（Concept）。在知识图谱中最重要的是概念、实例、关系，其中实例也通常称为实体（Entity）。

1）概念：是某一领域内相同性质对象集合的抽象表示形式。例如在教育领域的本体中，教师、学生、课程都是概念。又如在影视领域的本体中，电影、演员、导演都是概念。通俗地说，可以把概念形象地理解成面向对象思想中的类（Class）。

2）实例：是概念中的特定元素，一般都对应着客观世界的具体事物。例如"人工智能技术基础"是课程概念的一个实例，又如南京是城市概念的一个实例。形象地说，可以把实例理解成面向对象思想中的对象（Object）。

3）关系：是指概念与概念之间或者概念与实例之间的关系类型，也可以称为属性。例如，羊和绵羊这两个概念之间存在概念与子概念的层次关系，绵羊属于羊。属性是一种特殊的关系类型，能够更好地刻画概念的特征，如性别、年龄、出生地等，这些属性能够更全面地描述"人"这个概念。一个关系可以关联实例，也可以关联具体的数值或字符串。例如"张三的国籍是中国",这里的关系"国籍"就关联了"中国"这个实例,这就是通常理解的"关系";又如"李四的年龄是20",这里的关系"年龄"就关联了"20"这个数值,这就是通常理解的"属性"。因此,关系和属性从某种意义上说是统一的。

2. 语义网络

语义网络是奎利恩(Quillian)于1968年在研究人类联想记忆时提出的一种心理学模型,他认为记忆是通过概念间的联系而实现的。目前语义网络已经成为人工智能中应用较多的一种知识表示方法,尤其在自然语言处理方面的应用非常广泛,如知识图谱技术中采用的最重要的知识表示法之一就是语义网络表示法。

语义网络是一种通过概念及其语义联系(或语义关系)来表示知识的有向图,其基本单元是节点和边。节点用来表示各种事物、概念、情况、属性、状态、事件和动作等,边用来表示节点之间的联系或关系,这些关系包括类属关系、包含关系、属性关系、时间关系、位置关系、相近关系、因果关系以及组成关系等。基于语义网络的知识表示方法非常自然地贴近人类的思维模式,因其强大而灵活的表达能力,使之成为一种广泛应用的知识表示方法。语义网络非常适合需要在复杂的分类中进行推理的领域以及需要表示事件状况、性质以及动作之间关系的领域,如关系推演、隐含关系发现、群体挖掘、社交网络分析和情报分析等。图6-5所示为语义网络表示法的一个简单示例,该语义网络图直观而完整地描述了以下的事实或者知识:

1)猪和羊是动物。
2)猪和羊都是哺乳动物。
3)野猪是猪,生活在森林里。
4)山羊是一种羊,头上长着角。
5)绵羊是羊,能够生产羊毛。

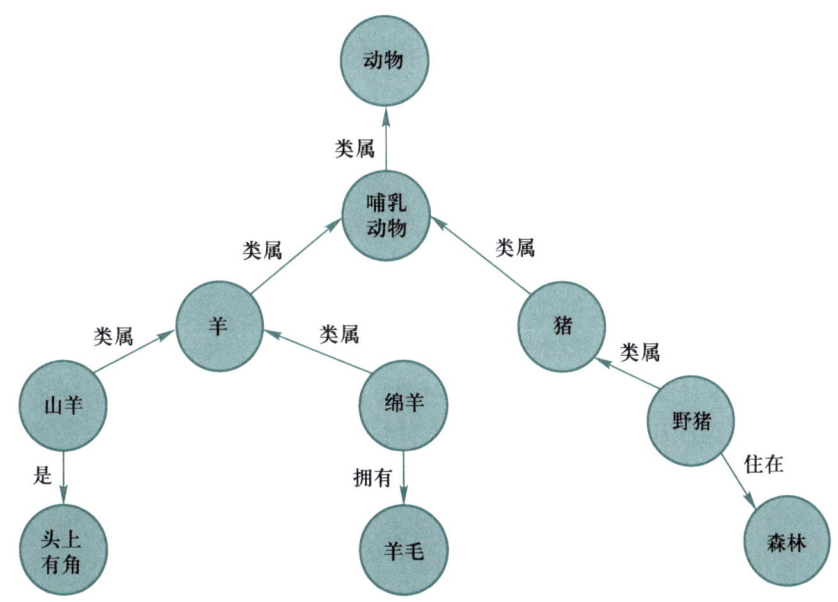

图6-5 语义网络表示法示例

语义网络中的"边"描述了"节点"之间的关系，因此语义网络的基本表示形式可以归纳为（节点1，边，节点2）的三元组形式，这就是语义网络中所采用的知识表示框架——RDF（Resource Description Framework，资源描述框架），也是知识图谱中非常重要的数据模型。

3. RDF

RDF 在 2004 年成为 W3C 的正式标准，是语义网络的核心内容之一，能够实现语义网络的 3 个功能：① 保证语义网络的内容有准确的含义；② 保证语义网络的内容能够被计算机理解并处理；③ 能够对网页中的内容进行集成，从而实现对数据的自动处理。

RDF 中有以下几个极为重要的概念。

1）资源：是具有全球统一资源标识符（URI）的任何事物。

2）属性：一种特殊的资源，描述了资源之间的关系。

3）陈述：一个由主语（Subject）、谓语（Predicate）和宾语（Object）构成的三元组（简称 SPO 三元组）。其直观的理解是：主语是资源，谓语和宾语分别表示其属性和属性值。通常情况下，主语和谓语都是资源，而宾语既可以是资源也可以是具体的数值。例如"中国的首都是北京"就可以表示为（中国，首都，北京）这样一个三元组。又如"中国的国土面积是 960 万平方公里"就可以表示为（中国，国土面积，960 万平方公里）这样一个三元组。

将大量采用 RDF 三元组表示的知识有效地组织在一起，就形成了一个巨大的语义网络知识库，这就是知识图谱。

本体与语义网络都是知识表示的工具和方法，两者非常相似，都是表示知识的形式，并且都可以通过带标记的有向图来表示，适用于逻辑推理。但是从描述的对象或范围而言，本体与语义网络又存在区别。本体是对共享概念模型的规范说明，这里所说的"共享概念模型"指该模型中的概念是公认的，至少在某个特定的领域是公认的。一般情况下，本体是面向特定领域的，用于描述特定领域的概念模型，通常用于构建领域知识图谱的本体知识库。语义网络从数学上说，是一种带有标记的有向图。其最初用于表示命题信息，节点表示物理实体、概念或状态，连接节点的边用于表示关系。语义网络中对节点和边没有其他特殊的规定，因此语义网络描述的对象或范围比本体更广。例如，语义网络可以表示一句话，如"我的汽车是红色的"。但是本体显然不适合这样的表示，其侧重于表现整体的内容，如某个组织的内部构成等。在表示的深度上，语义网络不如本体。语义网络对建模没有特殊的要求，但是本体却有 5 个要素：元语、类、关系、函数、公理和实例，其中公理可以看作是本体中的约束。本体通过这 5 个要素来严格、正确地刻画所描述的对象。语义网络的建立可以不要求具备相关领域的专业知识，因此比较容易建立；而本体的建立必须要有领域专家的参与，相对而言更加的严格和困难。

6.2 知识图谱架构

6.2.1 逻辑架构

知识图谱在逻辑上可以分为数据层和模式层。数据层存储和管理的是以事实为单位的知识，一般采用三元组的形式来表示，大量的知识相互关联从而形成庞大的语义网络。模式层位于数据层的上层，是知识图谱的核心层，存储和管理的是经过提炼和抽象的知识，通常采用本体库来管理模式层。

1）数据层（Data Layer）：是将事实以"实体—关系—实体"或"实体—属性—属性值"三元组的形式进行存储，形成一个网状的知识库。其中，实体（或称为实例）是知识图谱的基本元素，是指具体的人名、组织机构名、地名、日期、时间等所指向的具体事物，如北京、南京、小龙女等。关系是指两个实体之间的语义关系，是模式层所定义的关系实例，如小龙女和杨过之间的夫妻关系。属性是对实体的说明，是对实体特征的刻画，如北京的属性可以有面积、人口等。另外，也可将属性视为一种关系，一种具有"hasValue"的关系类型，是实体与属性值之间的映射关系，如属性"人口"可以视为实体"北京"和属性值"2154万"之间的一种关系，表达成三元组形式即为（北京，人口，2154万）。可见，在知识图谱的数据层，用节点表示实体，用边表示实体间关系或实体的属性。

2）模式层（Schema Layer）：是知识图谱的概念模型和逻辑基础，对数据层进行规范约束，多采用本体作为知识图谱的模式层，借助本体定义的规则和公理来约束知识图谱的数据层，即按照模式层的规范来组织和管理数据层。可以将知识图谱视为实例化了的本体，知识图谱的数据层是本体的实例。在知识图谱的模式层，用节点表示本体概念，用边表示概念间的关系。

6.2.2 技术架构

知识图谱的技术架构是指其构建技术和构建模式的体系结构，也体现了知识图谱的生命周期，如图6-6所示。

图中虚线框内的部分为知识图谱的构建过程，也是知识图谱的更新过程。知识图谱的构建从最原始的数据出发，采用一系列自动或者半自动的技术手段，从原始数据和第三方知识库中提取知识事实，并将其存入知识库的数据层和模式层，这一过程主要包含知识抽取、知识表示、知识融合、质量评估、知识推理几个过程，知识图谱的每一次更新迭代均包含这几个阶段。

1）知识抽取：是指从原始数据（包括结构化、半结构化、非结构化数据）中抽取知识要素，主要包括实体、属性、关系、属性值。

2）知识表示：是指将可用的知识单元表示成计算机可以理解和处理的知识形式，一般表示成"实体—关系—实体"或"实体—属性—属性值"的三元组形式。

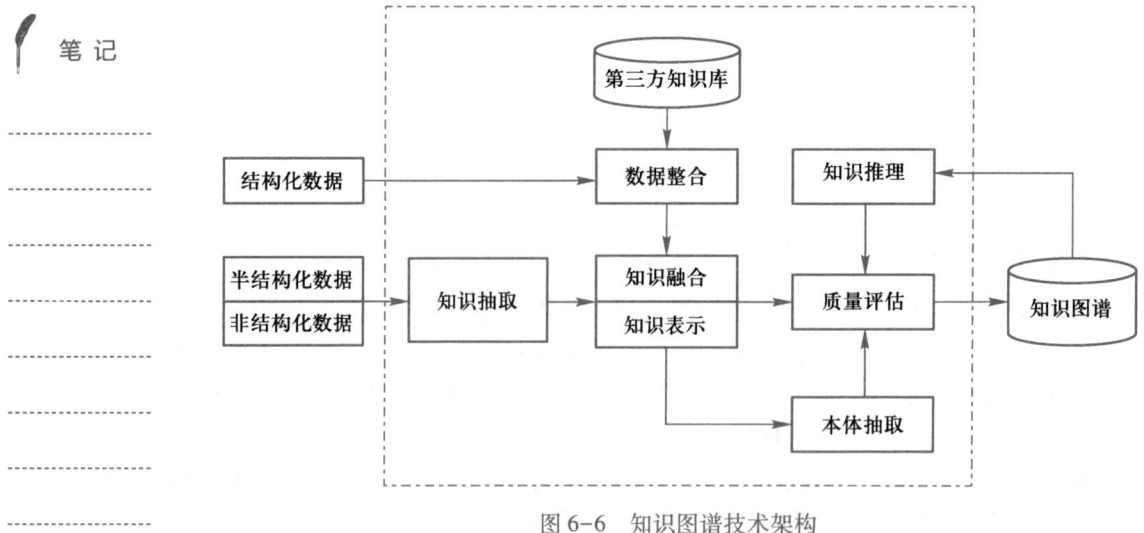

图 6-6　知识图谱技术架构

3）知识融合：是指采用各种手段如实体对齐、实体消歧、指代消解等，将不同来源的知识整合起来，解决知识之间的冲突、歧义、不一致以及冗余等问题，例如将同一个概念或者实体的描述信息合并起来，最终形成高质量的知识库，同时能够从知识中抽取本体以丰富模式层的本体库。

4）质量评估：是指对不准确或者错误的知识进行修正，常常需要人工干预。产生不准确或者错误数据的原因主要有 3 个方面：现有知识抽取和知识融合的技术条件受限，第三方知识库的数据质量本身不高，以及知识推理产生的新知识不准确或者存在错误。

5）知识推理：是指计算机模拟人类思维的智能推理方式，依据推理控制策略，在已有知识的基础上通过各种方法进一步挖掘隐含的知识，从而获取新知识或结论并以此扩展现有的知识库。

6.3　知识图谱构建

根据知识图谱的逻辑架构，知识图谱的构建过程就是模式层和数据层的实现过程。知识图谱的构建是以原始数据为输入，依次经过数据处理、知识抽取、知识融合、知识存储、知识计算和知识服务多个流程，最终通过服务接口对外提供服务，支撑各行各业的知识应用，如图 6-7 所示。

（1）原始数据

知识图谱的核心是基于语义网络的知识库，一条条知识是以计算机能够处理和理解的形式保存在知识库中，数据是知识的来源和基础，特别是来自互联网的数据具有丰富性和多样性的特点，因此要求知识图谱能够处理大规模的异构数据。按照不同类型数据的特点，通常将数据分为结构化数据、非结构化数据和半结构化数据 3 类。

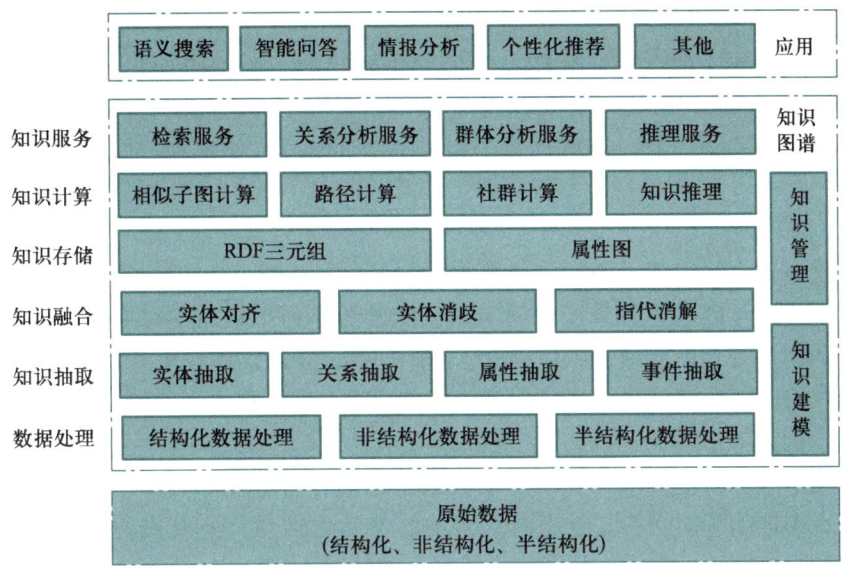

图 6-7　知识图谱的构建

微课 6-4
知识图谱
构建（1）

（2）知识建模

知识建模是指构建知识图谱的概念模型，主要包括领域知识的概念及概念间关系，概念间关系也叫作上下位关系，一般是一种层次关系。知识建模的理论基础是本体论，根据概念间的上下位关系将概念组织成树结构或者有向图无环结构，根据概念间的上下位关系及其组织结构能够进行知识推理。

（3）数据处理

知识图谱对接外部数据源进行原始数据的采集和处理，包括结构化数据、半结构化数据、非结构化数据。针对不同类型的原始数据，有着不同的处理技术。

（4）知识抽取

知识抽取主要是从数据中抽取构成知识的基本元素，主要包括实体、关系、属性、属性值以及事件信息，将知识元素组织成知识条目。

（5）知识融合

知识图谱的知识来源是多方面的，知识融合的目的就是将不同来源的知识进行合并整合，消除知识之间的不一致性、歧义性、冲突性、冗余性。知识融合所涉及的技术主要包括实体对齐、实体消歧和指代消解。

（6）知识存储

经过知识融合和质量评估处理之后，得到的是最终确定的高质量的知识，需要存储到知识库中永久保存。知识存储通常采用 RDF 三元组和属性图两种方式。

（7）知识管理

受到当前技术水平的限制，从外部公共开放域采集并抽取的知识有可能存在质量问题，甚至可能存在错误，同时通过知识推理产生的新知识也可能不准确，因此知识在存储到知识库之前，需要有一个质量评估的过程。另外，知识是不断迭代更新的，因此知识库也需要同步更新，包括模式层更新和数据层更新。

(8) 知识计算

知识图谱的语义网络知识库是一个庞大的图形结构的知识网络，从而将大量的知识有机地联系起来，并在各种图算法的支持下，提供了强大的图计算能力，能够高效地进行图遍历、路径计算、社群计算、相似子图计算、本体推理、规则推理等一系列的计算。

(9) 知识服务

知识服务是将知识图谱的知识计算能力封装成一种服务能力，提供给上层的知识应用，上层应用可以通过服务接口调用知识图谱的能力，从而支撑应用实现相应的业务场景。例如，将知识检索、关系分析、群体分析、知识推理等服务封装成标准的 API 接口，应用可以调用知识检索 API 对知识库进行查询以实现检索功能。

(10) 知识应用

目前基于知识图谱的应用非常广泛，已渗透到各行各业。例如，搜索引擎的语义搜索、语音助理的智能问答、电子商务网站的个性化推荐、公安机关的情报分析、金融行业的风险控制等，都是知识图谱大显身手的领域。

6.3.1 知识建模

知识建模是建立知识图谱的概念模型，明确定义研究或应用领域中涉及的概念、事件、规则及其相互关系，从而实现知识图谱模式层的构建，也称作 Schema 构建。本体论是知识建模中使用的最重要也是最常用的理论工具，知识图谱中的本体主要包括概念、实例和关系（属性）。知识建模的关键是建立领域概念及其层次关系（上下位关系），采用树形结构或者有向无环图结构来组织概念间的层次关系，形成领域知识的框架结构。

1. 基本概念定义

下面对知识图谱模式构建中所涉及的几个基本概念进行说明。

(1) 实体

实体（Entity）是知识图谱中最基本的知识元素之一，也称为实例，是指具有可区别性且独立存在的某具体事物。世界万物皆由具体事物组成，某个具体的人物、某个具体的城市、某个具体的电影、某个具体的商品都是实体，如"小龙女""中国""美国""日本""北京"等。万事万物之间普遍存在联系，实体之间必然存在各种各样的关联，不同的实体之间有着不同的关系。

(2) 概念

概念（Concept）有时也称为类型（Type），是指由相同特征的实体构成的集合，是对事物的抽象表示，如国家、民族、音乐、书籍等。例如，中国是一个实体，美国是一个实体，英国也是一个实体。这些实体都具有首都、人口、面积等共同特征，因此这些具有相同特征的实体可以抽象为"国家"这个概念，也可以说这些国家都归属于"国家"这个类型。

(3) 关系

关系（Relation）是对概念与概念、概念与实体、实体与实体之间关联类型的一种抽象表示。可以把关系形式化为函数，将两个事物之间的关系理解为这两个事物之间遵循某种函数关系。例如，动物（概念）和哺乳动物（概念）之间存在着类属的关系；小龙女（实体）和中国人（概念）之间存在着属于的关系；小龙女（实体）和杨过（实体）之间存在着夫妻的关系。三元组（实体1—关系—实体2）中所描述的"关系"就是具体体现。

（4）属性

属性（Property）是对概念的特征进行定义和描述，能够对概念的各个特征进行全面的刻画，如年龄、性别、国籍、出生地、人口、面积、经纬度等。例如，国家这个概念可以用人口、面积、首都等属性来进行描述。属性也是对关系的一个描述，是对实体与实体之间或者实体与属性值之间关系的抽象，描述实体与实体或者实体与属性值之间的关系，因此可以将属性纳入关系的范畴。三元组（实体—属性—属性值）中的"属性"就是这种关系的一种体现。例如，"首都"是"国家"这个概念的一个属性，用来描述国家的一个特征，同时它也可以用来表示中国和北京这两个实体之间的关系，即中国（实体）和北京（实体）之间存在着首都的关系；又如"面积"是"城市"这个概念的一个属性，用来描述城市的一个特征，同时它也可以用来表示"北京"实体和"1.641万"属性值之间的关系，即北京（实体）和1.641万（值）之间存在着面积的关系。

（5）值

值（Value）也称为属性值，是指实体的指定属性所具有的具体值，主要取值为字符串型和数值型。例如，"中国"这个实体的"人口"属性所拥有的具体值为"13.95亿"。由此可见，属性也是实体与属性值之间的一种关系描述，即中国（实体）和"13.95亿"（值）之间存在着人口的关系。

（6）域

域（Domain）是概念的集合，是对某一领域中所有概念的抽象，其描述了某个领域。例如，国家、城市、地区都是概念，它们都是能够表达地理位置的概念，将这些概念归集起来纳入一个共同的域，就构成了地理位置域。

2. 模式构建方法

知识图谱在逻辑上包括模式层和数据层，知识建模就是对知识图谱模式层的构建，其构建方式主要有自顶向下和自底向上两种方法，在实际构建过程中也可以两种方法搭配使用。

（1）自顶向下

根据领域知识确定该领域内的概念、子概念、关系、属性，以及概念与概念之间的关系、概念与子概念之间的关系，也就是先定义领域知识框架，形成知识图谱的模式层。可以采用人工编辑的方式手动构建模式层的本体，或者借助一些本体编辑工具辅助构建，如Protégé工具软件。这种自顶向下的构建方式通常用于构建特定领域的知识图谱，由领域专家根据特定领域的知识来定义模式层。该构建方式一般是利用现有百科类网站的结构化知识库作为其基础知识库，例如Freebase就是采用这种方式构建而成，其数据主要是从维基百科中获取。

（2）自底向上

基于行业现有的标准进行概念转换或者从现有的高质量数据源中进行概念映射，

形成知识图谱的概念模式,也可以通过人工智能技术如聚类方法从原始数据中进行概念学习和抽取,以及通过机器学习方法对概念间上下位关系进行学习和识别,最后经过算法评估和人工审核相结合的方法对概念模式进行修正和确认,从而形成知识图谱的模式层。这种自底向上的模式构建方式是一种数据驱动的方法,从数据中转化或者学习概念模式。目前大多数知识图谱都采用自底向上的方式进行构建,如谷歌的 Knowledge Vault 和微软的 Satori 知识库。这种构建方式得益于知识抽取和知识加工技术的不断成熟,同时也符合互联网数据产生的特点。

模式层构建之后,就可以根据模式层的知识框架和概念模型,从原始数据中抽取相关的知识元素,从而构建知识图谱的数据层。在构建数据层的过程中,可以将概念模式理解为知识抽取模板,对原始数据进行模板匹配,只需要抽取模式层中有定义的那些实体、关系、属性,而无须抽取无关的实体、关系、属性。

6.3.2 数据处理

第三方数据库、知识库以及互联网上的公开数据都是知识图谱的数据来源,这些数据对于知识图谱系统而言是尚未经过处理的原始数据,仍停留在"数据"这个层面,而不是"知识",因此需要系统对原始数据进行相应处理,再根据模式层的模式结构从中抽取知识,从而进行数据层的构建,最终形成知识库。数据处理的目的是对原始数据进行预处理,将原始数据转换成适合知识抽取的数据格式,再由知识抽取模块采用适当的技术手段进行实体、属性、关系、属性值等知识元素的自动抽取。前面介绍过,原始数据主要包括结构化数据、非结构化数据和半结构化数据 3 种类型。针对不同的数据类型,采用的数据处理技术也不同,这主要是由数据本身的特点决定的。

(1) 结构化数据处理

结构化数据主要指关系型数据库的表数据,数据质量一般都比较高,是知识图谱构建中的重要数据来源。结构化数据通常表现为二维形式,数据以行为单位,一行数据表示一个实体的信息,列表示属性,每一列数据对应同一个属性,其样式见表 6-1。

表 6-1 结构化数据示例

id	Name	Age	Gender	Location
1	Wangbing	20	Male	Beijing
2	Zhangwei	23	Male	Nanjing
3	Lidongmei	35	Female	Shanghai
4	Zhaoyazhi	28	Female	Hangzhou
5	Qianjiang	25	Male	Tianjin

结构化数据从数据源端开始需要经过抽取(Extract)、转换(Transform)、加载(Load)的预处理过程,即 ETL 操作。原始数据经过 ETL 处理之后就成为高质量的数据,便可作为后续知识抽取阶段的数据源。

(2) 半结构化数据处理

半结构化数据也可看作结构化数据的一种特殊形式,它虽然不符合关系型数据库或其他数据表的数据模型结构，但包含相关标记或标签，用来分隔语义元素以及对记录和字段进行分层，因此也被称为自描述的结构。常见的半结构化数据来源于网页，数据格式主要包括 HTML、XML 和 JSON，其样式如图 6-8 所示。

```
<student>
    <Name>Zhangwei</Name>
    <Age>23</Age>
    <Gender>Male</Gender>
    <Location>Nanjing<Location>
</student>
```

图 6-8　半结构化数据示例

半结构化数据处理首先是根据网页数据的特点学习和设计网页包装器（Wrapper），可以理解为是一种网页信息提取模板，不同特点的网站需要设计不同的包装器。然后使用包装器根据网页的数据标签从采集到的网页中提取原始信息，再经过如处理结构化数据一样的 ETL 处理，最后将处理后的数据送入知识抽取模块进行知识抽取。

（3）非结构化数据处理

非结构化数据的数据结构不规则或不完整，没有预定义的数据模型，不适合用数据库二维逻辑表来表示数据结构，主要包括所有格式的文档、文本、图片、各类报表、图像、音频和视频信息等。在处理非结构化数据方面，需要从数据中提取出知识抽取阶段所关心的正文部分，这也是处理非结构化数据的最大难点所在。例如从表格、图片、视频、声音等数据中提取文本信息，相关的信息提取技术还不够成熟，其提取到的文本信息即可作为后续知识抽取的数据源。

6.3.3　知识抽取

数据处理的结果是在各种类型的原始数据中提取出适合进行知识抽取的高质量的数据，包括二维表数据和文本数据，作为知识抽取的输入数据。知识抽取是指根据模式层定义的概念模式，通过自动化或者半自动化的技术，从数据中提取实体、属性、关系、属性值等知识单元，或者通过知识融合技术与知识库中现有知识进行融合，并以 RDF 三元组的形式构造成知识进入知识库保存。

在知识图谱构建过程中，一个重要的高质量知识来源是关系数据库。这些结构化的数据可以方便地转换成 RDF 三元组，从而融入知识图谱的知识库中。这种数据转换过程被形象地称为RDB2RDF，业界有成熟的软件工具，如 D2R。

除了关系数据库之外，还有大量的半结构化数据也是高质量的知识来源。从半结构化数据中抽取知识的方法主要是通过包装器技术学习半结构化数据的抽取规则。由于半结构化数据具有大量的重复性的结构，因此可以对数据进行少量的标注，采用机器学习的方法学习和归纳出一定的规则，然后将这些抽取规则应用于整个网站，对同类型或者符合某种关系的数据进行自动抽取。当前已经有不少实现半结构化数据抽取的工具软件，如 XSPARQL 支持从 XML 格式转换为 RDF，Datalift 支持从 XML 和 CSV 格式转换为 RDF。

当前难度最大的是从非结构化文本数据中抽取知识，通常需要借助自然语言处理技术（NLP）来学习和抽取文本中的知识单元，包括实体抽取、关系抽取和属性抽取，有时也会涉及事件抽取，其非常依赖自然语言处理的很多理论和技术，如词向量、分词、词性标注、句法分析、依存分析、语义解析等。近年来出现了一些基于神经网络技术的深度学习模型，如 BiLSTM+CRF，在知识抽取任务中有着广泛而良好的表现，同时也出现了很多开源的 NLP 软件，如斯坦福大学的 CoreNLP、DeepDive 等。

（1）实体抽取

实体抽取也称为命名实体识别（Named Entity Recognition，NER），是指从文本语料中自动识别出命名实体。由于实体是知识图谱中的最基本元素，其抽取的完整性和准确性将直接影响到知识图谱的质量。因此，实体抽取是知识抽取中最为基础与关键的一步。

（2）属性抽取

属性抽取的任务是为每个概念构造属性列表，如国家的属性包括面积、人口、地理位置等，而属性值抽取是为概念的实例即实体赋予属性值。常见的属性和属性值抽取方法包括从百科类站点中提取，从垂直网站中进行包装器归纳，从网页表格中提取，以及利用手工定义或自动生成的模式从句子和日志中提取。对于常用概念的属性列表以及相关实体的属性值，可以通过解析百科类网站的半结构化信息而获得，如维基百科的信息盒和百度百科的属性表格。

（3）关系抽取

文本语料经过实体抽取之后，得到的是一系列离散的命名实体。为了获取实体之间的关联信息，需要从相关语料中提取出实体之间的关联关系，通过关系将实体联系起来，才能够形成网状的知识结构，这就是关系抽取。

（4）事件抽取

事件抽取是从文本语料中抽取出事件信息，并以结构化的形式描述事件的详细内容，如事件发生的时间、地点、原因、参与者等。事件抽取需要确定事件的触发词并获取描述事件的相关语句，同时需要识别事件描述语句中实体在事件中的角色。

6.3.4 知识融合

由于不同来源的知识之间往往存在不一致性、歧义性、冲突性和冗余性，因此在构建知识图谱知识库时需要对多源的知识进行合并处理，这就是知识融合。经过融合处理后的知识将进入知识库进行存储。知识融合任务主要包括实体对齐、实体消歧和指代消解。

（1）实体对齐

实体对齐也称为实体链接或实体匹配。知识图谱的数据来源具有多样化的特点，不同来源的实体可能会指向现实世界的同一个物理对象，如"金陵"和"南京"这两个不同的命名实体实际上代表着同一个对象。实体对齐主要为了消除不同来源的实体相互之间存在的冲突和指向不一致的问题，对这些实体进行合并处理，使其在知识图谱中指向同一个实体。基本的实体对齐方法通过实体间的相似性来考量，其基本流程是：首先从现有的知识图谱知识库中选出一组候选实体对象，然后从外部数据源中抽取出对应指称的实体对象，最后通过实体间相似度计算而将外部实体链接到正确的实体对象上从而实现实体对齐。实体间的相似性主要是由两个实体的属性相似性和结构相似性决定，一般通过相似性函数来计算相似度。

（2）实体消歧

一个同名的实体可能指向不同的物理对象，例如"苹果"这个实体既可能指的是水果中的苹果，也可能指的是品牌为苹果的手机。实体消歧就是为了解决同名实体产生歧义的问题。常用的实体消歧方法是聚类消歧，如基于空间向量模型的方法，该方法首先根据实体所在的上下文来构造相应的向量，然后通过计算两个向量之间的相似性来判断实体所指向的物理对象。

（3）指代消解

指代消解主要用于确定文本中的人称代词或指示代词所指向的实体。例如"王小明是我的同事，他今年 25 岁"，这句话中的人称代词"他"就是指代了王小明这个实体对象；又如"南京是江苏省的省会，这个城市很繁华"，这句话中的指示代词"这"就是指代了南京。指代消解是个技术难点，其研究方法主要包括基于启发式规则的方法、基于统计的方法和基于深度学习的方法，而监督式机器学习方法是目前的主流方法。

6.3.5 知识存储

知识图谱中的知识主要是通过 SPO 三元组来表示，其在数据层的表现为两种形式，即（实体—关系—实体）和（实体—属性—属性值），存储方式主要分为 RDF 三元组存储和属性图存储，采用的数据库主要以 RDF 数据库和图数据库为主流，以关系数据库和 NoSQL 数据库为辅助。RDF 数据库的优势在于自动支持知识推理，图数据库的优势在于对知识的高效检索和图挖掘，两者的主要区别见表 6-2。

表 6-2 RDF 数据库与图数据库对比

RDF 数 据 库	图 数 据 库
三元组存储方式，支持实体和关系存储，不支持在实体上附加属性	属性图存储方式，支持实体和关系存储，且支持在实体上附加属性
支持标准的推理引擎	没有标准的推理引擎，需要自行构建
支持 W3C 标准	支持高效的图遍历、关系查询、图挖掘和计算
数据易于发布和共享	支持数据库的事务管理
主要用于学术界	普遍用于工业界

通过上述对比可见，RDF 数据库与图数据库相比，其最大的优势是支持标准的推理引擎，主要的劣势是不支持属性。由于知识推理能力受到现有技术水平的限制，当前知识图谱的应用场景仍然以信息检索、关系分析和图挖掘计算为主，因此目前工业界普遍将图数据库作为主流的知识存储系统，也可以根据具体的应用场景将两种数据库混合使用。RDF 数据库的典型代表是 Jena，目前有很多种图数据库，如 Neo4j、Titan、OrientDB、JanusGraph、AllegroGraph、Nebula Graph 以及百度开源的 HugeGraph 等，其中最具代表性的是 Neo4j。下面对图数据库做简单介绍。

笔记

图数据库中最基本数据结构是顶点（Vertex）和边（Edge），通过顶点和边来组织数据。顶点用于表示知识图谱中的实体，边用来表示实体之间的关系。边的两端连接着起始顶点和结束顶点，并且边具有方向用以表示两个实体发生关系的指向。在顶点和边上可以附加属性和属性值，通常是以键值对的形式来表示属性列表及属性值的对应关系。图数据库的基本数据模型如图6-9所示。

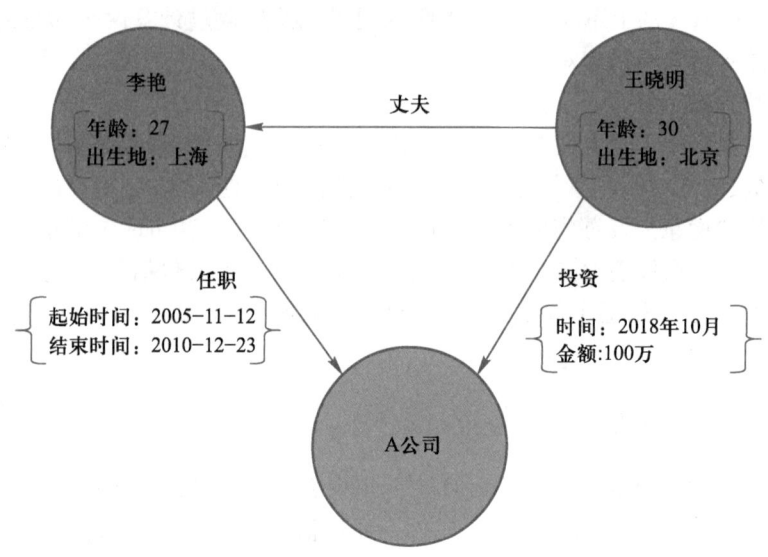

图6-9 图数据库数据模型示例

图中有3个顶点分别表示3个实体即王晓明、李艳和A公司，有3条边分别表示3个关系即丈夫、任职和投资。"王晓明"对"李艳"形成"丈夫"关系，"李艳"对"A公司"形成"任职"关系，"王晓明"对"A公司"形成"投资"关系。实体"王晓明"具有的两个属性及其属性值分别为"年龄＝30"和"出生地＝北京"，实体"李艳"具有的两个属性及其属性值分别为"年龄＝27"和"出生地＝上海"。关系"投资"具有的两个属性及其属性值分别为"时间＝2018年10月"和"金额＝100万"，关系"任职"具有的两个属性及其属性值分别为"起始时间＝2005年11月12日"和"结束时间＝2010年12月23日"。

6.3.6 知识管理

知识管理主要包括质量评估和知识更新两个方面。

(1) 质量评估

微课6-5
知识图谱
构建（2）

由于一方面受到现有知识抽取技术的限制，从公共开放域采集的数据中抽取得到的知识元素的质量得不到保证，存在抽取错误的可能性，如实体识别错误、关系识别错误等，此外经过知识推理得到的新知识的质量也不能保障其正确性；另一方面，即便数据源是外部现有的知识库，其知识的质量已经有了一定的保障，但是由于不同知识库之间存在质量差异，导致知识间的冲突时有发生。因此在构建自己的知识库时，在知识存入知识库之前，需要有一个质量评估的过程。质量评估的意义在于能够对知识的可信度进行量化，通过舍弃置信度较低的知识来保证知识库的质量。

（2）知识更新

由于知识在不断更新，因此知识图谱的构建过程是一个迭代更新的过程，知识库的更新主要包括模式层的更新和数据层的更新。模式层的更新是指当新增的数据中产生了新的概念时，需要自动将新的概念添加到知识库的模式层。数据层的更新主要是指新增或更新实体、关系及属性值，需要考虑数据源的可靠性、数据一致性等问题。知识图谱的知识更新主要有以下两种方式。

1）全面更新：以更新后的全部数据作为输入，从零开始构建知识库。这种方法虽然简单，但是资源消耗较大，且需要耗费大量的人力进行系统维护。

2）增量更新：以当前新增的数据作为输入，向现有知识库中添加新增的知识。这种方式资源消耗小，但仍然需要人工干预（如定义规则），因此实施起来比较困难。

6.3.7 知识计算

知识计算是指在知识库中丰富的知识和数据的基础上，依托知识图谱的概念模型和语义网络的图形结构，从概念、实体、属性和关系出发，运用一系列算法进行知识的检索、分析和推理，从海量的数据中发现显式或隐含的知识和规则。知识计算主要包括图计算和知识推理。

1）图遍历：主要是利用图的顶点和边在图中进行广泛搜索，获取实体、关系、属性和属性值等信息，基本的图遍历算法包括深度优先搜索（DFS）和广度优先搜索（BFS），以及一些改进的搜索算法。

2）路径计算：主要是发现两个指定顶点之间的路径关系，如最短路径、路径探寻。最短路径是发现两个实体之间的最小路径，如经典的 Dijkstra 算法，可以发现两个实体之间的最紧密的关系路径；路径探寻是发现两个或者多个实体之间的所有路径，如探寻两个实体之间具有 N 步关系的所有路径。

3）社群计算：主要是发现图中具有相似特征的族群，通常应用于群体发现的场景中，如社区发现算法、凝聚子群算法、相似子图算法等。社群计算在社交网络分析中有着重要价值。

4）权威节点分析：主要是在社群中发现最重要、最具影响力的节点，如 PageRank 算法。根据对权威节点的分析，可以了解社群的动态，如事物传播的速度、社群之间的联系纽带等。

5）相似节点发现：主要是发现两个或者多个具有相似特性的实体，通常采用相似度计算方法，如属性相似性、结构相似性等。通过相似节点发现技术能够容易地找出同类物体。

6）本体推理：主要是指通过一种处理机制，在显式定义的知识模型中将隐含的知识提取出来从而发现新的知识。通过本体推理技术可以检测本体定义中存在的冲突问题，并消除不一致性，以便优化本体表示和实现本体融合，同时能够通过新知识的发现而完善和丰富知识库。本体推理一般是基于预定义的本体模式进行推理，其灵活性不足。常用的本体推理方法是基于本体描述语言 OWL（Web Ontology Language）的推理机制。

7）规则推理：主要是指根据特定的应用场景定制出相应规则，通过规则引擎实现自定义的知识推理，通常应用于计算机辅助决策系统。规则推理技术相对于本体推理技术的优势在于其支持自定义的推理规则。

6.3.8 知识服务

构建知识图谱的目的是利用其强大的描述能力、分析能力和推理能力支撑各行各业的应用系统。可以将知识图谱视为一个知识汇聚、存储、分析和计算的技术平台，只有与领域或者行业结合才能将其能力和价值最大限度地发挥出来。目前知识图谱技术已经广泛应用于各个垂直行业，如金融、教育、医疗、交通、公安、农业等。知识图谱作为技术平台，需要将其计算能力通过某种手段开放出来，例如通过诸如 Java API、Restful API 等能力接口，提供给各行各业的应用系统进行调用，应用系统的研发只要聚焦于对行业本身业务逻辑的实现上，因此极大地提高了行业应用的开发效率和业务能力。知识图谱对外提供的服务能力主要基于其自身的计算能力，通常能够提供的服务包括但不限于信息检索、关系分析、群体挖掘、知识推理和图谱可视化等。

1）信息检索服务：通过实体名称、关系名称、属性名称或者属性值来查询相关实体的详情以及与该实体有直接关联的其他实体的信息。例如，通过实体名称"杨过"进行搜索，可以得到武侠人物杨过的相关知识，详细描述其姓名、性别、年龄、门派等信息，同时可以得到一张杨过的关系图谱，展示与其有着密切关系的人物信息，如父母、妻子等。

2）关系分析服务：通过关系分析可以发现实体之间复杂的关系链，进而挖掘出实体之间的隐含关系，例如，在案件侦破场景中有 A 和 B 两个嫌疑人，从当前掌握的已知信息中并没有发现 A 和 B 有着关联，如果将 A 和 B 的信息输入知识图谱进行关系分析，且得到了 A-C-D-B 这样一条路径，那么说明 A 和 B 之间可能存在某种隐藏的关系，同时在这条关系链中的 C 和 D 也有必要纳入调查对象，从而为案件侦破工作提供了有价值的线索。

3）群体挖掘服务：通过群体挖掘可以在海量的信息中发现具有相同或者类似特点的群体，通常是先选择某种属性或结构作为基准特征，再通过相关算法发现具有特定属性或结构特征的实体子集。例如在社交网络分析场景下，可以根据用户的某些特征将用户进行分群，如偏爱某个品牌的商品、喜欢某种风格的音乐、爱看某个导演的电影等，从而划分为多个不同的用户群体，每个群体内的用户具有相同或相似的偏好，应用系统就可以针对不同的群体推送不同内容的广告，从而实现了精准营销。

4）知识推理服务：知识推理技术能够支撑简单的智能问答系统的实现，允许用户以自然语言的表达方式进行提问，系统通过对问句进行语义分析而理解用户的意图，再经过推理引擎得到推理结果，最后系统以简洁的答案反馈给用户。例如，用户输入一句话"小龙女的丈夫的爸爸是谁"，那么推理引擎可以根据知识库中的"小龙女—丈夫—杨过"以及"杨过—爸爸—杨康"这样的知识进行推理而得出答案"杨康"。

5）图谱可视化服务：图谱可视化是指将知识图谱的查询结果以各种图形的方式提供给应用系统，而不是冰冷的文本和数值，常见的图形包括力导向图、层次图、环形图等。可视化服务向应用系统提供的是图谱化的实体、属性、关系信息，因此不需要应用系统重新实现图形展示功能以简化系统开发。

6.4 知识图谱应用

知识图谱最初是谷歌为了增强其搜索引擎的能力和用户体验而提出来的，由于具有强大的知识表示和推理能力，其应用范围已远远超出了搜索领域。目前基于知识图谱的服务和应用已经覆盖到各行各业，是当前人工智能领域的一大热点，如金融、证券、公安、电商、生活、娱乐、农业、医疗、制造等。

1. 智能语义搜索

智能语义搜索是知识图谱最成熟的一个应用场景，基于知识图谱技术的搜索引擎能够自动给出搜索答案以及与该答案相关的关系图谱，引导用户轻松地查看更多维度的数据。在智能语义搜索应用中，根据知识图谱所具有的良好定义的结构形式，以有向图的方式提供满足用户需求的结构化语义内容，利用建成的大规模知识库对搜索关键词和文档内容进行语义标注，从而改善搜索结果。当用户发起查询时，首先将用户输入的关键词映射到知识图谱的一个或一组实体或概念上，然后根据知识图谱中的概念层次结构进行解析和推理，最后向用户返回图形化的知识结构，包含指向资源页面的超链接信息，在搜狗搜索结果中出现的知识卡片就是一个实际例子。如图 6-10 所示，当用户在搜狗的搜索引擎中输入搜索关键词"朱元璋"时，在结果网页的页面上会出现一个关于朱元璋的知识卡片，简要展示了朱元璋的基本信息及其关系信息。

2. 金融反欺诈

知识图谱非常适合应用在金融领域，典型的应用场景是反欺诈。根据金融业务的特点可知，反欺诈数据的来源多种多样且很多欺诈案件都会涉及复杂的关系网络，而这一特点正好使得知识图谱的优势得以充分发挥，如对异构数据的处理能力以及对关系的推理能力。通过融合企业、个人、机构、账户、交易以及行为等不同来源的数据，构建成金融行业知识图谱，同时引入领域专家建立业务专家规则，通过关系推理和数据不一致性检测，能够挖掘出隐藏在复杂网络下的关联关系风险和资金流动异常，发现嫌疑人的关系网络和异常线索，利用绘制出的知识图谱识别出潜在的欺诈风险，全面提升风控专家在海量数据下精准甄别、有效防范和化解业务风险的效率。例如，有两个借款人张三和李四，两人在填写借款信息时，填写的信息为同事关系，同时两人填写的公司名称却不一样，通过知识图谱的分析就很容易发现信息的不一致性，从而判定两人有欺诈嫌疑并发出告警。

3. 智能制造

在智能制造领域，将制造装备的故障、传感器、时域、频域等数据进行采集并关

图 6-10 搜狗搜索的知识卡片示例

联起来,构建工业物联网领域的知识图谱,对海量工业领域的知识进行提取、存储、更新、检索和追溯,结合机器学习等人工智能技术,从而自动、智能地挖掘出装备系统的异常特征,实现对制造装备的实时状态监控、设备健康管理、系统故障预警、系统自动巡检以及多维数据分析,能够有效避免安全事故的发生、准确预测设备的使用寿命和维护周期,可极大地提高制造装备的智能化水平,同时降低设备的运行和维护成本。

4. 股票投研分析

通过知识图谱相关技术,从招股书、年报、公司公告、券商研究报告、新闻等半结构化表格和非结构化文本数据中自动批量抽取公司的股东、子公司、供应商、客户、合作伙伴、竞争对手等信息,构建出股票投研知识图谱。在某个宏观经济事件或者企业相关事件发生时,券商分析师、交易员、基金公司基金经理等投资研究人员就可以通过知识图谱做出更深层次的分析和更合理的投资决策。例如,某上市公司因被披露的财务问题而遭到股市停牌,如果能迅速构建出该公司的客户供应商、合作伙伴以及竞争对手的知识图谱,就能在该公司停牌的情况下快速地筛选出可能会受影响的国际国内上市公司,从而挖掘投资机会或者进行投资组合风险的控制。

5. 公安情报分析

在公共安全领域，基于人、事、地、物、组织等数据和信息，构建包含社会关系网络与事件的公安知识图谱，能够据此进行高效的线索研判和事前预警的深度挖掘，实现案件线索解析、人案关系推演、犯罪团伙挖掘、时空轨迹比对、高危人员预测、情报数据分析等业务能力，极大地提升公安机关办案效率。例如，通过融合企业和个人银行资金的交易明细、通话记录、出行信息、住宿信息、工商数据、税务数据等构建出"资金账户—人—公司"关联的知识图谱，再结合从案件描述、笔录等非结构化文本中抽取的人（受害人、嫌疑人、报案人）、事、物、组织、账号、时间、地点等信息，从而形成一个完整的证据链，辅助公安机关和银行进行案件线索的侦查和作案同伙的挖掘。又如，银行和公安机关联合对资金账户进行监控，当发现某个时间段内存在大量的资金流动且集中到某个账户的时候，意味着很可能发生了非法集资的情况，系统将及时地发出预警。

6. 智能问答

智能问答是指用户以自然语言提问的形式提出信息查询需求，系统通过对问题的分析，从各种数据资源中自动找出准确的答案。智能问答系统是一种信息检索的高级模式，能提升效率、降低人工参与成本。在智能问答系统中，知识图谱作为一个大型的知识库，首先对用户使用自然语言提出的问题进行语义分析和语法分析，进而将其转换成对知识图谱的查询，最后在知识图谱中搜索答案。典型的基于知识图谱的智能问答系统有百度的智能语音助手小度、亚马逊的自然语言助手 Evi、苹果的智能语音助手 Siri 和出门问问手机 App 等。

对知识图谱的查询通常采用基于图的查询语句如 SPARQL。系统在查询过程中，会基于知识图谱对查询语句进行多次等价变换。例如当用户提问："如何判断是否感染了埃博拉病毒？"，则该查询可能被等价变换成"感染埃博拉病毒的症状有哪些？"，然后再进行推理变换，最终形成等价的三元组查询语句，如（埃博拉,症状,?）和（埃博拉,征兆,?）等，据此进行知识图谱查询得到答案。智能问答系统有时候会遇到知识库中没有现成答案的情况，此时可以采用知识推理技术给出参考答案。如果由于知识库的不完善而无法通过推理解答用户的问题时，智能问答系统还可以利用搜索引擎向用户反馈搜索结果，同时根据搜索结果更新知识库，从而为回答后续的提问提前做好准备。

7. 个性化推荐

个性化推荐是指基于用户的特征画像，根据用户的兴趣和喜好，向不同用户推荐符合其偏好的不同商品或内容，有着重要的商业价值。电子商务是应用个性化推荐技术的典型场景，通过构建电商知识图谱、运用知识图谱的丰富知识，实现商品推荐和精准营销。例如，当用户输入关键词搜索商品时，知识图谱将基于商品间的关联信息以及从网页抽取的信息，向用户推送相关信息包括商品详情、使用建议、推荐搭配等，并通过"你还可能感兴趣的有""猜您喜欢"或者"其他人还在搜"等进行其他商品的推荐。个性化推荐一方面帮助用户快速、准确地找到所需商品，提升用户体验，另一方面引导用户发现关联商品，有效促进用户消费。

课后习题

1. 简述数据、信息、知识的区别与联系。
2. 简述什么是语义网络并给出一个简单的语义网络示例。
3. 举例说明什么是概念、实体、属性和关系。
4. 举例说明什么是结构化数据、半结构化数据和非结构化数据。
5. 简述知识图谱系统的逻辑架构和技术架构以及涉及的关键技术。
6. 简述知识图谱系统的构建过程和方法。
7. 简述在知识计算中常用的主要算法或方法。
8. 简述当前知识图谱技术的主要应用领域。

第 7 章
TensorFlow 深度学习框架

学习目标

- 了解 TensorFlow、Keras、PyTorch、PaddlePaddle 等深度学习框架的特点。
- 熟悉 TensorFlow 的基本知识,掌握张量、激活函数、层和模型等的基本概念。
- 熟悉使用 TensorFlow 进行模型开发的基本流程。
- 掌握 Python 和 TensorFlow 开发环境的安装及配置方法。
- 掌握 TensorFlow 基本元素的编程方法。
- 掌握 TensorFlow 模型开发的方法,会进行数据预处理、模型构建、模型训练、模型评估、模型预测、模型保存与加载等。

TensorFlow 是目前最流行的深度学习框架。本章首先简要介绍目前常用的深度学习框架及 TensorFlow，让读者了解 TensorFlow 是什么；然后通过介绍安装 TensorFlow 的方法，并使用 JupterLab 完成 HelloWorld 程序的编写和执行，以熟悉 TensorFlow 的编程环境；接下来介绍 TensorFlow 的基础知识，包括张量、激活函数、层等，这些是理解 TensorFlow 程序的基础；最后通过一个人工神经网络中的经典案例——手写数字识别，完整演示数据集处理、创建模型、训练模型、模型评估、预测等步骤，让读者对如何使用 TensorFlow 进行深度学习应用的开发有初步的了解。

7.1 TensorFlow 简介

7.1.1 深度学习框架介绍

随着机器学习理论和技术的发展，涌现出很多机器学习计算框架，如 Scikit-learn、Keras、TensorFlow、PyTorch 及百度的 PaddlePaddle 等。虽然深度学习的框架很多，但是其背后的理论是相似的，训练模型的基本步骤也类似。只要读者弄清楚基本的理论和一个框架的使用方法，其他的框架使用也是类似的。下面首先介绍这些框架。

Scikit-learn 专注于传统的机器学习算法，对常用的机器学习算法进行了封装，包括回归、分类、聚类等方法。

Keras 是一个用 Python 编写的高级神经网络 API，它能够以 TensorFlow、CNTK 或者 Theano 作为后端运行。

TensorFlow 是谷歌推出的深度学习框架，是一个端到端开源机器学习平台。借助它，初学者和专家可以轻松创建适用于桌面、移动、网络和云端环境的机器学习模型。作为后端框架，TensorFlow 提供了张量运算、微分运算等低层次的运算，是目前最流行的深度学习框架，本书主要介绍此框架的基础知识和使用。

PyTorch 也是一个端到端开源机器学习框架。和 TensorFlow 相比，PyTorch 在学术界广泛使用，而 TensorFlow 在工业界广泛使用。

PaddlePaddle（飞桨）以百度的深度学习技术研究和业务应用为基础，是中国首个自主研发、功能完备、开源开放的产业级深度学习平台，集深度学习核心训练和推理框架、基础模型库、端到端开发套件和丰富的工具组件于一体。

7.1.2 TensorFlow 系统架构

TensorFlow 主要有 1.x 和 2.x 两个版本，两者最大的区别是 1.x 使用静态图框架，2.x 使用动态图框架。在静态图框架中，程序编译执行时先生成神经网络的结构，再执行相应操作，速度快但难以调试。而在动态图框架中，程序按照命令的顺序进行执行，容易调试。TensorFlow 架构如图 7-1 所示。

1) C API 把 TensorFlow 分割为前端和后端，前端（Python、C++、Java Client）基于 C API 触发 TensorFlow 后端程序运行。Training Libraries 和 Inference Libs 是模型训练

和推导的库函数，为用户开发应用模型使用。

2）Distributed Master 将用户的请求转换为一系列任务的执行。给定一个计算图和操作定义后，它将计算图分解为子图，不同的子图分片运行在不同的设备上。

3）Dataflow Executor 处于各个任务中，它接收 Master 发过来的请求，调度执行子图操作。

4）Kernel 为 TensorFlow 中算法操作的具体实现，如卷积操作、激活操作等。

5）RPC 和 RDMA 为网络层，主要负责传递神经网络算法参数。

6）CPU 和 GPU 为设备层，主要负责神经网络算法中具体的运算操作。

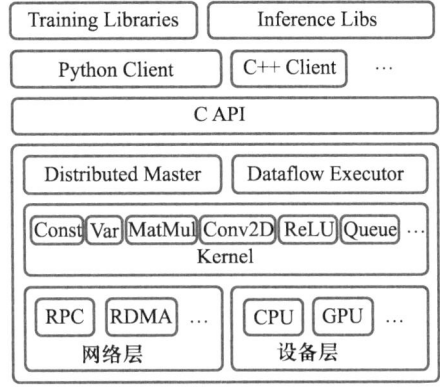

图 7-1　TensorFlow 架构

7.2　安装 TensorFlow

7.2.1　系统要求

最新的 TensorFlow 版本 2.x，支持 Windows、Linux、Mac OS 等操作系统。TensorFlow 2 系统要求如下。

1）Python 3.5~3.8，若要支持 Python 3.8，需要使用 TensorFlow 2.2 或更高版本。

2）pip 19.0 或更高版本。

3）操作系统：

Windows 7 或更高版本（64 位）。

Ubuntu 16.04 或更高版本（64 位）。

Mac OS 10.12.6（Sierra）或更高版本（64 位）（不支持 GPU）。

4）如要使用 GPU 运算，需要支持 CUDA 的显卡（适用于 Ubuntu 和 Windows）。

本书以 Windows 操作系统为例，介绍如何搭建 TensorFlow 开发环境，相关软件的版本信息见表 7-1。

表 7-1　软件版本信息

软　件	版 本 信 息
Windows	Windows 10，64 位
Python	3.8.x
TensorFlow	2.4.x

7.2.2　安装方式 1：从 Python 开始

1. 安装 Python

（1）下载 Python 安装文件

首先打开 Python 官网，在 Downloads 栏目中单击 Windows，可以看到所有发布的适用于 Windows 的 Python 安装包。选择下载 Windows installer（64-bit），如图 7-2 所示。

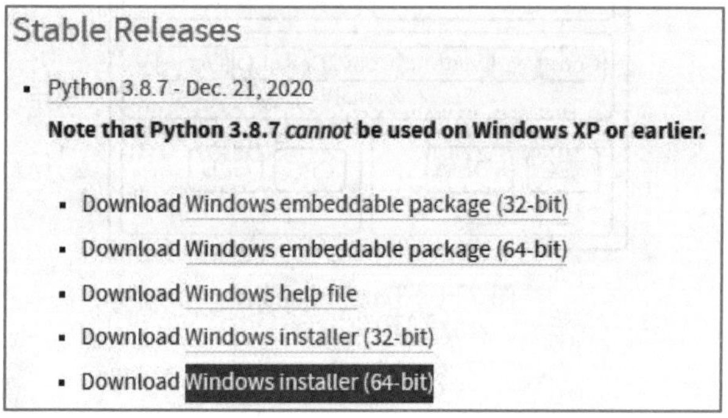

图 7-2　Python 安装包（Windows 64 位）

（2）安装 Python

打开下载的 python-3.8.7-amd64.exe 文件，不用更改任何配置，单击 Install Now 按钮，等待 Python 安装程序完成安装。在安装成功的最后页面，单击 Disable path length limit，确保开启长路径支持，如图 7-3 所示。

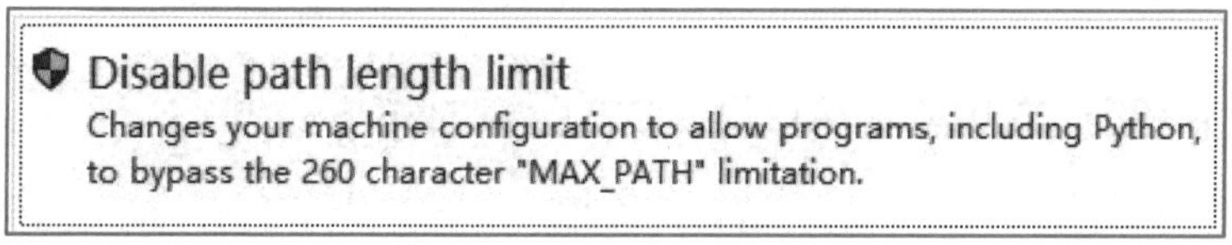

图 7-3　开启长路径支持

安装完成后，可以进入 Python 的安装目录，浏览 Python 的相关文件目录。注意，Python 默认的安装目录为 C:\Users\${用户名}\AppData\Local\Programs\Python\Python38。

（3）配置环境变量

为了能在命令提示符 cmd 中直接执行 Python 命令，将如下两个目录加入系统 Path 环境变量，如图 7-4 所示。

C:\Users\${用户名}\AppData\Local\Programs\Python\Python38
C:\Users\${用户名}\AppData\Local\Programs\Python\Python38\Scripts

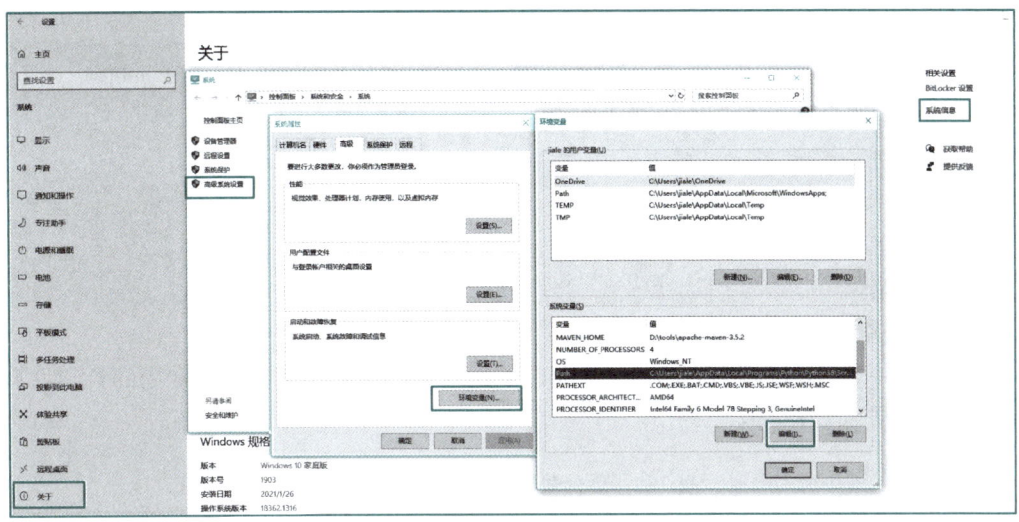

图 7-4 配置环境变量

注意，这两个目录放在 Path 路径最前面，这样系统会优先使用安装的 Python 3.8，如图 7-5 所示。

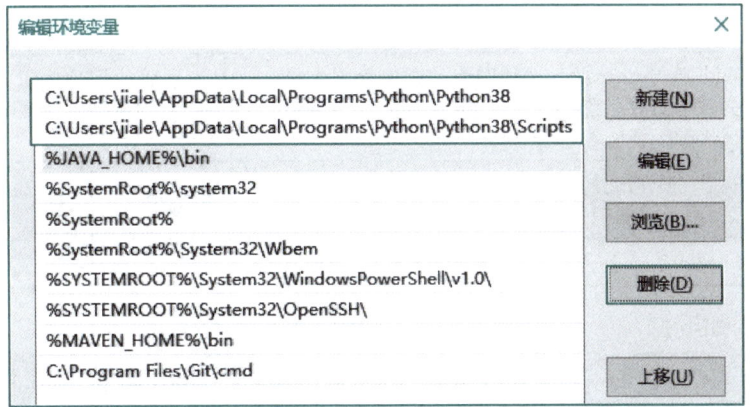

图 7-5 编辑环境变量

（4）验证 Python 安装

打开命令提示符 cmd，输入 Python 命令，显示出正确的 Python 版本号，说明 Python3.8 安装成功。命令如下：

```
C:\ >python
Python 3.8.7 (tags/v3.8.7:6503f05, Dec 21 2020, 17:59:51) [MSC v.1928 64 bit (AMD64)] on win32
Type "help", "copyright", "credits" or "license" for more information.
>>> exit()
```

> 笔记

2. 配置清华镜像

因为国内使用 pip 安装 Python 库时，下载需要很长时间。在配置文件中设置国内镜像可以提高速度，首先配置清华镜像源作为国内镜像。命令如下：

```
C:\>pip config set global.index-url https://pypi.tuna.tsinghua.edu.cn/simple
Writing to C:\Users\jiale\AppData\Roaming\pip\pip.ini

C:\>pip config list
global.index-url='https://pypi.tuna.tsinghua.edu.cn/simple'
```

3. 安装常用科学计算包

本书使用 JupyterLab 作为 TensorFlow 的开发环境，同时还需要安装常用的科学计算包，主要软件包见表 7-2。

表 7-2 软件包列表

软件包	简介
JupyterLab	JupyterLab 是 Jupyter 主打的最新数据科学生产工具，它的出现是为了取代 Jupyter Notebook。JupyterLab 作为一种基于 Web 的集成开发环境，可以使用它编写 Notebook、操作终端、编辑 Markdown 文本、打开交互模式、查看 CSV 文件及图片等
NumPy	NumPy（Numerical Python）是 Python 语言的一个扩展程序库，支持大量的维度数组与矩阵运算，此外也针对数组运算提供大量的数学函数库
Matplotlib	Matplotlib 是 Python 的一个绘图库。它包含了大量的工具，可以使用这些工具创建各种图形，包括简单的散点图、正弦曲线，甚至是三维图形。Python 科学计算社区经常使用它完成数据可视化的工作
Pandas	Pandas 是一个强大的分析结构化数据的工具集。它的使用基础是 NumPy（提供高性能的矩阵运算），用于数据挖掘和数据分析，同时也提供数据清洗功能
Scikit-learn	Scikit-learn 是基于 Python 语言的机器学习工具

安装命令如下：

```
C:\>pip install numpy scipy matplotlib ipython pandas sympy nose jupyterlab scikit-learn
```

等待安装完成后，使用 pip list 命令查看已经安装的包，验证安装结果。命令如下：

```
C:\>pip list
```

如果打印出上述软件包，说明安装成功。

4. 安装 TensorFlow

（1）安装 Microsoft Visual C++可再发行软件包

从 TensorFlow 2.1.0 版本开始，运行时需要 msvcp140_1.dll 文件，此文件可以单独安装。

（2）安装 TensorFlow

前面的基础软件环境已经完成，下面就可以开始安装 TensorFlow 了。使用 pip 命令安装，有如下两种方法。

1）直接使用 pip 安装 TensorFlow，命令如下：

```
C:\>pip install --upgrade tensorflow
```

2）下载 whl 文件安装。因为 TensorFlow 的安装包比较大，网络不好的情况下方法 1 可能会失败。所以这种情况下，可以使用 whl 来安装。首先打开 TensorFlow 的 whl 仓库，然后下载保存支持 64 位 Windows 的 2.4.x 版本 TensorFlow，如：tensorflow-2.4.1-cp38-cp38-win_amd64.whl。

使用 pip 安装 TensorFlow 的 whl 命令如下：

```
C:\>pip install tensorflow-2.4.1-cp38-cp38-win_amd64.whl
```

（3）安装验证

通过打印 TensorFlow 版本及执行矩阵运算，来验证安装。因为没有安装 GPU 支持，所以命令执行过程中会打印一些信息，提示 CUDA 无法使用。验证命令如下：

```
C:\>python -c "import tensorflow as tf;print(tf.__version__)"
```

运行结果如下：

```
……
2.4.1
```

```
C:\>python -c "import tensorflow as tf;print(tf.reduce_sum(tf.random.normal([1000,1000])))"
```

运行结果如下：

```
……
tf.Tensor(2104.2556, shape=(), dtype=float32)
```

（4）配置 GPU 支持（可选）

配置好 GPU 支持后，可以极大提高 TensorFlow 模型训练的速度。如果读者的计算机安装有支持 TensorFlow 的 GPU，可以参考官方文档完成相关驱动程序的安装。

5. 第一个 TensorFlow 代码

（1）打开 JupyterLab

本书使用 JupyterLab 作为 TensorFlow 的开发环境。首先新建一个文件夹如 D:\python-workspace，作为 JupyterLab 的工作目录。下面启动 JupyterLab，命令如下：

```
C:\>jupyter-lab --notebook-dir=D:\python-workspace
```

此时浏览器会自动弹出，打开 JupyterLab 页面，并且设置工作目录为 D:\python-workspace，下面就可以使用 JupyterLab 进行开发工作了。如果读者需要更换 JupyterLab 的工作目录，只需要修改 --notebook-dir 参数即可。

（2）编写执行代码

选择 File → New → Notebook 菜单命令，即可新建一个 Notebook 文件。下面在 Notebook 中编辑并执行第一个 TensorFlow 代码，如图 7-6 所示。

源代码：7.2 第一个 TensorFlow 代码

```
[1]: import tensorflow as tf
[2]: tf.__version__
[2]: '2.4.1'
[3]: hello = tf.constant('Hello, NIIT TensorFlow!')
[4]: print(hello.numpy())
     b'Hello, NIIT TensorFlow!'
```

图 7-6 第一个 TensorFlow 代码

当输入 TensorFlow 版本号，打印出 Hello 等字样时，便完成了第一个 TensorFlow 代码的编写和执行。

7.2.3 安装方式 2：从 Anaconda 开始

Anaconda 是一个开源的 Python 发行版本，包含了 Conda、Python 等多个科学包及其依赖项。使用 Anaconda 搭建开发环境相对简单，下面进行简要介绍。

1. 安装 Anaconda

进入 Anaconda 官网，下载适合 64 位 Windows 操作系统的安装文件。

双击安装文件，保持默认选项即可。安装完成后，在 Windows 菜单中可以看到 Anaconda 相关的命令图标。打开 Anaconda Navigator，可以看到常用的软件，如 cmd prompt、JupyterLab 等。

打开 cmd prompt，先查看基础环境情况。后续 Anaconda 的操作，默认命令环境都使用 cmd prompt。

```
# Anaconda 环境中 python.exe 的位置
(base) C:\Users\${username}>where python
C:\Users\jiale\anaconda3\python.exe

# Anaconda 环境中 pip.exe 的位置
(base) C:\Users\${username}>where pip
C:\Users\jiale\anaconda3\Scripts\pip.exe

#查看 Anaconda 预置的软件包，可以看到已经预置了很多软件包
(base) C:\Users\${username}>pip list
```

参考安装方式 1，使用 Anaconda cmd prompt 验证 Python 安装。

2. 配置清华镜像源

参考安装方式 1，使用 Anaconda cmd prompt 配置清华镜像源。

3. 安装 TensorFlow

参考安装方式 1，使用 Anaconda cmd prompt 安装 TensorFlow。

4. 第一个 TensorFlow 代码

参考安装方式 1，使用 Anaconda JupyterLab，完成第一个 TensorFlow 代码。

7.3 TensorFlow 基础知识

在着手训练 TensorFlow 模型前，有必要了解 TensorFlow 的基础知识。本节的内容不涉及具体模型训练，建议读者在 JupyterLab 中将样例程序跑一跑，思考输入张量的形状、输出张量的形状，以及为什么会有这样的输出。

在编写代码的过程中，经常会遇到有参数不清楚的情况，需要知道哪里能查询相关的 API 说明。有两个文档是必须要时刻翻阅的，那就是 TensorFlow 及 Keras 的官方文档。建议读者收藏：

另外，也可以通过"方法名+问号"的方式来查看该方法的文档说明，如图 7-7 所示。

图 7-7 查看方法的文档说明

7.3.1 张量

TensorFlow 中的 Tensor 可以翻译为张量，表示 TensorFlow 就是流动的张量。那么张量（Tensor）是什么呢？为何会流动（Flow）？在一个 TensorFlow 程序中，所有的操作都是围绕着张量的运算、传递来进行，都是基于数据流图的计算，完成张量从数据流图的一端流动到另一端的计算过程。TensorFlow 生动形象地描述了复杂数据结构在人工神经网络中的流动、传输、分析和处理模式。

张量是具有统一类型（称为 dtype）的多维数组。所有张量都是不可变的，永远无法更新张量的内容，只能创建新的张量。张量有以下两个最重要的属性。

1）形状 shape：张量的每个维度（轴）的长度（元素数量）。
2）数据类型 dtype：float32、int32 或 string 等。

下面通过一些张量的例子，来具体感受一下张量及其基本操作。首先，导入需要的包，代码如下：

微课 7-2
张量

```
import tensorflow as tf
import numpy as np
```

1. 0D 张量

0D 张量只包含一个数字,有 0 个维度,又称为标量。示例代码如下:

```
rank_0_tensor = tf.constant(4)
print(rank_0_tensor)
```

程序打印出 0D 张量 rank_0_tensor 的基本信息,运行结果如下:

```
tf.Tensor(4, shape=(), dtype=int32)
```

示例代码中的 0D 张量的形状 shape 为( ),数据类型 dtype 为 int32,可以用图 7-8 表示。

图 7-8 0D 张量

2. 1D 张量

1D 张量包含一个一维数组,可以看成由 0D 张量组成的数组,有 1 个维度,又称为向量。示例代码如下:

```
rank_1_tensor = tf.constant([2.0, 3.0, 4.0])
print(rank_1_tensor)
```

程序打印出 1D 张量 rank_1_tensor 的基本信息,运行结果如下:

```
tf.Tensor([2. 3. 4.], shape=(3,), dtype=float32)
```

示例代码中的 1D 张量的形状 shape 为(3,),数据类型 dtype 为 float32,可以用图 7-9 表示。

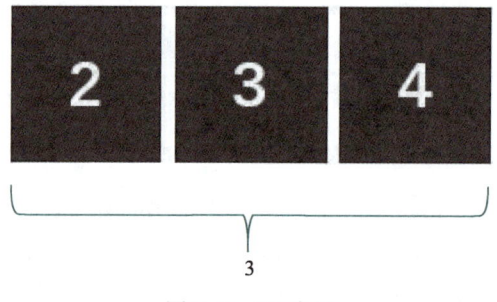

图 7-9 1D 张量

3. 2D 张量

2D 张量可以看成由 1D 张量组成的数组,有 2 个维度,又称为矩阵。示例代码如下:

```
rank_2_tensor = tf.constant([[1, 2],
                             [3, 4],
                             [5, 6]], dtype=tf.float16)
print(rank_2_tensor)
```

程序打印出 2D 张量 rank_2_tensor 的基本信息,运行结果如下:

```
tf.Tensor(
[[1. 2.]
 [3. 4.]
 [5. 6.]], shape=(3, 2), dtype=float16)
```

示例代码中的 2D 张量的形状 shape 为(3,2),数据类型 dtype 为 float16,可以用图 7-10 表示。

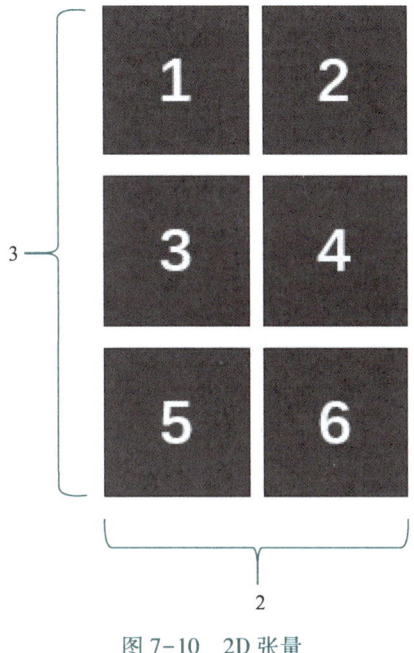

图 7-10　2D 张量

4. 3D 张量

3D 张量可以看成由 2D 张量组成的数组,有 3 个维度。示例代码如下:

```
rank_3_tensor = tf.constant([
  [[0, 1, 2, 3, 4],
   [5, 6, 7, 8, 9]],
  [[10, 11, 12, 13, 14],
   [15, 16, 17, 18, 19]],
  [[20, 21, 22, 23, 24],
   [25, 26, 27, 28, 29]],])
print(rank_3_tensor)
```

程序打印出 3D 张量 rank_3_tensor 的基本信息,运行结果如下:

```
tf.Tensor(
[[[ 0  1  2  3  4]
  [ 5  6  7  8  9]]

 [[10 11 12 13 14]
  [15 16 17 18 19]]

 [[20 21 22 23 24]
  [25 26 27 28 29]]], shape=(3, 2, 5), dtype=int32)
```

示例代码中的 3D 张量的形状 shape 为(3, 2, 5), 数据类型 dtype 为 int32, 可以用图 7-11 表示。

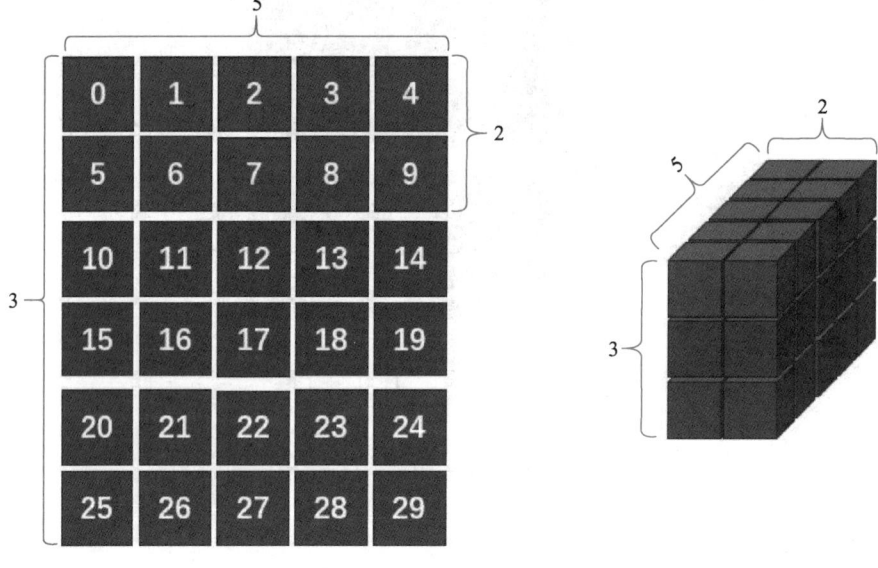

图 7-11　3D 张量

5. 4D 张量及更高

4D 张量可以看成由 3D 张量组成的数组, 有 4 个维度。示例代码如下:

```
#生成一个(3,3,2,5)的4维数组,值为[0,2)的随机整数
rand_4_array = np.random.randint(0, 2, size=(3, 3, 2, 5))
#将4维NumPy数组转换为4D张量
rank_4_tensor = tf.convert_to_tensor(rand_4_array)
print(rank_4_tensor.shape)
print(rank_4_tensor.numpy())
```

程序打印出 4D 张量 rank_4_tensor 的形状和数据信息, 运行结果如下:

```
(3, 3, 2, 5)
[[[[0 0 0 1 1]
  [1 0 1 1 0]]

 [[1 0 0 0 1]
  [0 1 1 0 0]]

 [[1 0 1 1 1]
  [0 1 0 0 1]]] ……
```

示例代码中的 4D 张量的形状 shape 为(3, 3, 2, 5)，数据类型 dtype 为 int32，可以用图 7-12 表示。

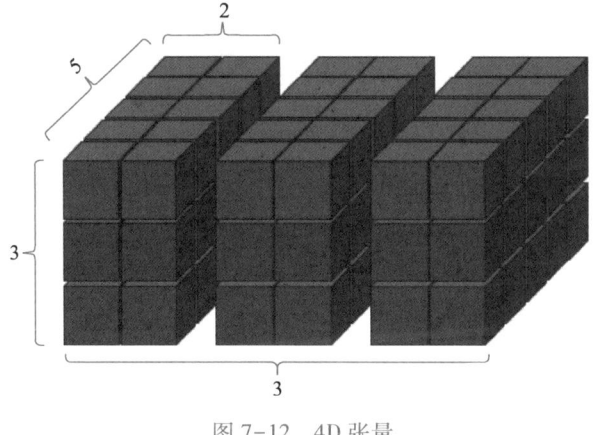

图 7-12　4D 张量

在 TensorFlow 中，各个维度的含义是有规范的。一般按照从全局到局部的顺序进行排序：首先是批次维度，然后是空间维度，最后是每个位置的特征。示例代码中 4D 张量 4 个维度的典型顺序含义为（Batch, Width, Height, Features），如图 7-13 所示。

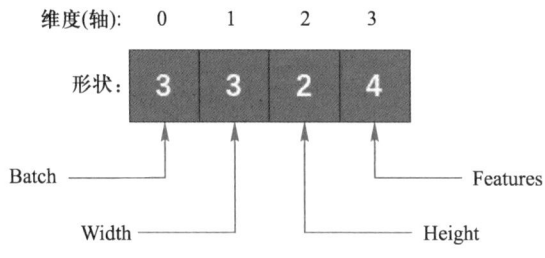

图 7-13　4D 张量各维度含义

例如，一张 RGB 格式的图片可以用 1 个 3D 张量表示，形状为（Width, Height, Features）。其中，Width、Height 表示像素点的位置；Features 表示像素点 RGB 的值。

一组 RGB 格式的图片可以用 4D 张量表示，在（Width, Height, Features）前面增加一个 Batch 维度，表示图片的索引，合起来是（Batch, Width, Height, Features）。

5D 张量可以看成由 4D 张量组成的数组,在处理视频数据时,可能会处理到 5D 张量。以此类推,可以定义出更高维度的张量。

6. 张量运算

张量运算可以分为标量运算、向量运算和矩阵运算。

(1) 标量运算

对张量实施逐元素运算,包括加、减、乘、除、乘方以及三角函数、指数、对数等常见函数。示例代码如下:

```
#张量运算:标量运算
a = tf.constant([[1, 2],
                 [3, 4]])
b = tf.constant([[0, 0],
                 [1, 0]])

print(a + b)
print(a - b)
print(a * b)
print(a / b)
```

程序定义了两个张量,并进行加、减、乘、除标量运算,运行结果如下:

```
tf.Tensor(
[[1 2]
 [4 4]], shape=(2, 2), dtype=int32)
tf.Tensor(
[[1 2]
 [2 4]], shape=(2, 2), dtype=int32)
tf.Tensor(
[[0 0]
 [3 0]], shape=(2, 2), dtype=int32)
tf.Tensor(
[[inf inf]
 [ 3. inf]], shape=(2, 2), dtype=float64)
```

(2) 向量运算

只在一个特定轴上运算,将一个向量映射到一个标量或者另外一个向量。示例代码如下:

```
#张量运算:向量运算
A = tf.constant([[2, 20, 30, 3, 6],
                 [1, 1, 1, 1, 1]])
print(tf.math.reduce_sum(A))
```

```
print(tf.math.reduce_max(A))

B = tf.constant([[2, 20, 30, 3, 6],
                 [3, 11, 16, 1, 8],
                 [14, 45, 23, 5, 27]])

print(tf.math.reduce_sum(B, 0))    #沿0轴,求和
print(tf.math.reduce_sum(B, 1))    #沿1轴,求和
print(tf.math.reduce_max(B, 0))    #沿0轴,求最大值
print(tf.math.reduce_max(B, 1))    #沿1轴,求最大值
```

程序定义了张量 A 和 B，并进行求和、求最大值向量运算，运行结果如下：

```
tf.Tensor(66, shape=(), dtype=int32)
tf.Tensor(30, shape=(), dtype=int32)
tf.Tensor([19 76 69  9 41], shape=(5,), dtype=int32)
tf.Tensor([ 61  39 114], shape=(3,), dtype=int32)
tf.Tensor([14 45 30  5 27], shape=(5,), dtype=int32)
tf.Tensor([30 16 45], shape=(3,), dtype=int32)
```

（3）矩阵运算

矩阵必须是二维的，包括矩阵乘法、矩阵转置、矩阵逆、矩阵行列式、矩阵求特征值、矩阵分解等运算。示例代码如下：

```
#张量运算:矩阵运算
#矩阵转置
A_trans = tf.linalg.matrix_transpose(A)
print(A_trans)
#矩阵点积
print(tf.linalg.matmul(B, A_trans))
```

程序对矩阵 A 进行转置，之后和矩阵 B 相乘，运行结果如下：

```
tf.Tensor(
[[ 2  1]
 [20  1]
 [30  1]
 [ 3  1]
 [ 6  1]], shape=(5, 2), dtype=int32)
tf.Tensor(
[[1349   61]
```

$$\begin{bmatrix} 757 & 39 \\ 1795 & 114 \end{bmatrix}], shape=(3, 2), dtype=int32)$$

7.3.2 激活函数

微课 7-3 激活函数

激活函数是人工神经网络中神经元的重要组成部分。如果不用激活函数,每一层输出都是上层输入的线性函数,无论神经网络有多少层,输出都是输入的线性组合。激活函数给神经元引入了非线性因素,使得神经网络可以任意逼近任何非线性函数,这样神经网络就可以应用到众多的非线性模型中。下面介绍 TensorFlow 几种常见的激活函数。

首先,导入需要的包,代码如下:

```
import tensorflow as tf
from tensorflow import keras
import matplotlib.pyplot as plt
import numpy as np
```

源代码:7.3.2 激活函数

1. ReLU()函数

ReLU()函数(Rectified Linear Unit),即线性整流函数。可以使用 Matplotlib 画出函数曲线,代码如下:

```
#生成 x 轴数据,-10~10 平均分布的 100 个数
x = np.linspace(-10, 10, 100)

fig, ax = plt.subplots()    #创建图形对象及坐标系
ax.plot(x, keras.activations.relu(x), label='relu')#设置 x 轴及 y 轴的数据
ax.set_xlabel('x label')    #设置 x 轴标签
ax.set_ylabel('y label')    #设置 y 轴标签
ax.set_title("Relu Plot")   #设置标题
ax.legend()                 #显示图例
```

运行结果如图 7-14 所示。

2. Sigmoid()函数

Sigmoid()函数也称为 Logistic()函数,取值范围为(0,1),它可以将一个实数映射到(0,1)的区间,可以用来做二分类。可以使用 Matplotlib 画出函数曲线,代码如下:

```
#生成 x 轴数据,-10~10 平均分布的 100 个数
x = np.linspace(-10, 10, 100)

fig, ax = plt.subplots()    #创建图形对象及坐标系
#设置 x 轴及 y 轴的数据
ax.plot(x, keras.activations.sigmoid(x), label='sigmoid')
```

ax. set_xlabel('x label') #设置 x 轴标签
ax. set_ylabel('y label') #设置 y 轴标签
ax. set_title("Sigmoid Plot") #设置标题
ax. legend() #显示图例

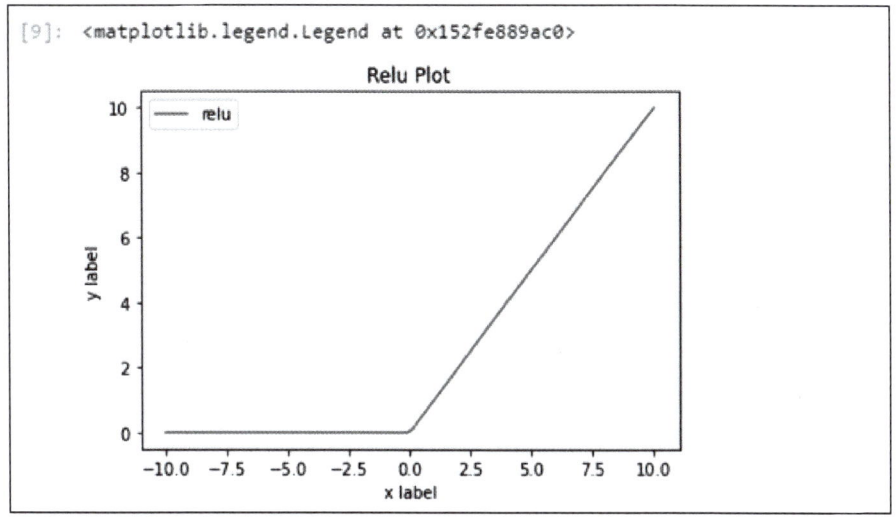

图 7-14 ReLU()函数曲线

运行结果如图 7-15 所示。

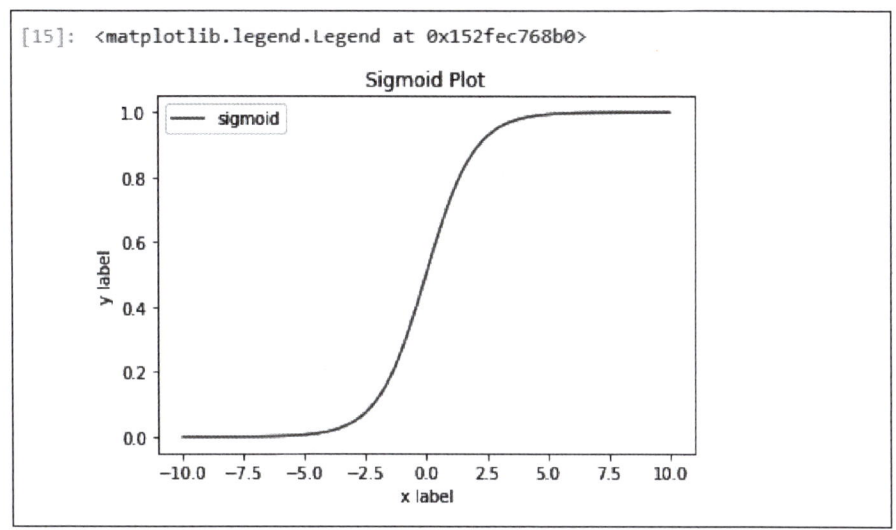

图 7-15 Sigmoid()函数曲线

3. Softmax()函数

Softmax()函数又称归一化指数函数,能将一个含任意实数的 K 维向量 z "压缩"到另一个 K 维实向量 $\sigma(z)$ 中,使得每一个元素的范围为 $(0,1)$,并且所有元素的和为 1。该函数多用于多分类问题中,为每个输出分类的结果都赋予一个概率值,表示属于每个类别的可能性。

Softmax 函数测试代码如下:

```
#创建测试数据,形状为(3,5)的矩阵,元素为-10~10的随机整数
inputs_2D = np.random.randint(-10,10, size=(3,5)) / 1.0
inputs_2D
```

程序打印出 2D 张量 inputs_2D 的基本信息,运行结果如下:

```
array([[ 2., -9.,  0.,  4.,  4.],
       [-2., -7., -10.,  9., -2.],
       [-4., -9., -9., -7., -1.]])
```

下面对 2D 张量 inputs_2D 执行 Softmax() 函数,代码如下:

```
#对测试数据执行 Softmax 函数,打印输出
output = keras.activations.softmax(tf.convert_to_tensor(inputs_2D))
print(output)
```

归一化指数运算后的运行结果如下:

```
tf.Tensor(
[[6.28398687e-02 1.04953268e-06 8.50445143e-03 4.64327315e-01
  4.64327315e-01]
 [1.67011409e-05 1.12531402e-07 5.60260863e-09 9.99966480e-01
  1.67011409e-05]
 [4.72840069e-02 3.18597132e-04 3.18597132e-04 2.35413208e-03
  9.49724667e-01]], shape=(3, 5), dtype=float64)
```

下面验证所有元素的和是否为 1,代码如下:

```
#对 ouput 的 3 个向量求和,验证结果是否为 1
for i in range(3):
    print(output.numpy()[i].sum())
```

通过求和运算得出所有元素的和确实为 1,运行结果如下:

```
1.0
1.0000000000000002
1.0
```

7.3.3 层

层将一个或多个输入张量转换为一个或多个输出张量,它维护了一个状态属性 weight。在模型训练的过程中,层会不断更新学习其状态属性 weight。下面介绍 TensorFlow 框架中常用的层。

1. 卷积层

以二维卷积层（Conv2D layer）为例，该层常用在图像数据中，对二维输入进行滑动窗卷积。当使用该层作为第一层时，应提供 input_shape 参数，例如 input_shape =（128，128，3）代表 128×128 的彩色 RGB 图像（data_format = 'channels_last'）。

（1）定义

代码如下：

tf.keras.layers.convolutional.Conv2D(
    filters, kernel_size, strides=(1, 1), padding="**valid**", data_format=None, dilation_rate=(1, 1), groups=1, activation=None, use_bias=True, kernel_initializer="**glorot_uniform**", bias_initializer="**zeros**", kernel_regularizer=None, bias_regularizer=None, activity_regularizer=None, kernel_constraint=None, bias_constraint=None
)

源代码：7.3.3层

（2）常用参数

卷积层 Conv2D 参数如表 7-3 所示。

表 7-3 卷积层 Conv2D 参数列表

参　数　名	说　　明
filters	卷积核的数目（即输出的维度），如 16
kernel_size	卷积核的宽度和长度。如果为单个整数，则表示各个维度长度相同，如 3
strides	卷积的步长。如果为单个整数，则表示在各个维度的步长相同
padding	补 0 策略，取值为 valid 或 same。其中，valid 表示不补 0；same 代表保留边界处的卷积结果，这样输出 shape 与输入 shape 相同
activation	激活函数。如果不指定该参数，将不会使用任何激活函数
data_format	输入张量的维度顺序，取值为 channels_last（默认值）或 channels_first

（3）输入张量形状

当 data_format 为 channels_last 时，为 batch_shape +（rows，cols，channels）。

当 data_format 为 channels_first 时，为 batch_shape +（channels，rows，cols）。

（4）输出张量形状

当 data_format 为 channels_last 时，为 batch_shape +（new_rows，new_cols，filters）。

当 data_format 为 channels_first 时，为 batch_shape +（filters，new_rows，new_cols）。

（5）返回值

4+D 张量，计算公式为 activation(conv2d(inputs，kernel) + bias)。

2. 池化层

以二维最大值池化层（MaxPooling2D layer）为例，该层常跟在卷积层后，对卷积层的输出进行采样，减少需要计算的元素。

当 padding 参数取值为 valid 时，输出张量形状为（input_shape − pool_size + 1）/ strides）。

当 padding 参数取值为 same 时，输出张量形状为 input_shape/strides。

(1) 定义

代码如下：

```
tf.keras.layers.MaxPooling2D(
    pool_size=(2,2), strides=None, padding="valid", data_format=None
)
```

(2) 常用参数

池化层 MaxPooling2D 参数如表 7-4 所示。

表 7-4 池化层 MaxPooling2D 参数列表

参 数 名	说　明
pool_size	整数或长为 2 的整数 tuple，代表在两个方向（竖直，水平）上的下采样因子，如取(2,2)，将使图片在两个维度上均变为原长的一半，整数表示各个维度值相同且为该数字
strides	步长值。整数或长为 2 的整数 tuple，或者 None
padding	补 0 策略，取值为 valid 或 same。其中，valid 表示不补 0；same 代表在边界处补 0，这样输出 shape 与输入 shape 相同
data_format	输入张量的维度顺序，取值为 channels_last（默认值）或 channels_first

> 笔记

(3) 输入张量形状

当 data_format 为 channels_last 时，为 batch_shape + (rows, cols, channels)。

当 data_format 为 channels_first 时，为 batch_shape + (channels, rows, cols)。

(4) 输出张量形状

当 data_format 为 channels_last 时，为(batch_size, pooled_rows, pooled_cols, channels)。

当 data_format 为 channels_first 时，为(batch_size, channels, pooled_rows, pooled_cols)。

(5) 返回值

4+D 张量，计算公式为最大值池化运算。

3. 压平层

压平层（Flatten Layer）用来将输入压平，即把多维的输入一维化，常用在从卷积层到全连接层的过渡。注意 Flatten 不影响 batch 的大小。

(1) 定义

代码如下：

```
tf.keras.layers.Flatten(data_format=None)
```

(2) 常用参数

压平层 Flatten 参数如表 7-5 所示。

表 7-5 压平层 Flatten 参数列表

参 数 名	说　明
data_format	输入张量的维度顺序，取值为 channels_last（默认值）或 channels_first

4. 全连接层

全连接层（Dense Layer）的每一个节点都与上一层的所有节点相连，用来把前边提取到的特征综合起来。全连接层实现如下操作：output = activation（dot（input，kernel）+bias）。

（1）定义

代码如下：

```
tf.keras.layers.Dense(
    units,activation=None，use_bias=True，kernel_initializer="glorot_uniform",bias
_initializer="zeros"，kernel_regularizer=None，bias_regularizer=None，    activity_
regularizer=None，kernel_constraint=None，bias_constraint=None，
)
```

（2）常用参数

全连接层 Dense 参数如表 7-6 所示。

表 7-6　全连接层 Dense 参数列表

参　数　名	说　　明
units	大于 0 的整数，代表该层的输出维度
activation	激活函数。如果不指定该参数，将不会使用任何激活函数

（3）输入张量形状

N-D 张量，形状为（batch_size，…，input_dim）。最常见的情况是 2D 张量，形状为（batch_size，input_dim）。

（4）输出张量形状

N-D 张量，形状为（batch_size，…，units）。例如，输入为形状（batch_size，input_dim）的 2D 张量，输出张量的形状为（batch_size，units）。

5. 丢弃层

丢弃层（Dropout Layer）将在训练过程中每次更新参数时按一定概率随机断开输入神经元，用于防止过拟合。

（1）定义

代码如下：

```
tf.keras.layers.core.Dropout(rate,noise_shape=None, seed=None)
```

（2）常用参数

丢弃层 Dropout 参数如表 7-7 所示。

表 7-7　丢弃层 Dropout 参数列表

参　数　名	说　　明
rate	0~1 的浮点数，控制需要断开的神经元的比例

6. 代码示例

(1) 导入需要的包

首先导入需要的 3 个包,代码如下:

```python
import numpy as np
from tensorflow.keras import layers
import matplotlib.pyplot as plt
```

(2) 创建 4D 张量

创建 1 个 4D 张量作为原始测试数据的输入,并画出该 4D 张量的图形表示,代码如下:

```python
#创建 4D 张量,元素范围为 0~1,代表 3 张 RGB 图片
inputs_4D = np.random.randint(0, 255, size=(3, 8, 8, 3)) / 255.0
print("输入 4D 张量形状:", inputs_4D.shape)

#定义 drawTensors() 函数,画出图形
def drawTensors(tensors):
    fig, axs = plt.subplots(nrows=1, ncols=3, figsize=(8, 8))
    for ax, x in zip(axs.flat, tensors):
        ax.imshow(x)
    plt.tight_layout()
    plt.show()
    return

#画出 4D 张量
drawTensors(inputs_4D)
```

程序定义了 1 个 4D 张量 inputs_4D,打印出 inputs_4D 的形状,并画出该张量的图形,如图 7-16 所示。运行结果如下:

输入 4D 张量形状:(3, 8, 8, 3)

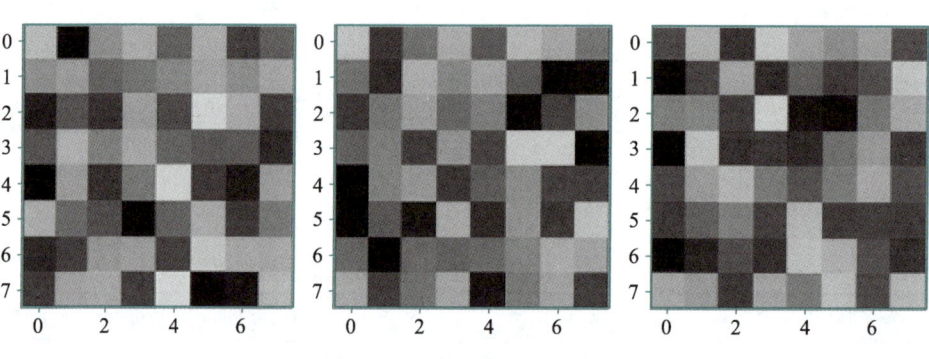

本页彩图

图 7-16 原始 4D 张量图形

(3) Conv2D Layer

对张量 inputs_4D 进行卷积层运算,代码如下:

```
#2D 卷积层,包含1个大小为3的卷积核,激活函数为 ReLU()
layer = layers.Conv2D(1, kernel_size=3, activation="sigmoid")
conv2dInputs = inputs_4D;
conv2dOutputs = layer(conv2dInputs)
print("输入张量形状:", conv2dInputs.shape)
print("输出张量形状:", conv2dOutputs.shape)

#画出 4D 张量
drawTensors(conv2dOutputs)
```

经卷积层运算后,图形形状从 8×8 变为 6×6,如图 7-17 所示。运行结果如下:

```
输入张量形状:(3, 8, 8, 3)
输出张量形状:(3, 6, 6, 1)
```

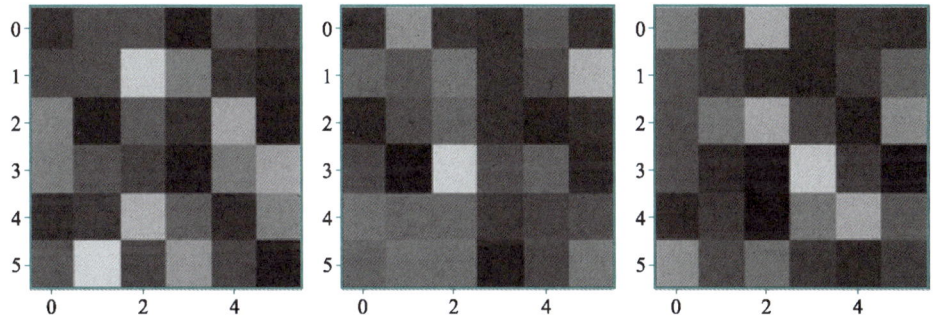

图 7-17 经卷积层运算后的 4D 张量图形

(4) MaxPooling2D Layer

对上一层的结果进行池化层运算,代码如下:

```
#使用上一层的输出作为输入
maxPooling2dInputs = conv2dOutputs;

#2D 最大值池化层,采样因子形状(2, 2)
layer = layers.MaxPool2D(pool_size=(2, 2))
maxPooling2dOutputs = layer(maxPooling2dInputs)
print("输入张量形状:", maxPooling2dInputs.shape)
print("输出张量形状:", maxPooling2dOutputs.shape)

#画出 4D 张量
drawTensors(maxPooling2dOutputs)
```

经池化层运算后，图形形状从 6×6 变为 3×3，如图 7-18 所示。运行结果如下：

输入张量形状：(3, 6, 6, 1)
输出张量形状：(3, 3, 3, 1)

本页彩图

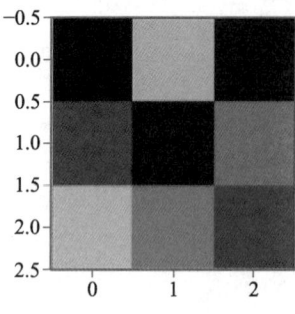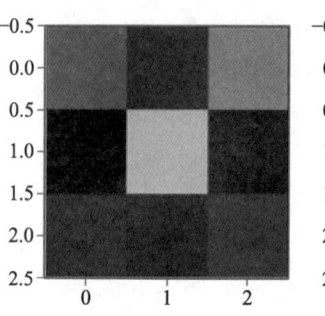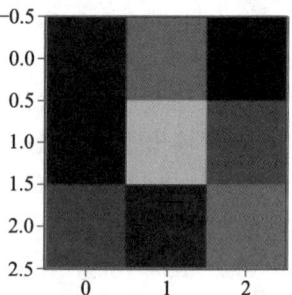

图 7-18　经池化层运算后的 4D 张量图形

（5）Flatten Layer

对上一层的结果进行压平层运算，代码如下：

```
#使用上一层的输出作为输入
flattenInputs = maxPooling2dOutputs;
#压平层
layer = layers.Flatten()
flattenOutputs = layer(flattenInputs)
print("输入张量形状:", flattenInputs.shape)
print("输出张量形状:", flattenOutputs.shape)
print("outputs:", flattenOutputs)
```

经压平层运算后，张量形状从(3, 3, 3, 1)变为(3, 9)。运行结果如下：

```
输入张量形状：(3, 3, 3, 1)
输出张量形状：(3, 9)
outputs: tf.Tensor(
[[0.5833603  0.74514467 0.57984424 0.6735828  0.6050485  0.71466243
  0.75112236 0.7207882  0.67194796]
 [0.6865457  0.6475871  0.7177569  0.59064835 0.74197114 0.6286431
  0.6427815  0.63694125 0.65919685]
 [0.6729125  0.7246815  0.64703    0.6699265  0.75241464 0.7082293
  0.7047024  0.67988837 0.7274583 ]], shape=(3, 9), dtype=float32)
```

（6）Dense Layer

对上一层的结果进行全连接层运算，代码如下：

```
#使用上一层的输出作为输入
denseInputs = flattenOutputs;

#全连接层,输出维度为10,激活函数为Softmax()
layer = layers.Dense(10, activation='softmax')
denseOutputs = layer(denseInputs)
print("输入张量形状:", denseInputs.shape)
print("输出张量形状:", denseOutputs.shape)
print("outputs:", denseOutputs)
```

经全连接层运算后,张量形状从(3,9)变为(3,10)。运行结果如下:

```
输入张量形状:(3,9)
输出张量形状:(3,10)
outputs: tf.Tensor(
[[0.09941565 0.05519661 0.07945824 0.1529937  0.19661015 0.17799166
  0.06607948 0.01235339 0.04128958 0.11861158]
 [0.09691288 0.05923541 0.09801657 0.12719895 0.18053737 0.18448675
  0.06703682 0.01284135 0.04642689 0.12730704]
 [0.0941219  0.05401845 0.08716066 0.13819371 0.19461697 0.18456091
  0.06926244 0.01160756 0.04292249 0.12353483]], shape=(3,10), dtype=float32)
```

(7) Dropout Layer

对上一层的结果进行丢弃层运算,代码如下:

```
#使用上一层的输出作为输入
dropoutInputs = denseOutputs

#丢弃层,丢弃比例为0.5
layer = layers.Dropout(0.5)
dropoutOutputs = layer(dropoutInputs, training=True)
print("输入张量形状:", dropoutInputs.shape)
print("输出张量形状:", dropoutOutputs.shape)
print("outputs:", dropoutOutputs)
```

经丢弃层运算后,有50%的数据被丢弃置0。运行结果如下:

```
输入张量形状:(3,10)
输出张量形状:(3,10)
outputs: tf.Tensor(
```

```
[[0.         0.04370666 0.         0.         0.         0.03903501
  0.09435865 0.5687621  0.         0.        ]
 [0.         0.         0.         0.27527773 0.1689956  0.
  0.         0.5706524  0.14409249 0.39471203]
 [0.         0.         0.         0.2655043  0.         0.
  0.         0.         0.         0.        ]], shape=(3, 10), dtype=float32)
```

7.3.4 模型

前面介绍了 TensorFlow 常用的层,读者对"层"应该已经有了一定的了解。把多个不同的"层"按照规范串联起来,包括输入层、中间层(隐藏层)和输入层,经过训练学习其状态属性 weight,就构成了人工神经网络,也就是通常所说的模型。

1. 创建模型

最简单的模型是 Sequential 顺序模型,它由多个网络层线性堆叠。

(1)定义

代码如下:

```
tf.keras.Sequential()
```

(2)示例

代码如下:

```
#使用 Sequential 创建包含 3 个层的顺序模型
model = keras.Sequential(
    [
        layers.Dense(2, activation="relu", name="layer1"),
        layers.Dense(3, activation="relu", name="layer2"),
        layers.Dense(4, name="layer3"),
    ]
)
#调用模型
x = tf.ones((3, 3))
y = model(x)
```

2. 编译模型

在完成了模型的构建后,可以使用 compile() 方法来编译模型,这一步需要配置优化器和损失函数。

(1)定义

代码如下:

```
Model.compile(
optimizer="rmsprop", loss=None, metrics=None, loss_weights=None, weighted_
metrics=None, run_eagerly=None, steps_per_execution=None
)
```

(2) 常用参数

编译模型参数如表 7-8 所示。

表 7-8 编译模型参数列表

参 数 名	说 明
optimizer	优化器名称或优化器类实例,见 tf.keras.optimizers。 可选优化函数:SGD()、RMSprop()、Adam()、Adadelta()、Adagrad()、Adamax()、Nadam()、Ftrl()
loss	损失函数名称、损失函数或 tf.keras.losses.Loss 类实例。 可选损失函数如下。 1) 概率损失函数:binary_crossentropy()、categorical_crossentropy()、sparse_categorical_crossentropy()、poisson()、kl_divergence() 2) 回归损失函数:mean_squared_error()、mean_absolute_error()、mean_absolute_percentage_error()、mean_squared_logarithmic_error()、cosine_similarity()、huber()、log_cosh() 3) 铰链损失函数:hinge()、squared_hinge()、categorical_hinge()

(3) 示例

代码如下:

```
#使用优化器、损失函数名称
model.compile(loss='categorical_crossentropy', optimizer='adam')

#使用优化器、损失函数实例
opt = keras.optimizers.Adam(learning_rate=0.01)
loss = tf.keras.losses.categorical_crossentropy(y_true, y_pred)
model.compile(loss=loss, optimizer=opt)

#使用损失函数类实例
loss=tf.keras.losses.CategoricalCrossentropy()
model.compile(loss=loss, optimizer=opt)
```

3. 训练模型

可以使用 fit() 方法进行训练模型。

(1) 定义

代码如下:

```
Model.fit(
    x=None, y=None, batch_size=None, epochs=1, verbose=1, callbacks=None,
alidation_split=0.0, validation_data=None, shuffle=True, lass_weight=None, sample
_weight=None, initial_epoch=0, teps_per_epoch=None, validation_steps=None, vali-
dation_batch_size=None, alidation_freq=1, max_queue_size=10, workers=1, se_
multiprocessing=False,
)
```

(2) 常用参数

训练模型参数如表 7-9 所示。

表 7-9 训练模型参数列表

参　数　名	说　明
x	输入数据，可以是 NumPy 数据、TensorFlow 张量等
y	目标数据，需要和 x 配套
batch_size	整数，梯度更新时样本的数量
epochs	整数，数据集训练多少遍
validation_split	浮点数，范围为 0~1，从训练集分离出测试集的比例

(3) 示例

代码如下：

```
model.fit(x_train, y_train, epochs=5, batch_size=32)
```

4. 模型预测

模型训练好后，可以使用 predict() 方法来进行预测。

(1) 定义

代码如下：

```
Model.predict(
    x, batch_size=None, verbose=0, steps=None, callbacks=None, max_queue_size
=10, workers=1, use_multiprocessing=False,
)
```

(2) 常用参数

模型预测参数如表 7-10 所示。

表 7-10 模型预测参数列表

参　数　名	说　明
x	输入数据，可以是 NumPy 数据、TensorFlow 张量等
batch_size	整数，每一批预测的样本数量

(3)示例

代码如下:

```
classes = model.predict(x_test,batch_size=128)
```

5. 模型保存

训练好的模型可以保存到磁盘。模型文件有两种格式:h5 和 SavedModel。如果 filepath 参数以 .h5 结尾,则保存为 h5 格式;如果 filepath 参数为目录,则保存为 SavedModel 格式。

h5 格式包含模型的架构、权重值和 compile() 信息,是 SavedModel 的轻量化替代选择。SavedModel 格式会存储类名称、调用函数、损失和权重,保存的内容更完备。

(1)定义

代码如下:

```
Model.save(
    filepath, overwrite=True, include_optimizer=True, save_format=None, signatures=None, options=None, save_traces=True,
)
```

(2)常用参数

模型保存参数如表 7-11 所示。

表 7-11 模型保存参数列表

参 数 名	说 明
filepath	模型文件路径,如'my_model.h5'或'my_model'
overwrite	True/False,是否重写文件
save_format	'h5'或'tf',模型文件格式为 h5 或 SavedModel

6. 模型加载

可以将保存到磁盘的模型文件加载到 TensorFlow,直接进行模型预测等操作。

(1)定义

代码如下:

```
tf.keras.models.load_model(
    filepath, custom_objects=None, compile=True, options=None
)
```

(2)常用参数

模型加载参数如表 7-12 所示。

表 7-12 模型加载参数列表

参 数 名	说 明
filepath	模型文件路径,如'my_model.h5'或'my_model'

（3）示例

代码如下：

```
#保存模型
model.save('modeldir/my_model1')

#加载模型
loaded_model = tf.keras.models.load_model('modeldir/my_model1')
```

7.4 TensorFlow 实战：手写数字识别

本节通过 TensorFlow 经典案例——手写数字识别，来演示 TensorFlow 数据处理、模型训练以及模型预测等过程。

1. 导入需要的包

首先导入需要的 4 个包，代码如下：

```
import numpy as np
from tensorflow import keras
from tensorflow.keras import layers
import matplotlib.pyplot as plt
```

2. 数据集查看

1）加载数据集后，查看数据集的基本信息。代码如下：

```
#加载 mnist 数据集,返回训练集、测试集
(x_train, y_train), (x_test, y_test) = keras.datasets.mnist.load_data()
#训练集包含 60000 个手写数字样本
print("训练集,输入张量形状:", x_train.shape)
print("训练集,输出张量形状:", y_train.shape)
#测试集包含 10000 个手写数字样本
print("测试集,输入张量形状:", x_test.shape)
print("测试集,输出张量形状:", y_test.shape)
```

运行结果如下：

```
训练集,输入张量形状: (60000, 28, 28)
训练集,输出张量形状: (60000,)
测试集,输入张量形状: (10000, 28, 28)
测试集,输出张量形状: (10000,)
```

2）查看图片矩阵数值的范围。代码如下：

```
#选取第一个图片,查看图片矩阵数值的范围
print("图片矩阵最小值:", x_train[0].min())
print("图片矩阵最大值:", x_train[0].max())
print("图片矩阵平均值:", x_train[0].mean())
```

数值范围为 0~255，平均值约为 35.1，运行结果如下：

```
图片矩阵最小值: 0
图片矩阵最大值: 255
图片矩阵平均值: 35.108418367346935
```

3）查看训练集前 5 个样本的手写数字图片及目标数字。代码如下：

```
#查看训练集的前 5 个样本,显示出 5 个手写数字及 5 个目标数字
fig, axs = plt.subplots(nrows=1, ncols=5, figsize=(8, 8),
                        subplot_kw={'xticks':[], 'yticks':[]})
for ax, x, y in zip(axs.flat, x_train[:5], y_train[:5]):
    ax.imshow(x, cmap='gray')
    ax.set_title(y, {'color':'red'})
plt.tight_layout()
plt.show()
```

前 5 个样本的目标数字为[5,0,4,1,9]，和手写数字的图片吻合，如图 7-19 所示。

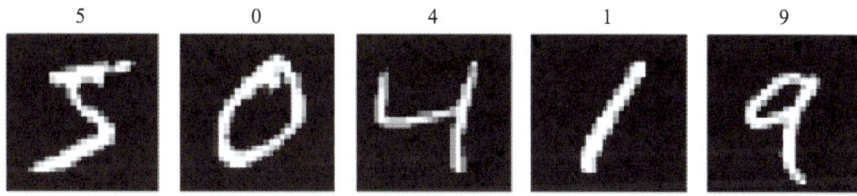

图 7-19　训练集的前 5 个样本

4）查看测试集前 5 个样本的手写数字图片及目标数字。代码如下：

```
#查看测试集的前 5 个样本,显示出 5 个手写数字及 5 个目标数字
fig, axs = plt.subplots(nrows=1, ncols=5, figsize=(8, 8),
                        subplot_kw={'xticks':[], 'yticks':[]})
for ax, x, y in zip(axs.flat, x_test[:5], y_test[:5]):
    ax.imshow(x, cmap='gray')
    ax.set_title(y, {'color':'red'})
plt.tight_layout()
plt.show()
```

前5个样本的目标数字为[7,2,1,0,4]，和手写数字的图片吻合，如图7-20所示。

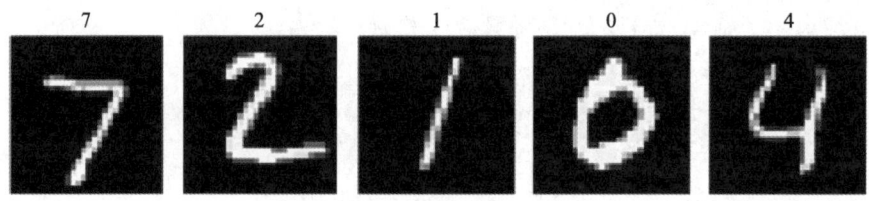

图7-20 测试集的前5个样本

3. 数据预处理

1）首先进行数据预处理，改变数据集的形状以适合训练模型。代码如下：

```
#数字范围为0~9,共10个类别
num_classes = 10

#图片数据原来是范围为0~255的整数,转换为0~1的浮点数
x_train = x_train.astype("float32") / 255
x_test = x_test.astype("float32") / 255

#输入张量形状,原来为(batch, 28, 28),转换为(batch, 28, 28, 1)
x_train = np.expand_dims(x_train, -1)
x_test = np.expand_dims(x_test, -1)
print("训练集,输入张量形状:", x_train.shape)
print("测试集,输入张量形状:", x_test.shape)
```

程序将数据集转换为4D张量，运行结果如下：

```
训练集,输入张量形状：(60000, 28, 28, 1)
测试集,输入张量形状：(10000, 28, 28, 1)
```

2）将y_train和y_test的目标数字转换为向量表示。代码如下：

```
#输出张量原形状为(batch),转换为0、1类别矩阵,即(batch,10)
#例如,y_train[0]原来是5,转换后变为[0. 0. 0. 0. 0. 1. 0. 0. 0. 0.]
print("old y_train[0]", y_train[0])
y_train = keras.utils.to_categorical(y_train, num_classes)
y_test = keras.utils.to_categorical(y_test, num_classes)
print("训练集,输出张量形状:", y_train.shape)
print("测试集,输出张量形状:", y_test.shape)
print("y_train[0]", y_train[0])
```

程序把y_train和y_test转换为二进制（只有0和1）的矩阵类型，运行结果如下：

```
old y_train[0] 5
训练集,输出张量形状：(60000, 10)
测试集,输出张量形状：(10000, 10)
y_train[0] [0. 0. 0. 0. 0. 1. 0. 0. 0. 0.]
```

4. 创建模型

使用 keras.Sequential 创建模型,包括两个卷积层、两个池化层、压平层、丢弃层和全连接层。代码如下：

```
#创建模型,模型由各个层组成,可以看到每层输出的形状
model = keras.Sequential(
    [
        keras.Input(shape=(28, 28, 1)),
        layers.Conv2D(32, kernel_size=(3, 3), activation="relu"),
        layers.MaxPooling2D(pool_size=(2, 2)),
        layers.Conv2D(64, kernel_size=(3, 3), activation="relu"),
        layers.MaxPooling2D(pool_size=(2, 2)),
        layers.Flatten(),
        layers.Dropout(0.5),
        layers.Dense(num_classes, activation="softmax"),
    ]
)

#查看模型概要
model.summary()
```

程序创建了模型,并打印模型的基本信息,可以看出模型共有 34 826 个参数需要训练。运行结果如下：

```
Model: "sequential"
_____
Layer (type)                    Output Shape              Param #
=================================================================
conv2d (Conv2D)                 (None, 26, 26, 32)        320
_____
max_pooling2d (MaxPooling2D)    (None, 13, 13, 32)        0
_____
conv2d_1 (Conv2D)               (None, 11, 11, 64)        18496
_____
max_pooling2d_1 (MaxPooling2     (None, 5, 5, 64)         0
```

flatten (Flatten)	(None, 1600)	0
dropout (Dropout)	(None, 1600)	0
dense (Dense)	(None, 10)	16010

===

Total params: 34,826
Trainable params: 34,826
Non-trainable params: 0

5. 编译模型

下面对模型进行编译,需要设定损失函数和优化器参数。代码如下:

```
#损失函数使用 categorical_crossentropy
#优化器使用 Adam
#衡量指标使用 Accuracy
model.compile(loss = "categorical_crossentropy", optimizer = "adam", metrics = ["accuracy"])
```

6. 训练模型

使用 model.fit 方法进行训练模型,需要设定训练的相关参数。代码如下:

```
#进行梯度下降时每个 batch 包含的样本数
batch_size = 128
#训练终止时的 epoch 值
epochs = 5
#训练集中,10%的样本不参与训练,用来验证
validation_split = 0.1
#开始训练
history = model.fit(x_train, y_train, batch_size = batch_size, epochs = epochs, validation_split = validation_split)
```

训练完成了 5 个 Epoch,每个 Epoch 花费时间约为 44 秒,运行结果如下:

```
Epoch 1/5
422/422 [==============================] - 48s 112ms/step - loss: 0.7505 - accuracy: 0.7705 - val_loss: 0.0838 - val_accuracy: 0.9773
Epoch 2/5
```

```
422/422 [==============================] - 44s 103ms/
step - loss: 0.1189 - accuracy: 0.9655 - val_loss: 0.0580 - val_accuracy: 0.9853
Epoch 3/5
422/422 [==============================] - 44s 103ms/
step - loss: 0.0911 - accuracy: 0.9717 - val_loss: 0.0511 - val_accuracy: 0.9857
Epoch 4/5
422/422 [==============================] - 44s 103ms/
step - loss: 0.0709 - accuracy: 0.9777 - val_loss: 0.0432 - val_accuracy: 0.9888
Epoch 5/5
422/422 [==============================] - 44s 103ms/
step - loss: 0.0627 - accuracy: 0.9803 - val_loss: 0.0384 - val_accuracy: 0.9897
```

7. 模型评估

模型训练完成后可以进行模型评估，代码如下：

```python
#画出每一轮训练，精确度和损失函数值的曲线
plt.rcParams['axes.unicode_minus'] = False #解决负号显示小方块
plt.rcParams['font.family'] = 'SimHei' #中文

acc = history.history['accuracy']
val_acc = history.history['val_accuracy']

loss = history.history['loss']
val_loss = history.history['val_loss']

epochs_range = range(epochs)

plt.figure(figsize=(8, 8))
plt.subplot(1, 2, 1)
plt.plot(epochs_range, acc, label='训练集 Accuracy')
plt.plot(epochs_range, val_acc, label='10%验证集 Accuracy')
plt.legend(loc='lower right')
plt.title('训练集和 10%验证集 Accuracy')

plt.subplot(1, 2, 2)
plt.plot(epochs_range, loss, label='训练集 Loss')
plt.plot(epochs_range, val_loss, label='10%验证集 Loss')
plt.legend(loc='upper right')
```

```
plt.title('训练集和 10%验证集 Loss')
plt.show()
```

程序画出模型训练过程中精确度及损失的变化曲线,如图 7-21 所示。

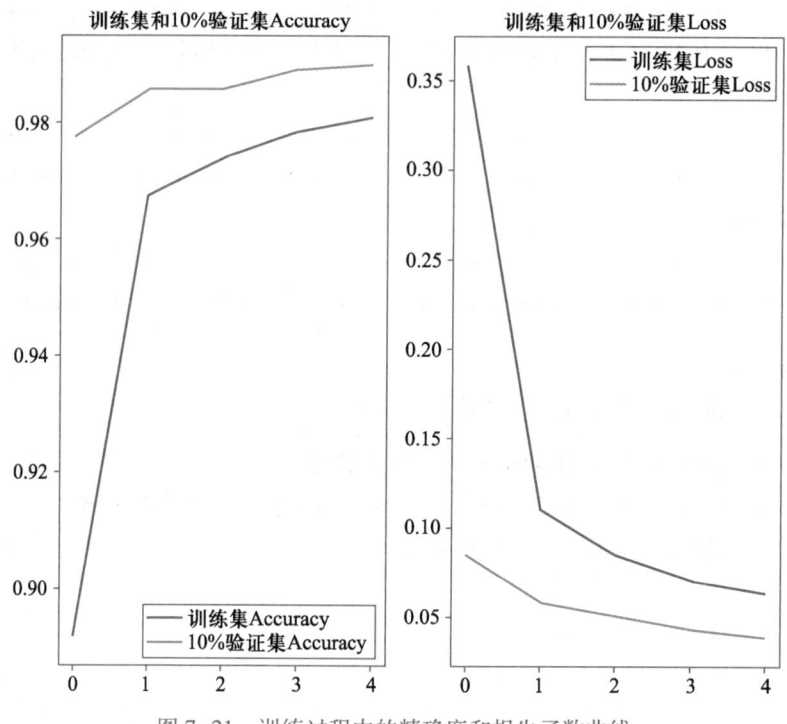

图 7-21　训练过程中的精确度和损失函数曲线

也可以使用测试集进行模型评估,代码如下:

```
#使用验证集进行模型评估,返回损失、精确度
(loss, accuracy) = model.evaluate(x_test, y_test, verbose=1)
print(loss, accuracy)
```

模型的精确度达到 0.9879,损失达到约 0.0358,运行结果如下:

```
313/313 [==============================] - 2s 8ms/step
- loss: 0.0358 - accuracy: 0.9879
0.03583461046218872 0.9879000186920166
```

8. 模型预测

1) 使用训练好的模型对测试集的数据进行预测。代码如下:

```
#预测测试集前 5 个手写数字
y_predict = model.predict(x_test[0:5])
#返回形状为(5, 10)的形状,表示手写图片为 0~9 的概率
print(y_predict)
```

程序对前 5 个样本进行预测，并打印预测结果如下：

```
[[2.02654302e-08 1.59013300e-08 4.23860865e-06 4.64713448e-05
  1.97166294e-11 7.60237739e-09 1.46491434e-14 9.99946952e-01
  7.61885701e-08 2.11999031e-06]
 [3.25474030e-05 2.43258328e-05 9.99927759e-01 1.40345676e-07
  1.52640511e-10 1.46150747e-09 9.24948108e-06 5.15325109e-11
  5.95761912e-06 4.52721454e-12]
 [2.94469987e-06 9.99289274e-01 1.02535178e-05 7.82237692e-07
  5.13494015e-04 6.29279782e-07 1.01901051e-05 9.36182987e-05
  7.72154744e-05 1.42633132e-06]
 [9.99829531e-01 3.46975088e-11 1.41329247e-05 2.22640733e-08
  7.05254948e-08 3.33900459e-07 1.50814754e-04 1.03366339e-07
  2.36236679e-06 2.51002075e-06]
 [6.53820109e-08 8.40944292e-09 1.17894764e-07 2.43775222e-08
  9.99862313e-01 1.21950039e-09 4.15730490e-08 2.19549975e-06
  1.55817119e-07 1.35205002e-04]]
```

2）将结果由矩阵转换为向量，以便于查看最终预测结果。代码如下：

```
#取最大值的索引,就是预测是数字。可以看出前5个预测值和图片是一致的
y_predict_argmax = np.argmax(y_predict,1)
print(y_predict_argmax)
```

最终预测结果如下，和测试集的手写数字图片吻合：

```
[7 2 1 0 4]
```

9. 模型保存

把模型保存到文件，便于以后加载使用，代码如下：

```
#保存模型为h5文件,保存后可以到对应目录查看模型文件
model.save('./model/keras-mnist-model.h5')
```

10. 加载模型

从之前保存的模型文件中加载模型，并进行预测。代码如下：

```
#加载刚才保存的模型文件
loadedModel = keras.models.load_model('./model/keras-mnist-model.h5')

#预测测试集前5个手写数字
y_loadModel_predict = model.predict(x_test[0:5])
print(np.argmax(y_loadModel_predict, 1))
```

可以看出，加载的模型可以正常预测，运行结果如下：

```
[7 2 1 0 4]
```

课后习题

1. 参考安装方式1：从 Python 开始安装，完成 TensorFlow 的安装。简要记录安装过程、遇到的问题和解决办法。
2. 参考安装方式2：从 Anaconda 开始，完成 TensorFlow 的安装。简要记录安装过程、遇到的问题和解决办法。

3. 编写 TensorFlow 代码，构造出标量、1D 张量、2D 张量、3D 张量和 4D 张量，并打印出来。
4. 编写 TensorFlow 代码，构造张量，测试张量的几种运算。
5. 编写 TensorFlow 代码，画出几种激活函数的图形。
6. 编写 TensorFlow 代码，对几种常用的层进行单元测试。
7. 编写 TensorFlow 代码，完成手写数字识别，简要记录遇到的问题和解决办法。
8. 参考 TensorFlow 官网，完成花卉分类案例。

第 8 章 计算机视觉

学习目标

- 了解计算机视觉的基本概念和发展历史。
- 了解计算机视觉的行业应用。
- 熟悉计算机视觉的典型任务。
- 熟悉计算机视觉的实现流程。
- 了解计算机视觉中传统机器学习方法和深度学习方法之间的区别。
- 能够应用常见的技术进行图像预处理。
- 能够应用 Viola-Jones 算法进行人脸识别。
- 能够应用 MTCNN 深度神经网络模型进行人脸识别。

本章将讲解计算机视觉基础概念及其相关知识，主要包括计算机视觉的基本概念、计算机视觉基础、计算机视觉实现方法和流程、基于传统方法与基于深度学习方法的计算机视觉之间的差别，以及计算机视觉典型任务的深度学习方法示例，如图像分类、目标检测与定位、图像语义分割、图像着色、姿势估计、超分辨率、风格迁移等。

8.1 什么是计算机视觉

当看到一幅图片（图8-1）时，大脑里会想到什么？首先，可以看到图像包含的内容：一辆儿童滑板车、一条公路、一位穿着白色羽绒服戴着帽子的小孩及其影子。其次，大脑将这些内容联系在一起，以理解这幅图，小孩一只脚踩在滑板车上，另一只脚踩在路面上，并且右脚呈现出向后蹬的趋势。由此就可以联想到这幅图描述的是一个正在冬季公路上玩滑板车的小孩。这样一个图像理解的过程，六七岁的儿童就可以完成。那么计算机能否像人类一样能够理解图像所展示的内容？答案是肯定的，只不过需要借助于一门叫作计算机视觉的技术。

图 8-1　正在骑滑板车的小孩

计算机视觉（Computer Vision，CV）是一门研究如何使机器能"看"的科学，是用摄影机等成像设备代替人眼对目标进行识别、跟踪和测量，并使用计算机对成像设备中获得的图像或者视频进行处理、分析和理解。简而言之，计算机视觉就是让计算机具备人类的"眼力"，让计算机"看懂"这个世界。

8.2 计算机视觉的行业应用

随着计算机视觉的技术发展，特别深度学习的快速发展，计算机视觉的应用已经遍布各行各业。表 8-1 列举了部分代表行业以及相应的代表企业。

表 8-1 计算机视觉的行业应用

行业领域	行业应用	代表企业
安防领域	疑犯追踪、视频结构化	商汤、云从科技、海康威视
金融和互联网领域	刷脸认证	旷视科技、支付宝
手机及娱乐领域	影像分类、影像处理、AR 特效	美图、华为
零售领域	商品识别	码隆科技、百度、中科拓视
广告营销领域	自动化挖掘影像内容广告位	商汤、影谱、百度
工业领域	产品质检、3D 分拣	阿丘科技、ALSONTECH、华为
医疗领域	医疗影像分析	依图科技、汇医慧影、羽衣甘蓝
自动驾驶领域	环境感知、高精地图、定位	百度、滴滴、地平线、智行者
无人机/机器人领域	环境感知、定位、自动避障	触景无限、地平线

8.3 计算机视觉的发展历史

1. 20 世纪 50 年代

1957 年，世界上第一幅数字图像在当时的美国国家标准局诞生。计算机先驱基尔希（Kirsch）与他的同事们开发了一台扫描仪，成功地对其 3 个月大的儿子进行扫描，创造出了世界上第一幅数字图像，一张尺寸只有 176×176 像素的黑白照片，如图 8-2 所示。

1959 年，生物学家胡贝尔（Hubel）和威塞尔（Wiesel）将电极植入猫的视觉皮层，并在猫的眼前投影各种线条和形状，如图 8-3 所示。他们发现猫的视觉皮层中存在一些神经元对特定的线条、形状或者角度很敏感。此后通过实验，他们确定初级视觉皮层中存在简单和复杂的神经元，视觉处理始终始于简单的神经元。这一结论是深度学习背后的核心原理。

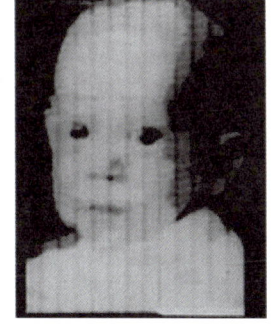

图 8-2 第一幅数字图像

微课 8-2 计算机视觉的发展历史

图 8-3　Hubel 和 Wiesel 的实验

2. 20 世纪 60 年代

1963 年，麻省理工学院的罗伯茨（Roberts）在他的博士学位论文中描述了从二维图像中获取有关对象的三维信息的过程，将视觉世界简化成几何图形。他的论文被认为是计算机视觉领域的第一篇博士论文，如图 8-4 所示。

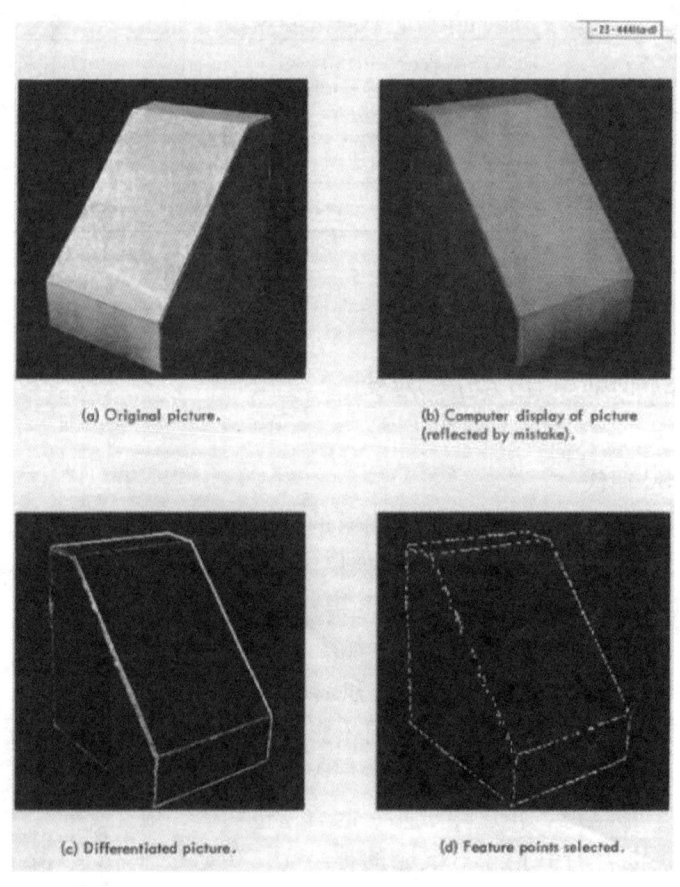

图 8-4　罗伯茨的博士论文中的插图

1966 年，麻省理工学院 AI 实验室的派珀特（Papert）教授决定启动 *The Summer*

Vision Project（见图 8-5），希望在几个月内解决机器视觉问题。由于目标过于激进，最终导致项目失败。该项目中罗列的部分问题，至今仍然无法解决。然而，该项目被认为是计算机视觉学科的起源。

MASSACHUSETTS INSTITUTE OF TECHNOLOGY
PROJECT MAC

Artificial Intelligence Group July 7, 1966
Vision Memo. No. 100.

THE SUMMER VISION PROJECT

Seymour Papert

The summer vision project is an attempt to use our summer workers effectively in the construction of a significant part of a visual system. The particular task was chosen partly because it can be segmented into

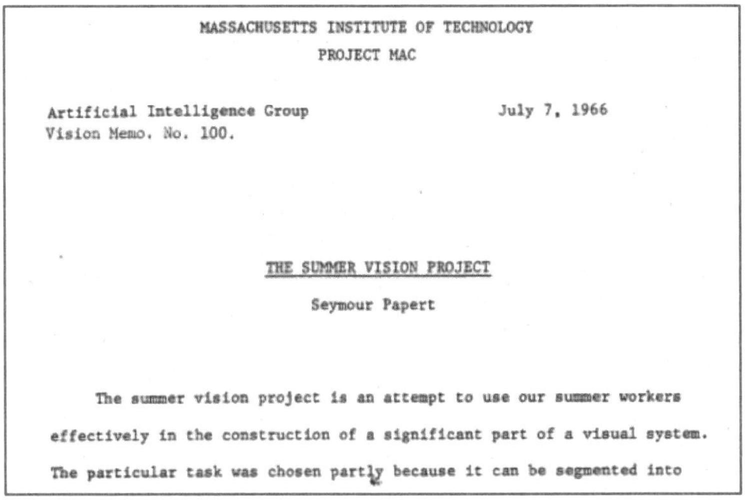

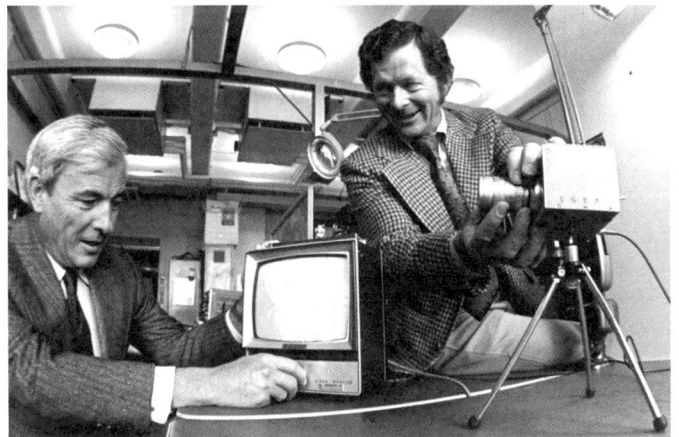

图 8-5 *The Summer Vision Project* 截图

1969 年，贝尔实验室的博伊尔（Boyle）和史密斯（Smith），发明了电荷耦合器件（CCD），一种能够将光信号转换为电信号的传感器，这项技术迅速成为捕获高质量数字图像的首选技术，如图 8-6 所示。20 年后的 2009 年，两人因为他们的发明而获得了诺贝尔物理学奖。

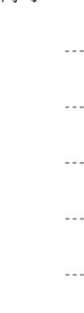

笔记

图 8-6 博伊尔和史密斯

3. 20 世纪 70 年代

1976 年，库兹韦尔（Kurzweil）推出了以他名字命名的阅读机（见图 8-7），该机器能够实现光学字符识别（Optical Character Recognition，OCR）功能，是计算机视觉的第一个商业化应用。

图 8-7 库兹韦尔和他的阅读机

4. 20 世纪 80 年代

1980 年，神经网络领域的先驱福岛邦彦发明了神经认知机（Neocognitron），这是一种深层的神经网络（见图 8-8），具有通过学习识别视觉模式的能力。该结构被认为是第一个面向计算机视觉领域的多层神经网络。

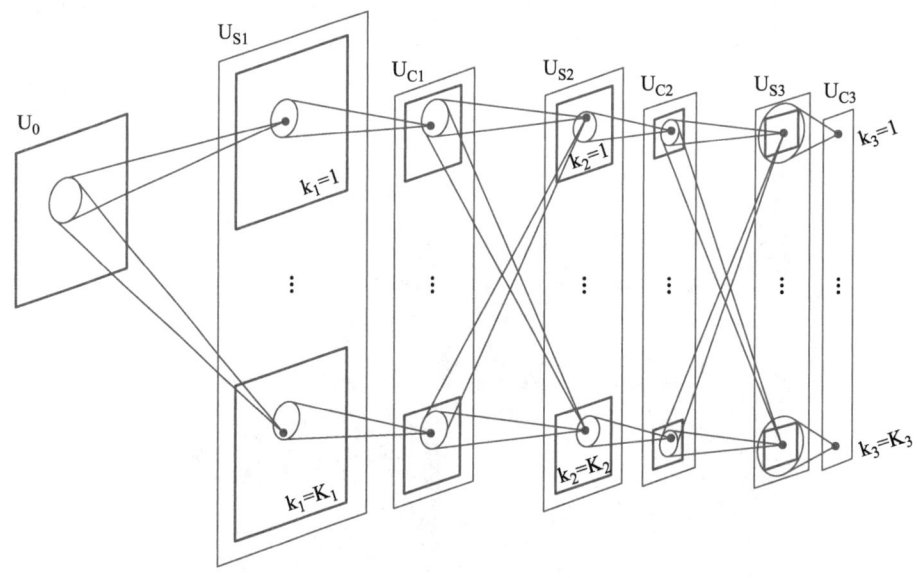

图 8-8 神经认知机中的深度神经网络

1982 年，在大卫·马尔（David Marr）去世三年后，麻省理工学院出版了他的论著《Vision：A computational Investigation into the human representation and processing of visual information》。在这本书中，他提出了视觉计算理论和方法，该理论的提出标志着计算机视觉正式成为一门独立的学科。马尔的计算视觉理论包含两个主要观点：首先，他认为人类视觉的主要功能是复原三维场景的可见几何表面，即三维重建问题；其次，他认为这种从二维图像到三维几何结构的复原过程是可以通过计算完成的，并提出了一套完整的计算理论和方法。因此，马尔的视觉计算理论在一些文献中也被称为三维重建理论。尽管现在来看他的理论存在着一些不正确的地方，但在计算机视觉领域的影响是深远的。

1989 年，深度学习先驱之一，贝尔实验室的杨立昆（Yann LeCun）首次将反向传播算法应用到卷积神经网络之中，并提出 LeNet 卷积神经网络模型，该模型被认为是最早的卷积神经网路模型之一。

笔 记

5. 20 世纪 90 年代

1998 年，经过几年的持续研究，杨立昆团队提出了 LeNet-5 卷积神经网络模型用于识别手写字符，该模型对深度学习领域影响深远。

6. 21 世纪

2009 年，斯坦福大学李飞飞教授团队发布 ImageNet 大规模图像库。

2010 年，ImageNet 大规模视觉识别竞赛（ImageNet Large Scale Visual Recognition Challenge，ILSVRC）开始。

2012 年，加拿大多伦多大学的克里泽夫斯基（Krizhevsky）提出的卷积神经网络模型 AlexNet 赢得年度 ILSVRC 冠军。该模型与杨立昆的 LeNet-5 有些相似，实现了 16.4% 的错误率。在接下来的几年中，ILSVRC 中图像分类的错误率下降到百分之几，而自 2012 年以来的冠军一直都是卷积神经网络，人工智能也从这一年开始爆发式发展。

2015 年，微软亚洲研究院（MSRA）提出的 ResNet 拿下 ILSVRC 冠军，将错误率降到 3.56%，超越人眼识别能力（5.1%）。

历届 ILSVRC 冠军及其分类错误率见表 8-2。

表 8-2 历届 ILSVRC 冠军及其分类错误率

深度神经网络模型名称	研究机构	ILSVRC 年份	分类错误率
AlexNet	多伦多大学 SuperVision 团队	2012	16.4%
ZFNet	Clarifai 公司	2013	11.74%
GoogLeNet	谷歌	2014	6.66%
ResNet	微软亚洲研究院	2015	3.56%
Trimps-Soushen	公安部第三研究所	2016	2.991%
SENet	Momenta 公司和牛津大学	2017	2.251%

截至目前，谷歌研究团队提出的 Meta Pseudo Labels 模型已经将 ImageNet 图像库的分类错误率降至 1.2%。

值得一提的是，从 2015 年开始，国内的研究团队也纷纷加入了 ILSVRC 之中。2016 年的大赛中，国内团队更是大放异彩，CUImage（商汤和香港中文大学）、Trimps-Soushen（公安部第三研究所）、CUvideo（商汤和香港中文大学）、HikVision（海康威视）、SenseCUSceneParsing（商汤和香港城市大学）以及 NUIST（南京信息工程大学）等模型包揽了各项任务的冠军。

8.4 计算机视觉的实现方法与流程

一般而言,计算机视觉的各种应用采用如图 8-9 所示的流程实现,包括图像采集、图像预处理、特征提取和模型学习 4 个步骤。

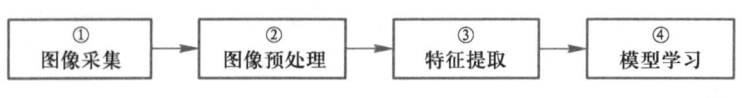

图 8-9 计算机视觉实现流程示意图

8.4.1 图像采集

图像采集是通过成像设备或传感器对采集对象进行成像,输出数字图像。如图 8-10 所示,不同类型的成像设备可以产生不同效果的图像,以实现不同目的的计算机视觉应用。图 8-10(a)为常规相机采集的照片,一般是通过 CCD 传感器将采集对象反射的光信号转换为电信号,进而形成一张数字图像。图 8-10(b)为 X 射线成像,通过 X 射线照射采集对象,进而在底片上形成图像,该类图像多用于医疗或者安全领域。图 8-10(c)为雷达成像,通过雷达波实现对采集对象的成像,该类图像多用于国土资源勘察或者军事侦察。图 8-10(d)为红外热成像,通过红外热成像传感器形成图像,该类成像方式能够反馈采集对象的温度,因而在新冠疫情期间得到广泛应用。

 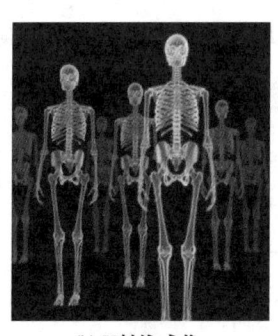 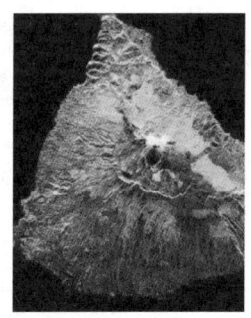 

(a) 常规相机成像　　　(b) X射线成像　　　(c) 雷达成像　　　(d) 红外热成像

图 8-10 不同类型的图像

成像设备输出一张张以像素(Pixel)为最小单元的二维矩阵,这个二维矩阵就是数字图像,而二维矩阵的长和宽则称为数字图像的分辨率,比如 1920×1080 的分辨率表示水平方向有 1920 个像素、垂直方向有 1080 个像素。数字图像可保存为 BMP、PNG、JPG、GIF、SVG、TIF 等图像格式。图像格式的选择不仅取决于图像内容,还取决于存储所需的图像数据类型。

1. 常见的图像数据类型

常见的图像数据类型有以下 3 种,如图 8-11 所示。

1）二值图像（Binary Image）。
2）灰度图像（Greyscale Image）。
3）彩色图像（True Color Image）。

(a) 二值图像　　　(b) 灰度图像　　　(c) 彩色图像

图 8-11　三种常见的图像数据类型

（1）二值图像

这种数据类型的图像像素值只有两种，1 和 0。其中，0 用黑色表示，1 用白色表示，如图 8-12 所示。

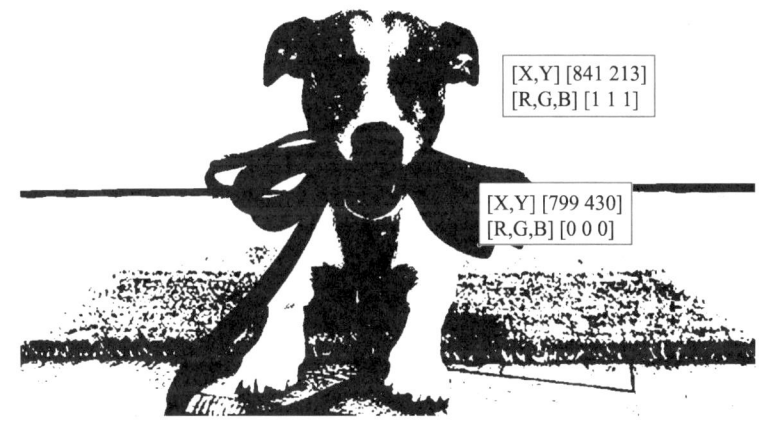

图 8-12　二值图像演示

（2）灰度图像

这种数据类型的图像像素值为自然数，以 8 bit 表示一个像素时，像素的数值范围为 0~255；以 16 bit 表示一个像素时，像素的数值范围为 0~65535，如图 8-13 所示。

（3）彩色图像

这种数据类型的图像的每个像素需要 3 个数值来表示，每个数值对应一种颜色（红色、绿色或者蓝色）。红色（R）、绿色（G）和蓝色（B）是 RGB 颜色空间中 3 种颜色通道，通过 3 种颜色的组合可以形成各种颜色，每种颜色采用 8 bit 表示，数值范围为 0~255，3 个数值的组合构成了一个像素，如图 8-14 所示。表 8-3 给出了常见颜色的 RGB 组成。注意：本书仅考虑 RGB 颜色空间，不考虑 HSV 等其他颜色空间。

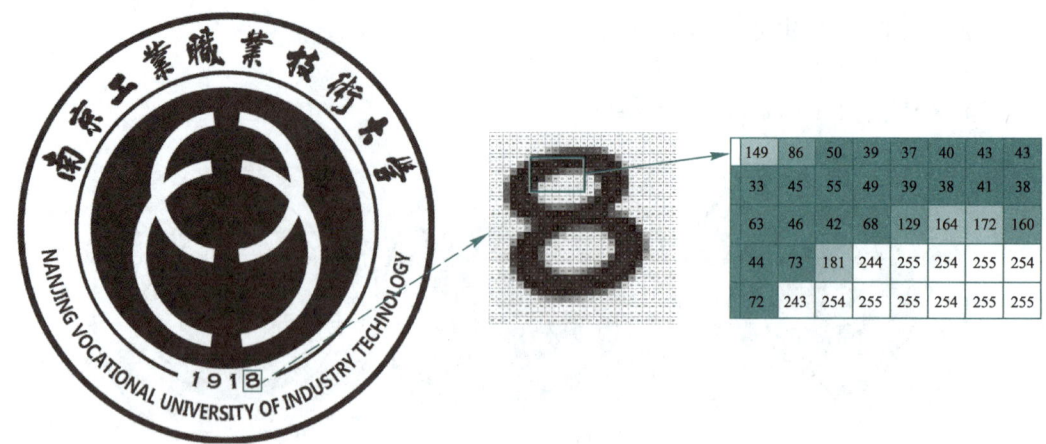

图 8-13 灰度图示意（以 8 bit 表示一像素）

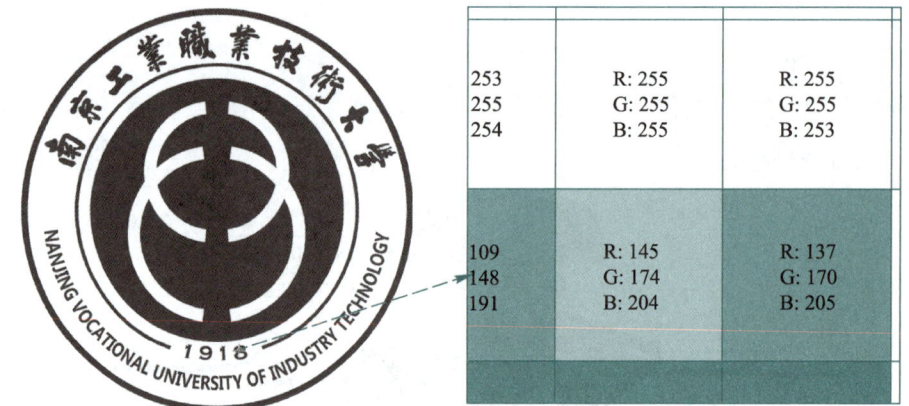

图 8-14 彩色图像的像素值表示

表 8-3 RGB 三基色组成不同的颜色

颜色名称	R	G	B
红色	255	0	0
绿色	0	255	0
蓝色	0	0	255
黑色	0	0	0
白色	255	255	255
黄色	255	255	0
紫色	128	0	128
粉色	255	0	255

2. 图像坐标系统

图像中的像素以二维矩阵的方式排列，在这个二维矩阵中，每个像素分别对应一个坐标。有了坐标之后，可以对某个特定的像素进行处理，比如，修改该像素的数值大小。如图 8-15 所示，数字图像以左上角为坐标零点，以两个数值分别表示水平坐标和垂直坐标，并以这两个数值组成一个数值对作为某个像素的坐标，比如，图中的 (1,2)代表的是水平方向第 1 列，垂直方向第 2 行的像素。

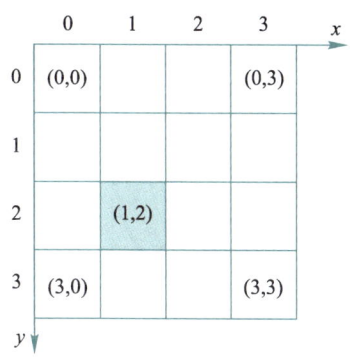

图 8-15　图像坐标系统

8.4.2　图像预处理

图像采集提供的众多图像可能在格式、颜色、尺寸等方面不统一，如果不做任何处理而直接进行特征提取，那么提取特征的精度、复杂度以及模型学习的精度可能得不到保障。为了降低特征提取算法的复杂度，提升特征提取算法和模型学习的精度，需要在进行特征提取之前进行图像预处理。经过图像预处理之后的图像，允许应用通用算法，而不需要为每一种数据源单独设计一套算法。常见的图像预处理技术有以下几种。

微课 8-3
图像预处理

1）图像类型转换。
2）几何变换。
3）图像增强。

1. 图像类型转换

（1）RGB 彩色图像转换成灰度图像

将 RGB 图像转换成灰度图像是最常见的图像类型转换，也是最常用的减少计算量的手段之一。经过转换之后，只需要处理二维数组而不需要处理三维数组，因而能够降低计算量。具体转换公式如下：

$$\text{Intensity} = 0.2989 R + 0.5870 G + 0.1140 B \tag{8.1}$$

（2）将灰度图像转换成二值图像

图像二值化能够将灰度图像转换成为二值图像。其实现方法很简单，首先选定一个阈值，然后将灰度图像中的每一个像素分别与这个阈值比较，若大于阈值，则将该像素的数值修改为 1，否则修改为 0，公式如下：

$$\text{新的像素值}(x,y) = \begin{cases} 1 & \text{坐标}(x,y)\text{处的像素值大于阈值 } T_h \\ 0 & \text{其他} \end{cases} \tag{8.2}$$

图像二值化关键在于阈值的选取，可采用手动指定某个 0~255 的数值为阈值，也可以采用自适应的方法自动获取阈值。

2. 图像几何变换

常见的图像几何变换有尺寸调整（放大、缩小）、裁剪、旋转、平移等，如图 8-16 所示。

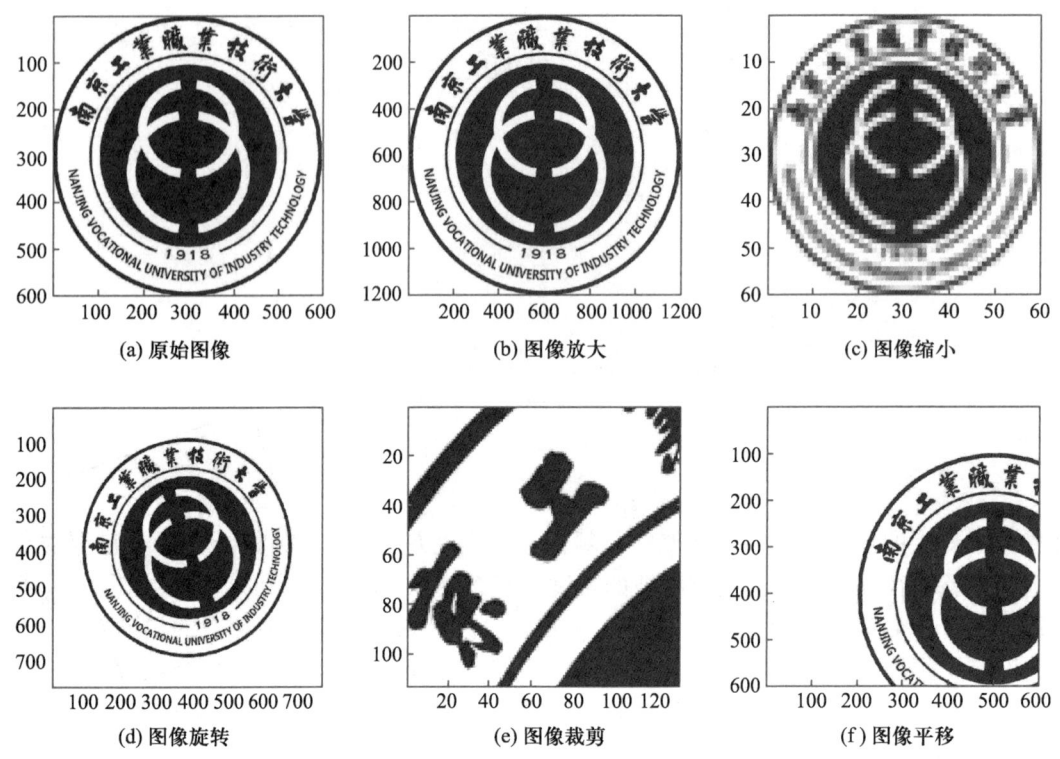

图 8-16 常见的图像几何变换

本页彩图

3. 图像增强

图像增强的目的在于通过对图像的特定加工，将图像转换为对具体应用来说视觉质量和效果更好或者更有用的图像。常用的图像增强技术分为基于空域（图像域）的增强技术和基于频域（变换域）的增强技术。基于空域的增强技术直接对图像数据操作，而基于频域的增强技术需要先通过傅里叶变换将图像从空域转换到频域，然后才能对图像进行增强。其中，基于空域的图像增强技术可概括为点操作和模板操作两大类。

所谓点操作，是指以像素为基本单元，仅利用单个像素的信息，无须其他相邻像素的信息，通过计算修改像素值，而无须更改图像的大小、几何形状或局部结构。常见的点操作有以下几种：

1）增强亮度、对比度。
2）反色。
3）阈值操作。
4）图像动态范围压缩。
5）伽马校正。
6）直方图均衡化。

7) 直方图规格化。

所谓模板操作，是指以一个模板选取的多个像素为基本单元，将相邻的多个像素组合在一起考虑，根据这些像素的统计特性或局部运算来进行操作。利用模板操作来进行图像增强常被称为图像滤波。

模板可以看作是一幅尺寸为 $n \times n$（n 一般为奇数，如 3、5、7 等）的小图像。模板操作可分为模板卷积和模板排序。其中，模板卷积其实就是矩阵的点积运算，具体步骤如下（见图 8-17）：

1) 将模板 H 在图像 I 上滑动，模板中心重叠的像素为当前像素 $I(u,v)$，以此像素为中心，与 H 重叠的相邻像素是组合在一起考虑的像素。
2) 将模板 H 中数值与模板选取像素对应位置上的像素数值相乘。
3) 将所有的乘积相加。
4) 将上述计算结果作为像素 $I(u,v)$ 的更新值。

$$I'(u,v) = \sum_{j=-\frac{n-1}{2}}^{\frac{n-1}{2}} \sum_{i=-\frac{n-1}{2}}^{\frac{n-1}{2}} I(u+i,v+j)k(i,j)$$

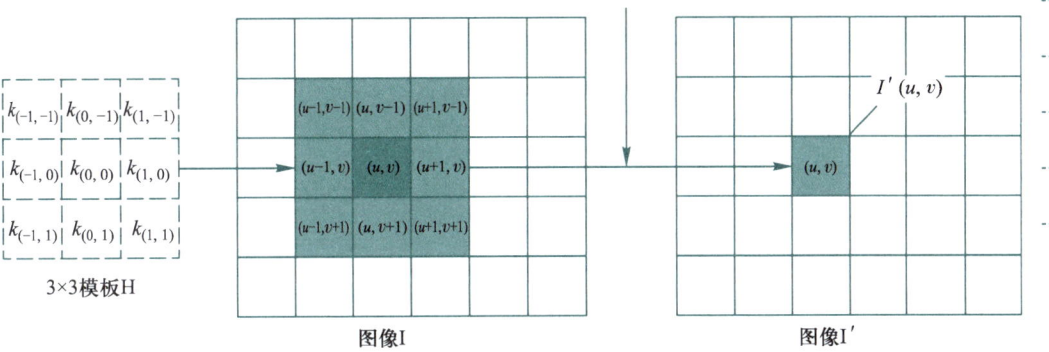

图 8-17　模板卷积（3×3 模板）示意图

模板排序是指用模板提取图像中与模板相同尺寸的图像子集，并将其中的像素根据其幅值进行排序的运算过程。模板排序的主要步骤如下：

1) 将模板 H 在图像 I 上滑动，模板中心重叠的像素为当前像素 $I(u,v)$，以此像素为中心，与 H 重叠的相邻像素是组合在一起考虑的像素。
2) 用模板选取像素，按照运算目的进行排序。
3) 根据运算目的选取一个值（如取中间值、最大值等）。
4) 将上述计算结果作为像素 $I(u,v)$ 的更新值。

根据滤波的功能和目的，可以将图像滤波分为平滑滤波和锐化滤波。平滑滤波能减弱或消除图像中的高频率分量而不影响低频率分量，可以用于消除图像中的噪声。锐化滤波能减弱或消除低频率分量但不影响图像中的高频率分量，可以用于增强图像中的边缘。

常见的平滑滤波有均值滤波、中值滤波、高斯滤波、均值滤波。常见的锐化滤波有拉普拉斯滤波、梯度锐化滤波等。

8.4.3 特征提取

特征提取的目的在于从输入的数据源中提取特征,然后将特征送入机器学习模型中进行训练或推理,以实现不同目的的计算机视觉任务,比如图像分类。因而,提取特征的质量直接影响模型学习的精度。

1. 什么是特征

在计算机视觉中,特征就是图像中的兴趣点(Points of Interest),这些兴趣点有比较显著的特点,通过这些特点能够实现图像之间的区分。还记得"小蝌蚪找妈妈"的故事吗?小蝌蚪在找妈妈的过程中,先后被告知它们的妈妈:① 头顶上有两只大眼睛,嘴巴又阔又大;② 有四条腿;③ 肚皮是白的;④ 穿着绿衣服,唱起歌来"呱呱呱"的。这些就是青蛙妈妈的特征,通过这些特征,小蝌蚪最终找到了它们的妈妈。对于一幅图像而言,常见的特征有边缘、角点、直线段、圆、孔、椭圆、颜色、角度、光强等。

2. 特征提取的方法:手工提取与自动提取

特征提取的方法有两种:手工提取特征的传统机器学习方法;自动提取特征的深度学习方法,如图 8-18 所示。

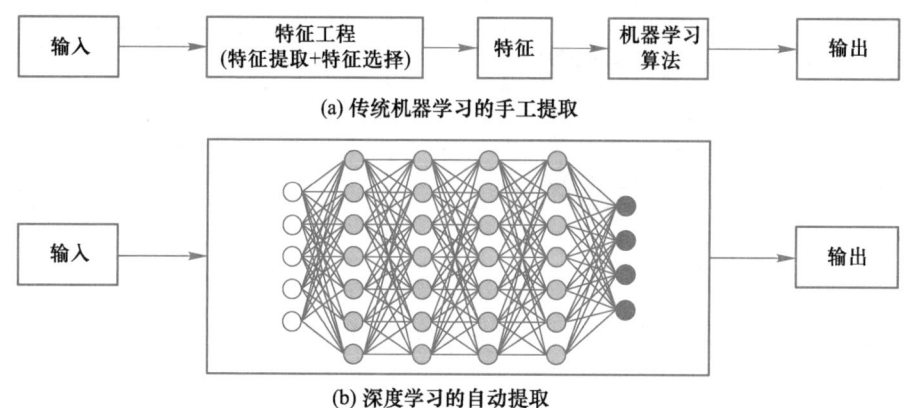

图 8-18 特征提取的方法

传统的机器学习以分离的方式执行特征提取和模型构建,并且每个模块都是逐步构建的。首先,通过将原始数据转换到不同的域(如统计、频域和时频域)中提取手工特征,以获取需要专家级领域知识的代表性信息;然后,执行特征选择以改善相关性并减少特征之间的虚假冗余;最后,将其输入机器学习模型。传统的机器学习通常是最多只有 3 层(如输入层、输出层和一个隐藏层)的浅层结构。因此,模型的性能不仅取决于优化算法,比如 BP 神经网络、支持向量机(SVM)和逻辑回归(Logic Regression),而且还受到手工提取特征的严重影响。通常,特征提取和选择非常耗时,并且高度依赖领域专业知识。

深度学习通过选择不同的内核或通过端到端优化来调整参数,从而将特征学习和模型构建集成在一个模型中。具有多个隐藏层的神经网络的深层结构实质上是多级非线性运算。它将每一层的表示形式(或特征)从原始输入转换为更高层中更抽象的表示形式，以查找复杂的固有结构。例如，从图像逐层抽象出诸如边缘、角点、轮廓和部分目标之类的特征，然后将这些抽象的特征输入分类器以执行分类和回归任务。总体而言，深度学习是一种使用最少的人工干预的端到端学习结构，并且深度学习模型的参数是联合训练的。

8.4.4 模型学习

在基于传统机器学习的计算机视觉实现流程中，手工提取的特征需要送入 SVM、BP 神经网络等传统机器学习算法中进行推理或者训练。而在基于深度学习的计算机视觉实现流程中，特征提取、特征学习和模型构建均集成在一个深度神经网络模型中，模型训练完毕之后即为训练或者推理的结果，而不再需要人工干预。

8.5 计算机视觉典型任务的深度学习方法

8.5.1 图像分类

图像分类（Image Classification）的目的是预测图像的类别并为图像分配一个特定标签，如图 8-19 所示。

图 8-19 图像分类示例

8.5.2 目标检测

目标检测（Object Detection）用于识别和定位图像或者视频中的目标。通过这种识别和定位，可实现对场景中的目标进行计数并确定和跟踪其精确位置，同时还能对其进行精确标记（如用矩形框标记出来），如图 8-20 所示。

图 8-20　目标检测示例

图像识别仅输出已识别目标的类别标签，而目标检测不仅需要识别出图像中的对象，还需要将图像中的每个对象标记出来，并标记该框对应的类别。鉴于目标检测的独特功能，可以发现目标检测在许多领域都有应用，例如：

1）人群计数。
2）自动驾驶汽车。
3）视频监控。
4）人脸检测。
5）异常检测。

目标检测的深度学习方法是非常热门的研究领域。目前，已有的模型可概括为两大类：优先考虑推理速度的一阶段方法，如 YOLO、SSD、RetinaNet 等；优先考虑检测精度的二阶段方法，如 Faster R-CNN、Mask R-CNN、Cascade R-CNN 等。在两阶段方法中，第一个阶段识别出所有可能包含目标的子图像（称为 Region Proposals）区域，第二个阶段对这些子图像区域再进行一次分类识别以提升识别和定位精度。在一阶段方法中，深度神经网络遍历整个图像，直接检测所有可能包含目标的区域，而不需要先把候选区域找出来再进行识别，因此速度更快，也更适合在嵌入式系统上部署。

8.5.3　语义分割与实例分割

在图像分类中，深度神经网络的任务是给每张输入图像分配一个标签或者类别。但是，有时想知道一个物体在一张图像中的位置、这个物体的形状以及哪个像素属于哪个物体等。这种情况下希望分割图像，也就是给图像中的每个像素各分配一个标签（见图 8-21），这就是语义分割（Semantic Segmentation）。语义分割的目的是训练一个深度神经网络模型来输出该图像每个像素的掩码。

鉴于语义分割的独特功能，可以发现语义分割在以下许多领域都有应用：

1）自动驾驶。
2）工业检测。

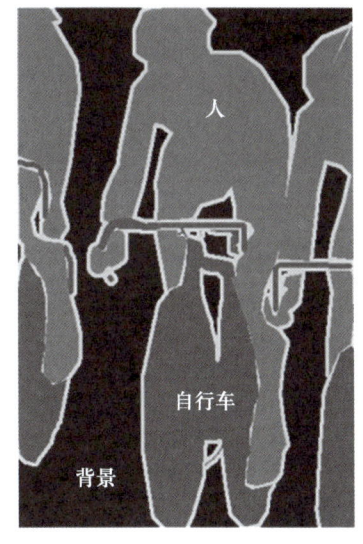

图 8-21 语义分割示例

3）医学影像分析。
4）卫星、航空图像处理。

与语义分割不同，实例分割（Instance Segmentation）不仅完成语义分割，还需要将不同的对象分别标记出来，如图 8-22 所示。

图 8-22 实体分割示例

8.5.4 风格迁移

风格迁移（Style Transfer）是将两幅图像（一个内容图像和一个风格参考图像）融合在一起，使得生成的图像保留了内容图像的核心元素，但在样式中上又与风格参考图像相近，如图 8-23 所示。

风格迁移主要的应用有以下几个方面：

本页彩图

(a) 内容图像　　　　　　　　(b) 风格图像　　　　　　　　(c) 风格迁移图像

图 8-23　风格迁移示意

1）照片、视频编辑。
2）商业艺术。
3）游戏。
4）虚拟现实等。

8.5.5　人体姿态估计

人体姿态估计（Pose Estimation）是指图像或视频中人体关节（头部、手腕、肘、膝盖、脚等）的定位，也用于识别某些特定的人体姿势（如卧倒、飞奔等），如图 8-24 所示。

图 8-24　人体姿势识别示例

8.5.6　超分辨率

超分辨率（Super Resolution）是一种提高图像分辨率的技术，其目的在于将输入的低分辨率图像转换成为高分辨率图像，如图 8-25 所示。该项视觉任务广泛应用于以下领域：

1）安全监控。例如，对监控摄像机获取的低分辨率图像进行面部识别。
2）医疗图像。例如，提升 MRI 图像的分辨率。
3）多媒体。为了降低媒体服务器的负载，可以将媒体先以较低的分辨率传输，然后在终端提升分辨率。

(a) 原始低分辨率图像　　(b) 超分辨率图像

图 8-25　超分辨率示意

目前，用于超分辨率的深度神经网络模型有 SRCNN、VDSR、FSRCNN、ESPCN、EDSR、MDSR、CARN、BTSRN、DRCN、DRRN、LAPSRN 以及 CMSC 等。

8.5.7　图像着色

图像着色（Colorization）的主要目的是将单色图像转换为彩色图像，比如，将旧黑白照片和旧黑白电影转换成为彩色，如图 8-26 所示。

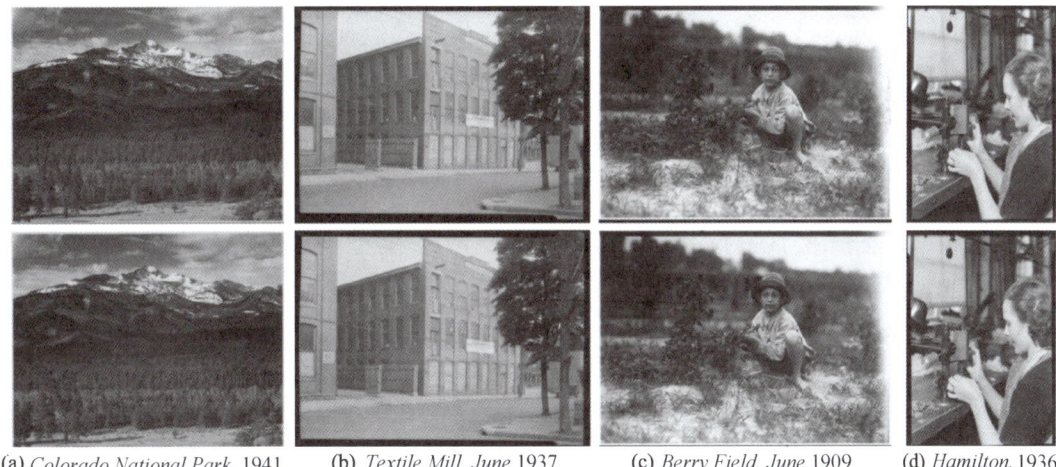

(a) *Colorado National Park,* 1941　　(b) *Textile Mill, June* 1937　　(c) *Berry Field, June* 1909　　(d) *Hamilton,* 1936

图 8-26　图像着色示例

目前用于图像着色的深度神经网络模型有 ChromaGAN 和 Colorization Transformer 等。

8.5.8　图像生成

图像风格迁移需要输入两个图像，而图像的生成不需要任何图像（当然，事先需要用大量的图像进行学习，"画"新图时不需要任何图像）。例如，基于深度学习，可以实现从零生成"卧室"的图像。图 8-27 展示的图像是基于深度卷积对抗网络（Deep Convolutional Generative Adversarial Network，DCGAN）方法生成的卧室图像的例子，该方法属于无监督学习。

本页彩图

图 8-27 基于 DCGAN 生成的新的卧室图像

图 8-27 中的图像都是基于 DCGAN 生成的图像，这些图像是谁都没有见过的。DCGAN 会将图像的生成过程模拟化。使用大量图像（如印有卧室的大量照片）训练这个模型，学习结束后，使用这个模型，就可以生成新的图像。

DCGAN 中使用了深度学习，其技术要点是使用了生成者（Generator）和识别者（Discriminator）这两个神经网络。生成者生成近似真品的图片，识别者判断它是不是真图像。像这样，通过让两者以竞争的方式学习，生成者会学习到更加精妙的图像作假技术，识别者则会成长为能以更高精度辨别真假的鉴定师。两者互相切磋、共同成长，这是 GAN 的有趣之处。在这样的切磋中成长起来的生成者最终会掌握画出足以以假乱真的图像的能力。

目前，用于图像生成的深度神经网络模型有 InfoGAN、BEGAN、WGAN 和 StyleGAN 等。

8.5.9 自动驾驶

在自动驾驶技术中，正确识别周围环境的技术尤为重要，这是因为要正确识别时刻变化的环境、自由来往的车辆和行人是非常困难的。

在识别周围环境的技术中，深度学习的力量备受期待。例如，基于 CNN 的神经网络 SegNet，可以像图 8-28 那样高精度地识别行驶环境。该图对输入图像进行了分割（像素水平的判别）。观察结果可知，其在某种程度上正确地识别了道路、建筑物、人行道、树木、车辆等。可见，若能基于深度学习使这种技术进一步实现高精度化、高速化的话，自动驾驶的实用化可能也就没那么遥远。

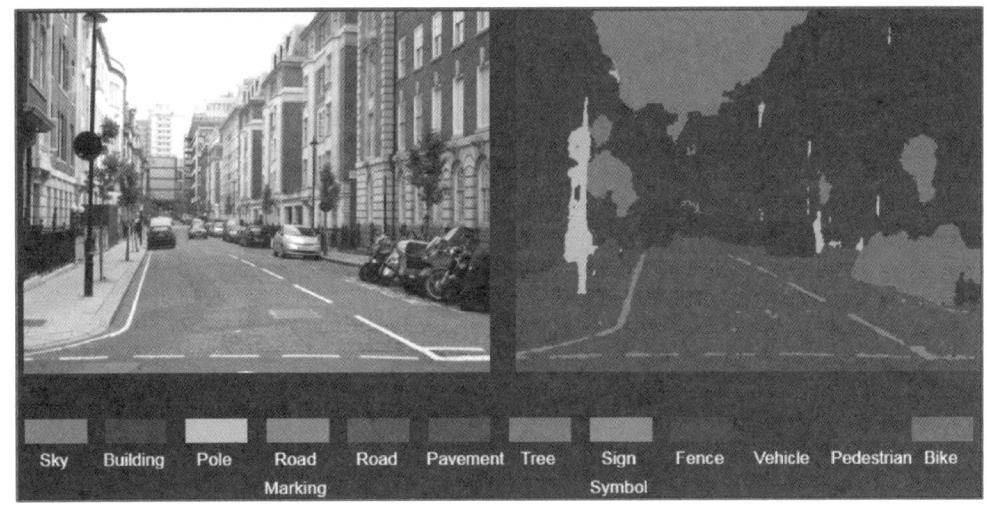

图 8-28　图像分割在自动驾驶场景下的应用

8.6　计算机视觉案例实战

8.6.1　计算机视觉工具和开源库

1. OpenCV

OpenCV（Open Source Computer Vision Library，开源计算机视觉库）是一个开源计算机视觉和机器学习软件库。其为计算机视觉应用提供通用的基础架构，以加速计算机视觉应用的商业化。该库拥有 2500 多个优化算法，涵盖众多经典的以及最先进的计算机视觉算法。这些算法可用于检测和识别人脸、识别物体、对视频中的人类动作进行分类、跟踪摄像机移动、跟踪物体、提取物体的 3D 模型、从立体相机生成 3D 点云、将图像拼接在一起以生成整个场景的高分辨率图像、从图像数据库中查找类似图像、从使用闪光灯拍摄的图像中删除红眼睛、跟踪眼睛移动、识别风景和建立标记以覆盖增强现实等。OpenCV 拥有 4.7 万多人的用户社区，下载量超过 1800 万次。它具有 C++、Python、Java 和 MATLAB 接口，并支持 Windows、Linux、Android 和 Mac 操作系统。更详细的信息可查阅 OpenCV 官网。

2. MATLAB 计算机视觉工具箱

MATLAB 计算机视觉工具箱提供多种算法、函数和 App，可用于设计和测试计算机视觉、三维视觉和视频处理系统。该工具箱可执行目标检测和跟踪，以及特征检测、提取和匹配。对于三维视觉，该工具箱支持单目相机、立体相机和鱼眼相机标定、立体视觉，三维重建，激光雷达及三维点云处理。

使用工具箱需熟悉 MATLAB 语言，更详细的信息可查阅 MathWorks 网站。

8.6.2 基于传统方法的人脸检测

微课 8-4
基于传统方法
的人脸检测

人脸存在一定的共性特征。当把一幅图像转换成黑白图像时，人脸的一些共性特征就会以像素明暗的方式展现出来，比如眼睛区域像素稍暗、眉毛存在较为明显的界限、鼻子垂直在两眼之间像素较亮、嘴唇呈现黑色界限。这些特征可以用于识别一张图像中是否存在人脸。上述这些特征，对于人类而言是显而易见，但是计算机如何识别这些特征呢？

早在 1909 年，匈牙利数学家哈尔（Haar）就提出一种特征描述方式用于描述边缘特征（Edge Features）和线特征（Line Features），这种特征（即 Haar 特征）描述方式被广泛应用于目标检测领域。后来发现这种特征描述方式能够较好地用于人脸特征的描述。

例如，图 8-29（a）可以用于检测边缘特征，而图 8-29（b）可以用于检测线特征。那么，如何通过上述简单的矩形框实现边缘特征检测和线特征检测？

(a) 边缘特征　　　　　(b) 线特征

图 8-29　边缘特征和线特征示例

首先，来看一下 Haar 特征是如何计算的，如图 8-28 所示。以边缘特征检测为例，该检测器包含左侧的黑框和右侧的白框，特征值的计算方式如图 8-30 所示。

特征值=白框中的像素平均值-黑框中的像素平均值

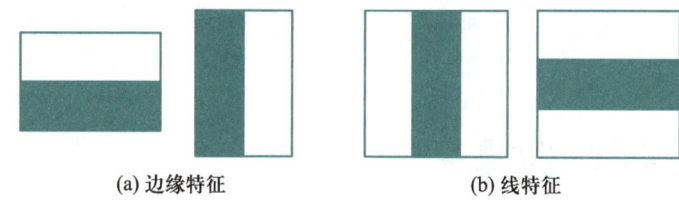

图 8-30　Haar 特征的计算

特征值越接近于最大值（假设以 8 bit 表示一个像素值）255，则该区域是边界的可能性就越大，反之则越小。当将 Haar 特征检测器应用到人脸时，如图 8-31 所示，由于眼睛区域的像素要深一些，因此用边缘特征检测器时应该可以得到一个比较大的特征值，由此可以判断有可能是一张人脸中的眼睛。

 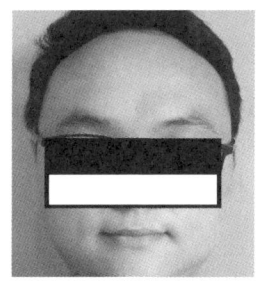 

图 8-31　Haar 特征应用于眼睛检测

然而，人脸包含的特征较多，仅仅检测眼睛是不够的，因此可以应用更多不同的 Haar 特征检测器以检测人脸中的特征。如图 8-32 所示，鼻子明显呈现出垂直直线，因此可以用图中所示的 Haar 特征检测器检测是否是鼻子。当检测到鼻子区域时，Haar 特征检测器将反馈一个较大的特征值，由此可以判断有可能是一张人脸中的鼻子。

 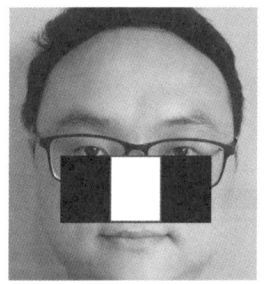 

图 8-32　Haar 特征应用鼻子检测

通过检测更多不同的 Haar 特征，并将这些特征组合起来，如图 8-33 所示，就可以实现人脸特征的描述。

图 8-33　不同的 Haar 特征示例

1. Viola-Jones 人脸检测方法

在 2001 年的 CVPR 会议上,维欧拉(Viola)和琼斯(Jones)发表了一篇名为 *Rapid Object Detection using a Boosted Cascade of Simple Features* 的论文,这篇论文提出了一种基于 Haar 特征的级联分类器,后人称之为 Viola-Jones 方法,该方法被广泛应用于目标检测、人脸检测等领域。Viola-Jones 方法的工作原理如图 8-34 所示,载入一幅图像(如 512×512),以一个矩形窗口(如 24×24)从该图像的左上角开始 Z 字形滑动,从而生成许多小型图像块,然后将这些图形块逐一送入级联分类器。所谓级联分类器是指将强分类器拆解成为串接成流水线的多级弱分类器,输入的图形块经过第一级弱分类器,若检测结果指明肯定不是人脸,那么提前终止流水线作业,切换到下一个图形块;如果检测结果指明有可能是人脸,那么继续进入第二级分类器,如果第二级检测结果指明肯定不是人脸,那么终止流水线作业,切换到下一个图形块;如果检测有可能是人脸,那么继续进入第三级分类器,以此类推,直到到达最后一级,最后一级输出检测到的人脸。这种级联分类器的优势有两个:能够提前终止流水作业,提升检测效率,加速人脸检测;降低计算复杂度,每一级都是弱分类器,计算量稍低,适合硬件实现。

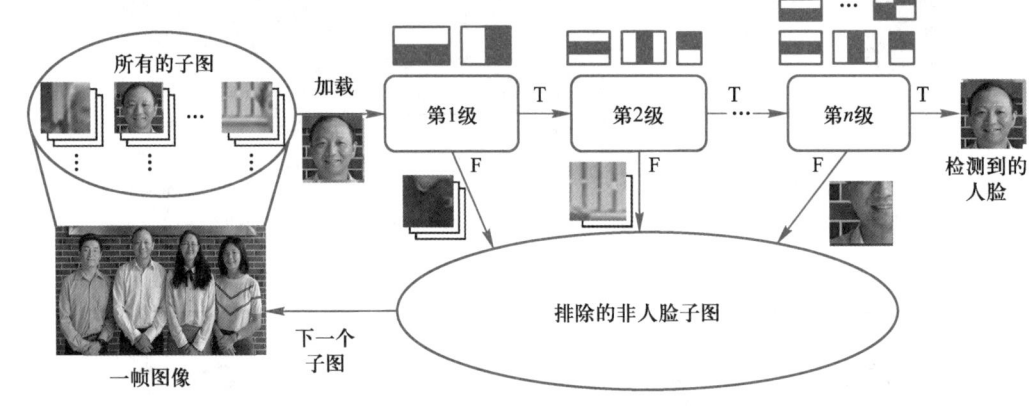

图 8-34 Voila-Jones 方法工作流程示意图

图 8-34 展示的是 Viola-Jones 方法的工作流程。然而,为了使其正常工作,还需要为级联分类器中的各级分类器提供模型参数(如每一级分类器中多个 Haar 特征的权重系数),这些模型参数需要通过大量数据的训练而学习得来,如图 8-35 所示。Viola-Jones 的训练方法属于典型的有监督学习。首先,准备两组带有标注的图形块,一组是包含人脸的,一组是不包含人脸的;然后,将这些图形块载入训练器中进行训练,当检测精度符合预期时,将模型参数以 xml 文件的方式输出保存。训练过程较为烦琐,好在开源计算机视觉库 OpenCV 已经为用户训练好了模型参数。

OpenCV 提供的基于 Haar 特征并且已经训练好的级联分类器如下:

haarcascade_eye.xml,识别眼睛。

haarcascade_eye_tree_eyeglasses.xml,识别带眼睛的人脸。

haarcascade_frontalcatface.xml,识别猫脸。

haarcascade_frontalcatface_extended.xml，识别猫脸。
haarcascade_frontalface_alt.xml，识别人脸。
haarcascade_frontalface_alt_tree.xml，识别人脸。
haarcascade_frontalface_alt2.xml，识别人脸。
haarcascade_frontalface_default.xml，识别人脸。
haarcascade_fullbody.xml，识别人体。
haarcascade_lefteye_2splits.xml，识别左眼。
haarcascade_licence_plate_rus_16stages.xml，识别车牌。
haarcascade_lowerbody.xml，识别下半身。
haarcascade_profileface.xml，识别侧脸。
haarcascade_righteye_2splits.xml，识别右眼。
haarcascade_russian_plate_number.xml，识别俄罗斯车牌。
haarcascade_smile.xml，识别笑脸。
haarcascade_upperbody.xml，识别上半身。

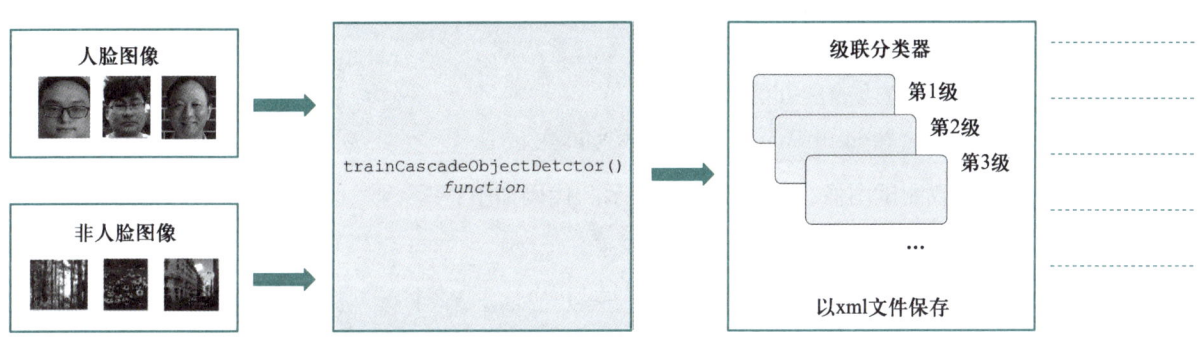

图 8-35　Viola-Jones 方法中的模型训练

上述分类器的具体分类功能可查阅 OpenCV 网站。对于本节的人脸识别示例，只需要使用 haarcascade_frontalface_default.xml 即可。

2. Viola-jones 人脸检测的实现

（1）加载依赖库

首先，加载开源的计算机视觉库 OpenCV，并检查其版本号。如果加载失败，可以通过 Anaconda 来安装 OpenCV 库，如果不通过 Anaconda 管理 Python 环境，则可以采用命令行 pip install opencv-python 来在线安装。代码如下：

```
import cv2
print( cv2.__version__)
```

运行代码，输出如下信息：

```
4.3.0
```

接下来，加载已经训练好的 Haar 级联分类器。代码如下：

```
face_classifier = cv2.CascadeClassifier('data/haarcascade_frontalface_default.xml')
print(face_classifier)
print("采用的人脸检测模型是：%s"%(face_classifier))
```

运行代码，输出如下信息：

```
<CascadeClassifier 0000015B171EE7B0>
采用的人脸检测模型是：<CascadeClassifier 0000015B171EE7B0>
```

（2）加载测试图像

由于需要经常使用窗口查看图像，因此定义一个查看图像的函数，通过这个函数可以实现窗口标题的设置、尺寸的缩放、尺寸的定义、窗口关闭的方式等。代码如下：

```
def showImage(name, image):
    windowName = name
    cv2.namedWindow(windowName, cv2.WINDOW_NORMAL)
    cv2.resizeWindow(windowName, 800, 600)
    cv2.imshow(windowName, image)
    cv2.waitKey(0)
    cv2.destroyWindow(windowName)
```

加载测试图像，并弹出窗口显示。代码如下：

```
image_path = "img/test_1.jpg"
two_face_img = cv2.imread(image_path)
showImage('Two Faces', two_face_img)
```

运行代码，弹出如图 8-36 所示的图像。

图 8-36　彩色测试图像

(3) 将图像转换成为灰度图像

在检测之前，需要将彩色图像转换成黑白图像，因为 OpenCV 提供的模型参数是基于黑白图像训练得来的。为了与模型参数匹配，此处也需要将其转换为黑白图像。代码如下：

```
two_face_img_gray = cv2.cvtColor(two_face_img,cv2.COLOR_BGR2GRAY)
showImage('Two Faces(Gray)', two_face_img_gray)
cv2.imwrite('img/test_1_gray.jpg', two_face_img_gray)
```

运行代码，弹出如图 8-37 所示的图像。

图 8-37 转换之后的黑白图像

(4) 检测是否存在人脸

调用函数 detectMultiScale 来检测人脸，该函数将输出所有检测到的人脸的坐标（人脸左上角定点的横坐标、人脸左上角定点的纵坐标、人脸宽度、人脸高度），即 (x, y, w, h)。代码如下：

```
faces = face_classifier.detectMultiScale(two_face_img_gray)
for face in faces:
    print(face)
```

运行代码，输出结果如下：

```
[49    7   49   49]
[2022 1976  113  113]
[1943  881   83   83]
[ 548 1071  818  818]
[1231  536  584  584]
[2600  939   48   48]
```

```
[1488  304   60   60]
[2160  1436  147  147]
[510   476   54   54]
[2430  191   34   34]
[3037  577   45   45]
[2526  1019  69   69]
[3123  2164  56   56]
[538   820   45   45]
[2648  1042  77   77]
[1271  2009  54   54]
```

detectMultiScale 函数检测出 4 张人脸，而实际只能看到 2 张，因此需要将检测出的人脸标注出来，以确认是人眼无法发现还是算法检测不精确。将 detectMultiScale 函数输出的坐标转换成矩形框，然后标注在原图上。矩形框的定义为"img = cv2.rectangle(图像，左上角坐标，右下角坐标，颜色[，边界粗细[，边界线类型]])"。代码如下：

```
for (x, y, w, h) in faces:
    cv2.rectangle(two_face_img, (x,y), (x+w, y+h), (255,0,100), 10)
showImage('Two Faces(detected faces)', two_face_img)
cv2.imwrite('img/test_1_detection_vj.jpg', two_face_img)
```

运行代码，弹出如图 8-38 所示的图像。

图 8-38 人脸检测结果

从图 8-38 可以发现，虽然图中最明显的两张人脸都标注出来了，但是存在错误标注。那么，来看一下当一幅图中包含多个人脸时的检测效果。代码如下：

```
image_path_1 = "img/test_2.jpg"
multi_faces = cv2.imread(image_path_1)
multi_faces_gray = cv2.cvtColor(multi_faces,cv2.COLOR_BGR2GRAY)
multi_faces_detection = face_classifier.detectMultiScale(multi_faces_gray)
for (x, y, w, h) in multi_faces_detection:
    cv2.rectangle(multi_faces, (x,y), (x+w, y+h), (200,0,255), 5)
showImage('Multiple faces 1', multi_faces)
cv2.imwrite('img/test_2_detection_vj.jpg', multi_faces)
```

运行代码，弹出如图 8-39 所示的图像。

图 8-39　多张人脸的检测结果

从图 8-39 可以发现，Viola-Jones 的检测效果还是不错的，当人脸是正面时，所有的人脸都检测出来了，只存在少许错误。那么，再来看一下更复杂场景下的检测效果。代码如下：

```
image_path_2 = "img/test_3.jpg"
multi_faces_2 = cv2.imread(image_path_2)
multi_faces_2_gray = cv2.cvtColor(multi_faces_2,cv2.COLOR_BGR2GRAY)
multi_faces_2_detection = face_classifier.detectMultiScale(multi_faces_2_gray)
for (x, y, w, h) in multi_faces_2_detection:
    cv2.rectangle(multi_faces_2, (x, y), (x + w, y + h), (200, 0, 255), 5)
showImage('Multiple faces 2', multi_faces_2)
cv2.imwrite('img/test_3_detection_vj.jpg', multi_faces_2)
```

运行代码，弹出如图 8-40 所示的图像。

图 8-40　复杂场景下的人脸检测结果

从图 8-40 可以发现，复杂场景下 Viola-Jones 的检测效果不佳，存在大量错误检测。

8.6.3　基于深度学习的人脸检测

微课 8-5
基于深度学习
的人脸检测

与传统方法不同，深度学习方法并不需要寻找或者设计特征检测器，而是交给深度神经网络，通过大量的数据自动学习特征。相比于传统方法，深度神经网络能够更全面地挖掘图像中的特征，因而识别精度要比传统方法高。在人脸检测领域，近年提出的深度神经网络模型较多，如 MTCNN 和 FaceNet 等。本节选取 MTCNN 为读者展示深度学习方法在识别方面的优势。

1. MTCNN 简介

MTCNN 是由中科院深圳先进技术研究院的张凯鹏在 2016 年提出的一种多任务的级联卷积神经网络，旨在提升人脸检测和对齐的精度。该模型分为以下 4 个步骤（图 8-41）：

本页彩图

图 8-41　MTCNN 工作流程

1) 图像缩放为多个尺寸大小不一的图像。
2) 第一级卷积神经网络模型（Proposal Network，P-Net），检测有可能是人脸的候选区域。

3）第二级卷积神经网络模型（Refine Network，R-Net），检测上一级输出的候选区域，剔除错误候选。

4）第三集卷积神经网络模型（Output Network，O-Net），在上一级输出结果的基础上，进一步剔除错误候选，找寻最精确的人脸区域。

（1）P-Net

P-Net 网络模型包含 3 个卷积层和 1 个最大池化层，其网络结构如图 8-42 所示。

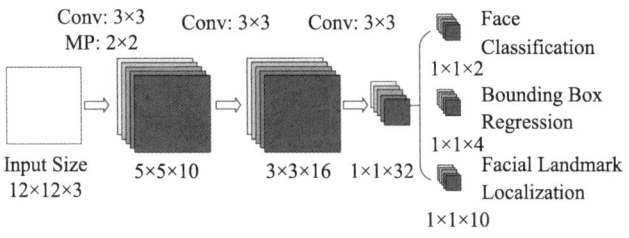

图 8-42　P-Net 示意图

（2）R-Net

R-Net 网络模型包含 3 个卷积层、2 个最大池化层和 1 个全连接层，其网络结构如图 8-43 所示。

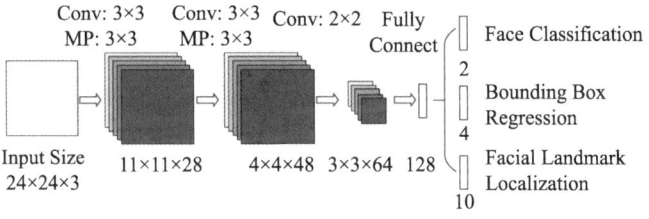

图 8-43　R-Net 示意图

（3）O-Net

O-Net 网络模型包含 4 个卷积层、3 个最大池化层和 1 个全连接层，其网络结构如图 8-44 所示。

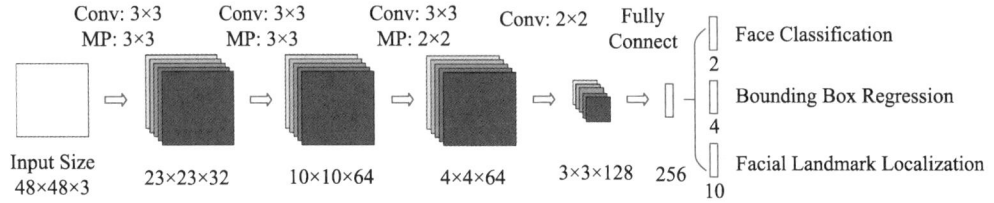

图 8-44　O-Net 示意图

2. 通过 MTCNN 实现人脸检测

如果希望用 MTCNN 模型，可以通过以下两种方式：

1）在开源框架的基础，比如 TensorFlow 的基础上从头开始搭建。

2）"站在前人的肩膀上"，利用已有代码和已经训练好的模型参数。

本文选择第二种方式，利用 pip 命令安装 mtcnn 包，直接调用已经搭建好的模型，以及已经训练好的模型参数。mtcnn 包的安装方式很简单，即通过 pip install mtcnn 命令。安装完成后可以通过 pip show mtcnn 命令，检查安装结果。

运行 pip show mtcnn 命令，输出如下所示信息：

```
Name: mtcnn
Version: 0.1.0
Summary: Multi-task Cascaded Convolutional Neural Networks for Face Detection, based on TensorFlow
Home-page: http://github.com/ipazc/mtcnn
Author: Iván de Paz Centeno
Author-email: ipazc@unileon.es
License: MIT
```

（1）加载依赖库

代码如下：

```python
import mtcnn
import cv2
print('mtcnn version: ', mtcnn.__version__)
print('OpenCV version: ', cv2.__version__)
from mtcnn.mtcnn import MTCNN
```

（2）调用 MTCNN 模型

不需要另外导入模型参数，而是采用 MTCNN 自带的、已经训练好的模型参数即可。代码如下：

```python
detector = MTCNN()
```

（3）载入测试图像并检测

代码如下：

```python
test_image = cv2.imread("img/test_3.jpg")
test_image_rgb = cv2.cvtColor(test_image, cv2.COLOR_BGR2RGB)
faces = detector.detect_faces(test_image_rgb)
print("检测到的人脸数量:", len(faces))
```

运行代码，输出以下信息：

检测到的人脸数量：8。

接下来，需要查看模型输出的内容。代码如下：

```python
for key, value in faces[0].items():
    print(key, ' : ', value)
```

运行代码，输出如下信息：

```
box         :  [456, 259, 35, 46]
confidence  :  0.9999972581863403
keypoints   :  {'left_eye': (464, 278), 'right_eye': (480, 276), 'nose': (471, 285), 'mouth_left': (467, 296), 'mouth_right': (479, 295)}
```

从打印结果来看，模型输出包含信息较多，有置信度、边界框，还有眼睛、鼻子和嘴巴的坐标。

将这些边界框标记在原图中，以查看检测结果。代码如下：

```
face_box = []
for face in faces:
    face_box.append(face['box'])
for (x, y, w, h) in face_box:
    cv2.rectangle(test_image, (x,y), (x+w, y+h), (255,125,0), 5)
showImage('Multiple faces 2', test_image)
cv2.imwrite('img/test_3_detection_mtcnn.jpg', test_image)
```

运行代码，弹出如图 8-45 所示的图像。

图 8-45 MTCNN 人脸检测结果

8.6.4 人脸检测结果对比

将 Viola-Jones 和 MTCNN 的人脸检测结果进行比较，如图 8-46 所示，可以看出 MTCNN 明显优于 Viola-Jones，MTCNN 错检和漏检较少。

(a)　　　　　　　　　　　　(b)

图 8-46　Viola-Jones 方法与 MTCNN 的比较

课后习题

1. 简述什么是计算机视觉。
2. 解释计算机视觉实现方法和流程中的步骤。
3. 解释典型的计算机视觉有哪些？
4. 登录相关网站查阅计算机视觉领域最新的研究成果，以及不同任务对应的深度神经网络模型。
5. 查阅 OpenCV 相关文献，自学相关例程。

第 9 章
自然语言处理

🔍 **学习目标**

- 了解自然语言处理的基本概念。
- 了解自然语言处理的发展过程。
- 熟悉自然语言处理的主要研究内容。
- 了解自然语言处理的应用领域。
- 熟悉自然语言处理的基本过程。
- 掌握自然语言处理的常用工具。
- 掌握自然语言处理的主要方法。

在日常生活或工作中，可以发现有很多人工智能技术的应用。例如，登录网站查找所需要的内容，只需要输入关键词或者特性描述，网站就可以根据关联程度排序将搜索结果推送；智能音箱不仅可以按照要求播放指定的音乐、音频节目等，还能和说话者交流，实现玩游戏之类的互动；很多智能手机可以通过识别语音指令帮助使用者实现任务提醒、查找资料等事项；市面上还出现了一些智能聊天机器人，可以和说话者对话交流、辅助学习、照顾起居等。这些都是应用了自然语言处理的技术。

自然语言处理是人工智能领域的重要分支，随着近年来人工智能技术发展的热潮，自然语言处理技术也成为炙手可热的研究方向。如今，自然语言处理技术已经实现了在多个领域的应用，各大高科技公司都对自然语言处理领域的研究投入大量人力、财力，争夺市场先机。

9.1 自然语言处理概述

9.1.1 什么是自然语言处理

自然语言是人类在社会发展过程中自然形成的交流语言，如汉语、英语、法语等。人类的逻辑思维往往通过语言形式表现，绝大部分知识也是以语言文字的形式记载和流传的。在人们各种交流过程中所形成的数据大部分是通过自然语言形式存在的，如说话、社交平台的聊天记录、博客、新闻等。人类对于这些信息很容易理解，但面对海量数据，个人的精力有限，迫切需要计算机辅助高效处理分析数据，提取有用信息。由于人与计算机的交互必须通过特定的计算机语言，因此需要花费大量的时间和精力去学习和了解各类计算机语言。显然，如果能使用人们最习惯的自然语言与计算机进行通信，将在很大程度上提高效率，减少不必要的精力投入，同时也可以进一步探索人类语言智能的机理。

自然语言处理（Natural Language Processing，NLP）是研究用机器处理人类语言的理论和技术，以实现在人与人以及人与计算机之间利用自然语言进行交互的一门学科。自然语言处理主要研究如何有效地实现自然语言通信的算法、模型、计算机系统，通过计算机对自然语言的音、形、义等各种信息进行处理和分析，实现对自然语言不同层次如字、词、句、篇章的操作与加工，因而自然语言处理是计算机科学领域、信息科学领域以及人工智能领域的一部分。

实现人与计算机之间的自然语言通信与交互一般包含两方面的内容：一方面是自然语言理解（Natural Language Understanding，NLU），即计算机要能理解人类语言的含义；另一方面是自然语言生成（Natural Language Generating，NLG），即计算机要能生成人类可以理解的语言，通过自然语言表达其想法和意图与人交互。因此，自然语言处理的研究内容一般都是紧紧围绕自然语言理解和自然语言生成这两部分展开。

9.1.2 自然语言处理的典型应用场景

人类使用自然语言的场景非常广泛，自然语言处理的应用范围也遍及各个领域，并且随着技术发展覆盖面不断拓宽。常见的自然语言处理应用有以下几个方面。

1）文本分类：自然语言处理的一个基本任务，是指计算机按照一定的分类准则或体系对文本数据集自动分类，给出不同文本隶属类别的标识。文本分类最初研究的是针对不同类型的海量新闻按照其主题进行文本分类，如识别为时政类、经济类、体育类、军事类、娱乐类等，后来逐渐演化推广应用到很多其他任务中，如垃圾邮件过滤、文本情感分类、自动问答中的问题分类等。

2）信息检索：主要研究从大量自然语言文本中获取所需特定信息的相关技术，其原理为根据用户输入的检索关键词，从大量的文本数据集合中按照一定规则进行匹配，以查找出符合要求的信息。常见的应用如百度搜索等各种搜索引擎。

3）信息提取：从文本中抽取出所包含的关键、重要信息，如主题、事件、时间、地点、人物、数字、专有名词等。通过信息提取可以获取文本的主要内容与关键信息，便于快速了解文本。例如，金融市场中利用自然语言处理技术分析各上市公司发布的公告，可以为投资决策提供辅助参考。

4）自动摘要：主要研究如何利用计算机对大量文档自动进行总结并给出内容摘要。当前处于知识爆炸的时代，每天产生海量的文本数据，对于普通人来说面对太多文本信息无暇甄别是否有用。自然语言处理技术可以对较长的文档创建简洁、准确的摘要，尽可能减少用户阅读时间，提高处理文档的效率。

5）文本生成：指计算机像人一样使用自然语言写作。依据输入的不同，文本自动生成技术主要包括文本到文本的生成、图像到文本的生成、数据到文本的生成等。文本生成技术现在已经应用到机器新闻写作、检查报告生成、法院审理判决书等领域。

6）机器翻译：指利用计算机将输入的一种自然语言文本翻译成另一种自然语言文本，自动完成不同语言的转换，如中文翻译成英文。机器翻译是一门交叉学科，涉及语言学、人工智能和数理逻辑等学科。目前百度、有道等很多企业都提供了免费的在线多语言翻译平台，在很多行业得到广泛应用。

7）语音识别和生成：语音识别可以将人的语音信号通过计算机识别转换成文本表示，语音生成则是指将书面文本经计算机识别后自动转换成对应的语音表示。语音识别技术已经发展了几十年，取得了巨大进步，目前已经应用到语音助手、智能家居、机器人、视频游戏等领域。

8）情感分析：在很多场合中，人们不仅需要理解文本的字面意义，还希望从中发现所包含的观点，理解更深层次的含义。情感分析就是完成这样任务的自然语言处理技术，其主要是对文本进行分析、处理和抽取、归纳，以衡量其中的主观情绪，发现其中的观点倾向。通过分析用户反馈信息，有助于了解用户对产品或者服务的满意情况；通过搜索识别文本中的情绪观点，可以帮助改进产品服务，减少负面影响。情感分析目前已经应用到电影评论、美食点评、产品广告、节目收视率等方面。

9）自动问答：自动问答是指利用计算机以自然语言的形式自动回答用户通过自然语言提出的问题。自动问答系统首先要正确理解用户所提出的问题，针对用户意图抽取关键信息，然后在相应的语料库或者知识库中进行检索、匹配以获取答案，最后以自然语言形式反馈给用户。从这一过程可以看出，自动问答与信息检索有一定相似，但更为深入，需要处理逻辑问题。当前已有很多自动问答系统应用到现实生活中，如在线客服、酒店银行等业务引导、虚拟助理等，这些和以前所提到的技术相比，不仅仅是语音识别和信息检索，更注重逻辑推理与响应回答。除此之外，近年来自动问答系统的一个深入应用是聊天机器人，尽管当前聊天机器人还不够完善，但对于常见的任务已可以轻松处理。相比普通的自动问答系统，聊天机器人要具备多轮对话能力，要能够实现上下文的关联理解与推理分析。

10）信息过滤：信息过滤是通过计算机系统分析各类文本内容，自动识别、标注、过滤符合特定条件的文档信息。信息过滤一般用于信息安全和防护、网络内容管理、垃圾邮件过滤等方面。以往的信息过滤多是采用基于规则的方法，如垃圾邮件的判断一般采用"关键词过滤"，如果邮件内容包含指定的垃圾邮件关键词，就被为判定垃圾邮件。这样的简单方式应用效果不一定很理想，容易引起误判或者过于依赖关键词库而识别不出部分垃圾邮件。目前使用较多的往往是通过机器学习或者深度学习的方法，通过学习大量的正反例样本（垃圾邮件和非垃圾邮件），自动识别出特征词进行判定。

11）个性化推荐：基于自然语言处理技术的个性化引擎，学习分析大规模历史记录数据，关联用户的位置、年龄、职业、浏览或购买记录等个性化信息，识别出用户的兴趣爱好，理解用户的意图，协助用户找到感兴趣的信息并优先呈现给用户，实现精准推荐。目前推荐系统已经广泛应用在很多领域，如新闻服务领域的个性化新闻阅读推送，电子商务领域的产品或服务推荐，娱乐方面的电影、音乐、游戏推荐，社交网络的好友推荐等。通过个性化推荐，可有效改善用户体验，提升用户黏性。

9.2 自然语言处理的研究内容与现状

9.2.1 研究内容

在大多数自然语言中，词是形成最小完整意义的基本语言单位，然后是词语组成的句子，接着是句子组成的段落、章节，最后到篇和文集。因此，自然语言处理的研究从内容上可以由浅入深划分为几个层面：词法、句法、语义、语用。由于自然语言表示的复杂性，目前对简单层次的内容研究已取得了大量可以应用的成果，对于复杂层次的内容研究仍在不断探索中。

1. 词法分析

词法分析主要研究自然语言中词的词素构成、词性等，其中词素指词的最小语义部分，如中文中的字。词法分析一般包括分词、词性标注和命名实体识别几部分内容，是后续各类高级任务的基础。目前，中文词法分析已比较成熟，基本能够满足实际应用的需要。

微课 9-2
自然语言处理的研究内容

1）分词：主要任务是将文本分割为有意义的词语。以英文为例，句子本身就是由多个通过空格间隔开的单词组成；而在汉语中句子是由一连串汉字组成，很多汉字不能独立成词，中文中的一个句子需要将汉字串按照顺序分割为多个词，因此对于中文来说，分词尤为重要。

2）词性标注：词性是词汇最基本的语法属性，词性标注就是要确定每个词语的类别，对于分词得到的每个词语判断属于哪一类别，做出词性标记，如名词、动词、形容词等。不同的词性在句子中起到的作用不同，通过词性标注为后续的句法分析和语义分析提供必要的基础信息。

3）命名实体识别：主要是识别出句子中一些有意义的实体，如人物、地名、机构、术语、专用名词等。根据不同领域的任务，所关注的命名实体也不一样，通过命名实体识别可以快速抓住句子的关键主题，实现对内容重点信息的抽取。

4）去停用词：停用词是指对特定的信息处理任务没有实际意义的字或词，去停用词就是指去掉对文本特征没有作用的字词，如标点符号、语气、人称等。不同语言中都有很多语言停用词，如英语中的 is、am、the、of、in 等，汉语中的"的""是""在""不"等，这些词频率出现比较高，但在文章中多不代表实际含义，所以需要先去除这些词，保留具有实际意义的词。

2. 句法分析

句法分析主要研究句子的结构与成分、词语之间的相互关系以及组成句子的规则。句法分析的主要内容可以分为两类：句法结构分析和依存关系分析。

1）句法结构分析：主要分析句子的成分结构，确定各个词在句子中的作用，如主语、谓语、宾语、定语、状语、补语等。

2）依存关系分析：主要分析句子中各个词汇之间的相互关系，如并列、比较、从属、递进等，以便理解句子逻辑与所包含的深层次含义。

分析清楚句子的结构与依存关系对于结构复杂的长句子来说特别重要。

3. 语义分析

语义分析主要研究如何根据文本中的句法结构、依存关系和句子中各个词语的意义，理解语句乃至一段文本所表示的语义。语义分析的任务包括词义表示、词义消歧、语义角色标注和语义关系分析等。

1）词义表示：研究如何将自然语言中的词表示为向量，便于后续计算分析。

2）词义消歧：根据上下文确定一个词在语境中的含义。

3）语义角色标注：标注句子中的谓语和其他成分之间的关系。

4）语义关系分析：分析句子中词语之间的语义关系，包括利用上下文实现指代消歧。

4. 语用分析

语用分析主要研究词语、句子在不同上下文中的应用，根据上下文关系从整体理解、分析语句的含义。相对于语义分析来说，语用分析增加了对上下文、语境等方面的分析与理解，可以提取出更多附加信息和深层次含义，是一种面向应用的高层次语言学分析。语用分析的内容不断延伸，包括文本分类、主题分析、信息抽取、意图识别、语境分析和情感分析等方面的问题。

9.2.2 发展阶段

微课9-3
自然语言处理
的发展阶段

自然语言处理技术的研究已经开展了几十年的时间，大体可以分为基于规则的理性主义方法、基于统计学习的经验主义方法和基于深度神经网络的深度学习方法3个阶段。

1. 第一阶段：基于规则的理性主义方法

自然语言处理技术的研究可以追溯到20世纪50年代著名的图灵测试：人和机器进行自然语言交流评估能否区分对方是人和机器，如果人无法判断和自己交流的对象是人还是机器，则说明这个机器具有智能。此后一直到20世纪80年代，基于规则形式的语言理论研究占据了主导地位，这些规则驱动的方法也被称为理性主义方法。理性主义方法重在设计一定的规则，通过数学工具描述形式语言，使用有限的规则描述无限的语言现象，将相关知识和推理机制融入自然语言处理系统，建立所谓的普遍语法。

在这一阶段，自然语言处理的一个典型方法是专家知识系统，通过行业专家利用专业知识制定表示和逻辑推理规则。这些方法对于某些特定问题具有一定效果，但过于依赖专家知识和规则，难以处理实际应用中的不确定性，并且应用领域具有很强的针对性，不易移植到其他应用中。

2. 第二阶段：基于统计学习的经验主义方法

在认识到基于知识和规则的自然语言处理方法存在一定局限性后，以构建语料库使用大量数据样本进行统计学习的方法逐渐发展起来。这些以数据为驱动的方法面向实践应用，被称为经验主义方法。从20世纪90年代开始到2010年左右，经验主义方法的研究一直处于主流。

经验主义方法的思想认为，人的思维需要靠丰富的信息输入才能更好地学习自然语言的结构和规律，强调感知和学习能力，所以重在联想、概括、统计、识别等操作。这个阶段的经验主义方法以统计模型为主，代表有隐马尔可夫模型、最大熵模型、支持向量机、条件随机场、贝叶斯网络、决策树以及浅层神经网络等。经验主义方法通过使用一定的数据进行训练，自动学习并调整模型参数，可以更好地处理不确定性，并可进行一定的模型迁移推广。

相对第一阶段而言，第二阶段的自然语言技术与系统效果更好，鲁棒性有了一定提高，但模型容量不够大，算法、结构还不够强大，特别是需要借助于人工设计特征作为模型学习的基础。从一定程度来说，特征设计成为统计自然语言处理方法的一个主要瓶颈。

3. 第三阶段：基于深度神经网络的深度学习方法

2010年以后，深度学习技术快速发展，并在人工智能领域变得炙手可热。深度学习带来了技术和范式的革新，有力推动了自然语言处理进入第三个发展阶段，形成新的一轮热潮。

以深度神经网络为代表的深度学习技术依赖复杂强大的模型结构和学习能力，能够通过大量数据学习自主提取特征，无须人工参与特征工程，实现了"从头开始NLP"。这种端到端的模型架构比早期的统计学习模型更易于设计，并且深度神经网络模型可以适用于不同的任务，便于推广。因此，深度学习方法成为当前自然语言处理中最热门的研究方向，是各类自然语言处理应用任务的主要选择，如大多数信息检索、语音识别、机器翻译、机器问答、个性化推荐等系统都是基于深度学习方法，并取得了很好的效果。

9.2.3 面临的挑战

近年来，自然语言处理技术取得了令人瞩目的进展，但同时也要看到自然语言处理在语言深度理解、语言建模、开放式问答等很多应用领域仍面临很大的挑战，与人类水平相比需要改进的地方还有很多。

1. 语言场景

自然语言中的词语往往具有多义性、多样性、歧义性，与上下文密切相关，同样的词语或句子在不同的场景或语境中可能含义完全不一样，这样的情况很难用通用的规则来描述，从而给机器处理带来一定困难。

（1）中文分词

汉语中词的意义具有多样性，如果多义词组合不同，就会给分词带来影响，如下面两个例子。

例1："一行行行行行，一行不行行行不行"。这句里面出现重复的多音词，代表不同含义，给分词带来一定困扰。

例2："咬死猎人的狗"。分词有两种情况："咬死猎人的狗"和"咬死猎人的狗"，这两句话结构不同，含义也完全不同。

（2）歧义现象

例3：Time flies like an arrow 应该怎么翻译？其中 time 既可作名词"时间"，又可作动词"测定、校准"；flies 既可是单数第三人称动词"飞"，又可作为名词复数"苍蝇"。因此可以得到不同的翻译：① 时间像箭一样飞驰；② 测量那些像箭一样的苍蝇。

例4："你要买苹果吗"是指的水果还是手机？很显然如果没有上下文不好判断。

（3）新词或未知语言

随着社会发展，在网络语言或者口语中经常会出现一些新词、旧词新用或者不规范，如"喜大普奔""沙发""潜水""C位"等，都给机器识别和理解带来一定困扰。

2. 学习理论与资源

自然语言处理技术发展过程中一直在试图解决两个方面的问题：效果和解释性。基于规则的理性主义方法和基于统计学习的经验主义方法解释性较强，但效果并不理想；基于深度神经网络的深度学习方法大大改善了效果，但建立在黑盒模型基础上，严重缺乏可解释性。正是由于大多数深度学习模型在推理和解释方面的欠缺，使得针对具体任务的模型改进与深层次探索变得相对困难。

当前很多基于深度学习方法的自然语言处理系统取得了和人类接近的效果，但是这是建立在数据量足够大、算力资源充足的基础上，需要时间、数据、人力、财力、能源的支撑，还远未达到人类自身处理那样简易、便捷、灵活，因此自然语言处理技术和应用系统还有很大的优化空间。

9.3 自然语言处理过程与方法

从自然语言处理解决问题的基本过程来说，主要包括获取语料、文本预处理、特征工程、应用任务等方面。针对这些过程现在已有很多自然语言处理的平台或工具包可以执行相应的操作，如基于 Python 的常用自然语言处理工具包有：NLTK、jieba、Pattern、Gensim、spaCy、TextBlob、PyNLPI、Polyglot、MontyLingua、BLLIP Parser、Quepy、HanNLP 等。

9.3.1 获取语料

语料是自然语言处理任务所需的语言材料，为便于处理，通常用文本作为替代。一般把一个文本集合称为语料库，多个文本集合称之为语料库集合。

针对不同的自然语言处理任务需要选择、收集不同的语料。按语料来源，语料可分为以下几类。

1）积累语料：行业、领域、机构、单位以及业务部门等组织一般会在业务发展过程中保存积累大量文本资料，可能是纸质资料，也可能是电子资料。收集、整理这些资料可以建设为特定领域语料库。

2）公开语料：针对通用的自然语言处理任务，可以采用国内外开放的标准语料库，如国内的国家语委现代汉语语料库、人民日报标注语料库、搜狗语料等，国外的联合国官方资料库、美国当代英语语料库、美国历史英语语料库等。

3）下载语料：如果公开的语料库不能满足任务需要，可以在允许情况下使用爬虫等工具自己去抓取一些数据，然后建立自己的语料库。

9.3.2 文本预处理

1. 语料清洗

收集好的原始语料一般并不能直接使用，还需要进行语料清洗。语料清洗是指对原始语料进行加工，筛选保留与任务相关的内容，删除无用的内容。语料清洗过程主要是对文本数据进行噪声移除、词汇规范化和对象标准化，常见的清洗方式有去重、对齐、删除、标注等。

（1）噪声移除

一般原始文档中可能是非结构化的，内部包含很多噪声数据。具体来说，只要是与任务数据上下文无关的文本片段都可被当作噪声实体，如 URL 或链接，社交媒体里的标签符号（如@符号、#标签等）、标点符号、广告，以及网页中的导航栏、HTML 与 JavaScript 代码等，这些不相关的噪声内容都需要删除。

噪声移除可以采用不同的策略，常见的方法如建立噪声字典，对文本进行迭代查询以去除噪声字典里的实体；也可利用正则表达式去除特定模式的噪声。

（2）词汇规范化

在某些语言中，一个词语在不同的使用环境下可能存在多种表达形态。例如在英语中 say、said、says 和 saying 都是单词 say 的不同形式，虽然严格意义上有所区别，但根据上下文可判断出其意思相近。在自然语言处理过程中一般不需要单独识别出每个单独形态的词，而是当作一个来看待，否则待处理词汇总量会急剧增加。这个步骤可通过词语规范化来实现，将一个单词的所有不同形式转换为它的规范形式，即变化形态的统一。词语规范化可看作是一个词语量压缩降维的过程。

常用的词汇规范化方法有词干提取（Stemming）和词元化（Lemmatization）。词干提取按照规则去除后缀，如 ing、ed、ly、es、s 等；词元化使用词汇表和形态学分析获取词根。不少工具包已经提供相应的方法可以直接调用，如 NLTK（Natural Language Toolkit，自然语言工具箱）中就有现成的 API 接口可以实现词干提取和词元化。NLTK 是美国宾夕法尼亚大学计算机和信息科学系开发的一个基于 Python 语言的开源类库，提供了几乎所有 NLP 任务的工具，是当前最常使用的自然语言编程与开发工具之一。

（3）对象标准化

对象标准化主要是将文本中一些不包含在标准词典里的词语转换为标准的词，以便能被正确识别、检索和分析，如首字母缩略词、口语、俚语等。对象标准化一般可使用查找数据字典和正则表达式来转换和修正不标准的词语。

2. 分词

（1）中文分词方法

中文的句子中词与词之间没有明显的分隔符，所以分词是中文处理中最基本的问题，分词的效果对后续的语言处理有着至关重要的影响。

常见的中文分词的方法一般有以下几种。

1）基于词典的分词方法：包括正向最大匹配、后向最大匹配、双向扫描、逐词遍历等。

2）基于统计模型的分词方法：包括 N 元语法分词、HMM（隐马尔可夫模型）分词法、CRF（条件随机场）分词等。

3）基于深度学习的分词方法。

（2）jieba 分词

当前中文分词技术已经非常成熟，分词的准确率已达到了可用的程度，有很多第三方的库可供使用，例如 jieba 工具包就是其中常用的一种。jieba 分词是基于 Python 的中文分词工具，其分词功能强大且安装方便，可以在 Python 中自动安装。

jieba 工具包提供两种分词的方法：jieba.cut 方法适用于全模式和精确模式两种情况；jieba.cutforsearch 方法适用于搜索引擎模式。为确保对于有歧义的词或者期望组合的词能够正确分词，jieba 分词还提供了自定义词典的调整方法。

3. 词性标注

汉语词性标注存在着一定的困难，主要表现在以下几方面：

1）汉语缺乏形态变化，不能直接从词型上判断词性。

2）汉语中大多数词多义、兼类现象严重，覆盖面广，涉及词类多。

3）汉语本身比较复杂，至今还没有统一、规范的汉语词类划分标准。

因此，中文词性标注往往需要依赖上下文判断词义或确定词性，利用简单的查词典的词性标注方法效果一般不太理想。目前常用的词性标注方法有以下两类。

1）基于规则的方法：依赖专家知识建立规则库，以规则推理方式实现词性标注，人工成本较高，仅适用于简单应用。

2）基于统计学习和深度学习的方法：基于大量的数据集进行特征提取和学习分类，这也是目前的主流方法。

词性标注同样有成熟的第三方库可供使用，如使用 jieba 分词的 posseg 模块，就可以得到每个词的词性。

4. 去停用词

可以通过自定义方式实现去停用词。首先根据需要创建停用词列表，这个列表可以根据实际情况修正维护，然后读取文本信息利用正则化表达式清洗字符串，再利用前述分词方法调用停用词表正则化后的文本进行分词。

由于汉语表示的复杂性，需要根据应用任务的需求和实际情况确定是否需要去停用词，例如情感分析中需要一些语气词和标点符号判断语气与情绪倾向，就不应该被去掉。

9.3.3 特征工程

文本数据经过预处理以后，为便于计算机处理分析，需要将文本转换为特征，这个过程一般称为特征工程。特征工程的关键在于选择合适的、表达能力强的特征。根据应用任务目标和背景不同，可以利用多种技术用于建立、获取文本特征，如统计特征、表示特征、实体/N 元语法/基于单词的特征以及句法分析等。

1. 统计特征

（1）TF（Term Frequency，词频）

TF 定义为一个词在文本中出现的次数，其目的是在不考虑排序的情况下统计单词在文档里出现的频率，将文本转换为向量模型。词频统计常用于情报检索与文本挖掘，可用来评估一个词对于一个文本或者一个文本集的重要程度，显然字词在文本中出现的次数越多相对越重要。

用于统计词频的第三方库也很成熟，如 NLTK 提供了 Counter 和 FreqDist 两种方法，都可以实现词频统计。

（2）TF-IDF（词频—逆文档频率）

字词的重要性与它在文本中出现的次数成正比，但同时也与它在语料中出现的频率成反比，即越常见的词重要性越低，这可以用 IDF（Inverse Document Frequency，逆文档频率）来描述，它被定义为语料库中文档总数和包含该词的文档数的比值的自然对数，即

$$\mathrm{IDF}(x) = \log \frac{\text{语料库中文档总数 } N}{\text{语料库中包含词 } x \text{ 的文档数 } k+1}$$

TF-IDF 定义为 TF 与 IDF 的乘积,即 TF-IDF(x) = TF(x)×IDF(x),这样的权重模型体现了一个词在语料库中的相对重要性。某个词对文章的重要性越高,它的 TF-IDF 值就越大,排在最前面的几个词往往是这篇文章的关键词,因此 TF-IDF 常被用于信息检索问题。

(3) 计数/密度/可读性特征(Count/Density/Readability Features)

除了常用的 TF 和 TF-IDF 特征,有时还会用到其他一些计数、密度、可读性等统计特征,如单词数、句子数、标点数、行业特定词数、音节数和易读性指数等。

2. 表示模型

对文本进行预处理之后,需要将分词表示成计算机能够处理的结构化数据,这就是词的表示。常用的表示模型有词袋模型和词嵌入模型。

(1) 词袋模型

词袋模型(Bag of Word,BOW)是将所有词语放进一个集合中,如同装在一个袋子里。这种模型不考虑词法和词的顺序,即每个词语都是独立的。词袋模型被广泛应用在文件分类,词出现的频率可以用来当作训练分类器的特征,具体表示方法如下。

1) One-Hot 表示法。One-Hot 表示法又称"独热"表示法,其规则为:根据词袋中词语的数量确定向量维数,一个词语序列中出现的词语其数值为 1,未出现的词语其数值为 0。以两个简单的句子为例:

Jack likes to play basketball.

Tom likes to play football. John also likes football.

首先构建一个词袋[Jack,likes,to,play,basketball,Tom,football,John,also],词袋包含了两个句子中所有的 9 个词。上面两个例句可以分别用两个向量表示,每个向量维数都是 9,每个维数表示词袋中对应位置的词是否在本句中出现,如果出现则为 1,否则为 0,表示如下:

[1,1,1,1,1,0,0,0,0]

[0,1,1,1,0,1,1,1,1]

这两个词频向量就是词袋模型的 One-Hot 表示,可以看到 One-Hot 表示法体现了哪些词在文本中出现,用出现的词语来表示文本的语义,但其中语序关系已经完全丢失。

2) TF 表示法。TF 表示法和 One-Hot 表示法类似,区别在于:向量中的数值为词语序列中词语的出现频次 TF,词语序列中未出现的词语其数值为 0。对于上述两个例句,TF 表示向量为

[1,1,1,1,1,0,0,0,0]

[0,2,1,1,0,1,2,1,1]

可以看出,词袋模型的 TF 表示法除了考虑哪些词在文本中出现,还考虑了用出现词语的频次来表示文本的语义。

3) TF-IDF 表示法。TF-IDF 表示法的规则为:向量中的数值为词语序列中出现的

词语的 TF-IDF，词语序列中未出现的词语其数值为 0。词袋模型的 TF-IDF 表示法用出现词语的频次来突出文本主题，用出现词语的逆文档频率来突出文档的独特性，进而表示文本的语义。

综上所述，词袋模型易于理解，便于实施，定制文本数据非常灵活，在语言建模和文档分类等问题上非常适用。但其也存在一些不容忽视的缺点，具体如下。

① 维数高：词袋模型中向量的维数由词袋中词量的总数决定，在实际应用背景下词袋规模会非常大，每个词向量的维数就会相当高，造成后续的计算量非常大，产生维度灾难。

② 稀疏性：一个词的 One-Hot 表示中只有一个元素为 1，其余都为 0，在向量维数非常高的情况下，巨大的向量空间只包含非常少的信息，即数据稀疏。数据稀疏导致了向量之间相似度区分不明显，很难表示词与词之间的相关性。

③ 词义弱化：词袋模型不考虑词语之间的顺序，忽略了文本的语法和语序要素，缺失了上下文，从而影响词语在文档中的语义。

(2) 词嵌入模型

词嵌入（Word Embedding）又称为词向量，是自然语言处理中的一组语言建模和特征学习技术，也是当前流行的词义表示方式。其基本思想是：通过大量语料的训练，保留语料库中的上下文相似度，将词汇表中每一个词语映射为一个较低维数的向量。所有的向量构成一个词向量空间，即将高维词向量嵌入一个低维空间上。每一词向量可视为该空间中的一个点，通过定义距离（如计算两个向量的余弦值）判断两个词在语法或词义上的相近性。如前例中 basketball 和 football 在词嵌入模型中距离应该接近，因为这两个都是球类名称；而 basketball 和 Tom 的距离相对较远，因为一个是球类一个是人名。

词嵌入是词语向量化的现代方法，被广泛应用于深度学习模型，如卷积神经网络（CNN）和循环神经网络（RNN）。词嵌入包括很多不同的算法模型和实现工具，如神经网络语言模型、Word2Vec、FastText 等。

1) 神经网络语言模型。词向量是在训练语言模型的同时获得的。传统的语言模型主要是统计语言模型，如 bigram 或者 n-gram 语言模型等离散模型，对 n 个连续的单词出现概率进行建模，通常基于马尔可夫假设，假设单词的分布服从 n 阶马尔可夫链，对于一个单词在某个位置出现概率的估计，可以通过计算该单词与前面 m 个单词同时出现的频率相对于前面的 m 个单词同时出现的频率的比获得。但由于是离散模型，因此有稀疏性和泛化能力低的缺点。

为解决传统语言模型稀疏性和泛化能力低的问题，研究人员提出了神经网络语言模型（Neural Network Language Models，NNLM）。神经网络语言模型属于连续模型，其思想是将离散的 n-gram 单词组投影到致密的空间实现词嵌入，尽可能地增加上下文信息。

经典的神经网络模型为 3 层前馈神经网络模型，其架构如图 9-1 所示。

图 9-1 中从下往上依次为该模型的输入层、隐藏层和输出层。首先根据训练集生成词典；对于语料中的任意词 w_t，获取其前面 $n-1$ 个词，先转化为词向量 $C(\omega_{t-n+1})$，$C(\omega_{t-n+2}),\cdots,C(\omega_{t-1})$，输入层将这前 $n-1$ 个词向量拼接起来构成参数矩阵 C，该矩阵

行数等于词典中的单词数量,列数等于给定的致密空间的维度;隐藏层通过激励函数将输入信息进行转换,将每个单词对应的上下文映射到词典全部单词对应的条件概率分布空间中;输出层计算词 ω_t 的概率。通过使用词向量映射,前馈神经网络模型能解决稀疏性的问题。该模型在实际应用过程中表现出了一定的泛化能力,但是该模型没有明确地对超出观察窗口的上下文信息进行处理。

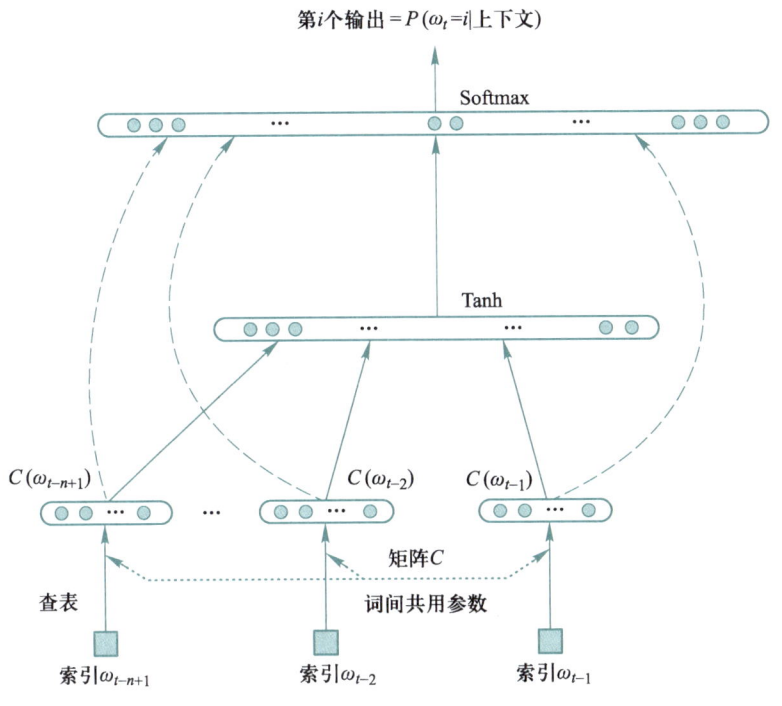

图 9-1 神经网络语言模型基本架构

2) Word2Vec 模型。Word2Vec 是一个比较常用的词嵌入模型,主要包含预处理模块以及连续词袋模型(Continuous Bag of Words,CBOW)和跳字模型(Skip-Gram)两个浅神经网络模型组,采用两种高效训练的方法:负采样(Negative Sampling)和层序Softmax(Hierarchical Softmax)。Word2Vec 词向量可以较好地表达不同词之间的相似和类比关系,已经被广泛用于各种 NLP 问题。

① CBOW 模型。CBOW 模型是从上下文对目标词的预测中学习到词向量的表达(上下文预测当前词),具体来说,其训练输入是某一个词的上下文相关的词对应的词向量,而输出就是这个特定词的词向量。

例如"今天我早餐吃了___,味道好极了",这个句子要预测的目标词汇可能是"面包""油条"或"苹果"等,而不可能是"书桌"或"教室"。这句话的待预测词上下文窗口大小如果取值为 2,则上下文对应的词有 4 个(前后各 2 个),这 4 个词就是模型的输入。对应的 CBOW 神经网络模型输入层有 4 个神经元,隐藏层的神经元个数可以自行确定,模型的输出是所有词的 Softmax 概率。训练目标是期望训练样本特定词对应的 Softmax 概率最大。CBOW 模型结构如图 9-2 所示。

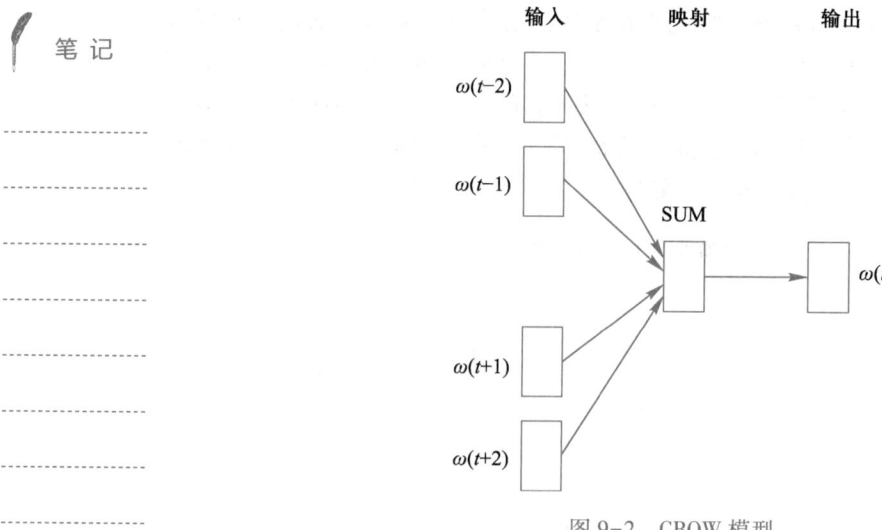

图 9-2　CBOW 模型

② Skip-Gram 模型。Skip-Gram 模型和 CBOW 的思路相反，它是通过目标词汇来预测上下文词汇，即输入是一个特定词的词向量，输出是特定词对应的上下文词向量。

例如目标词汇是"早餐"，上下文词汇可能是"今天"和"吃面包"。这里如果上下文窗口大小取值为 2，期望输出得到相邻的 4 个上下文词，特定的这个词"早餐"的词向量就是 Skip-Gram 模型的输入，对应的神经网络模型输入层有 1 个神经元，隐藏层的神经元个数可以自行确定，输出层有词汇表大小个神经元，模型输出得到 Softmax 概率排前 4 的 4 个词。Skip-Gram 模型结构如图 9-3 所示。

Skip-Gram 模型的本质是计算输入词的输入向量与目标词的输出向量之间的余弦相似度，并进行 Softmax 归一化。

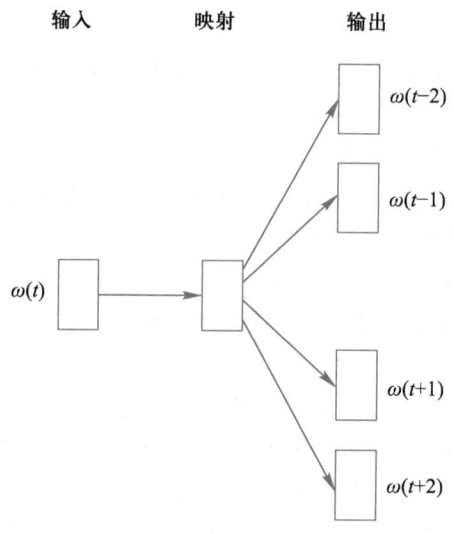

图 9-3　Skip-Gram 模型

③ Word2Vec 模型的作用与实现。词嵌入将高维词向量映射到低维空间，其主要作用是降维和特征提取。经过降维操作，使每个词带有语义关系，便可以分析词与词之

间的关系。在词嵌入模型中，还发现词向量与词向量之间有着特殊的特性，例如存在"国王-男人+女人=皇后"这样的公式关系。

词嵌入模型的出现有力地促进了自然语言处理的发展，特别是促进了深度学习在 NLP 中的应用，目前利用预训练好的词向量来初始化网络结构的第一层几乎已经成了标配。Word2Vec 模型作为一个常用的词向量表达方式，在不同框架下都可以实现。不论哪种实现方式，其基本思路都是首先从训练语料库建立一个词汇表，然后学习词向量的表现方式。

3）FastText 模型。除了 Word2Vec 模型，FastText 模型也是一种常见的词向量表示方式。FastText 是一个词向量与文本分类开源工具，使用了词袋、n-gram 以及子词（Subword）信息等表征语句，提供简单高效的表征学习和文本分类的方法。FastText 模型简单，只有一层的隐藏层以及输出层，性能比肩深度学习而且训练速度非常快，在普通的 CPU 上可以实现分钟级别的训练，比深度模型的训练要快几个数量级。

构词学研究了词的内部结构和形成方式，如英语中 dog、dogs 和 dogcatcher 拥有同一个词根 dog，不同后缀改变词的含义。在 Word2Vec 中没有直接利用构词学中的信息，将形态不同的单词用不同的向量来表示。例如，dog 和 dogs 分别用两个不同的向量表示，模型中并未直接表达这两个向量之间的关系。FastText 提出了子词嵌入（Subword Embedding）的方法，试图将构词信息引入 Word2Vec 中的 CBOW。

为了解决构词问题，FastText 使用了字符级别的 n-grams 来表示一个单词。对于单词"book"，假设 n 的取值为 3，则它的 trigram 有"<bo""boo""ook"和"ok>"。其中，"<"表示前缀，">"表示后缀。于是，可以用这些 trigram 来表示 book 这个单词。

FastText 模型架构和 Word2Vec 的 CBOW 模型架构非常相似，包括输入层、隐含层和输出层，输入都是多个向量表示的单词，隐含层是对多个词向量的叠加平均，输出是文档对应的类标。因此，FastText 模型核心思想是将整篇文档的词及 n-gram 向量叠加平均得到文档向量，然后使用文档向量做 Softmax 多分类。

不同的是，CBOW 的输入是目标单词的上下文，FastText 的输入是多个单词及其 n-gram 特征；CBOW 的输入单词用 One-Hot 编码，FastText 的输入单词有被嵌入（Embedding）过的特征；CBOW 的输出是目标词汇，FastText 的输出是文档对应的分类标签。

（3）BERT 模型

2018 年谷歌公司的 AI 团队发布了 BERT 模型，在机器阅读理解顶级水平测试中取得骄人成绩。随后掀起来一股研究热潮，不断将 BERT 模型应用于不同的自然语言处理任务，被认为是 NLP 领域近期最重要的进展之一。

BERT 模型的全称是 Bidirectional Encoder Representations from Transformer，是一种语言表示模型，主要输入是文本中各个字/词的原始词向量，输出是文本中各个字/词融合了全文语义信息后的向量表示。其目标是利用大规模无标注语料训练、获得文本的语义表示，然后根据 NLP 的应用任务对文本的语义表示进行微调，以适用于解决该任务。

BERT 模型比以往的表示模型可以获取更丰富的语义信息，核心过程可以简化如下：

1）从数据集抽取两个句子，判断第二句话在文本中是否紧跟在第一句话之后，这样就能学习句子之间的关系。

2）随机去除两个句子中的一些词，并要求模型根据剩余词汇预测这些词是什么，这样就能学习句子内部的关系。

3）再将经过处理的句子传入大型 Transformer 模型，并通过两个损失函数同时学习上面两个目标就能完成训练。

3. 实体抽取

实体被定义为一个句子里最重要的部分，它们一般是名词短语、动词短语或者两者均有。实体检测算法一般是由基于规则的句法分析、词典查找、词性标注以及依据句法分析结合起来的组合模型。实体抽取一般是上下文分析、信息检索、自动问答系统以及个性化推荐等应用场景的基础任务。

（1）命名实体识别

命名实体识别（Named Entity Recognition，NER）是自然语言处理里关键的实体抽取方法，是指从文本里检测具有特定意义的实体，包括人名、地名、组织机构名、时间、日期、货币和百分比等实体。例如，"张三到上海出差"这个句子中的命名实体有：张三——人名、上海——地名。

在实际应用中，命名实体识别面临不少困难。

1）命名实体类型多样，数量众多。网络人名、国外译名、虚拟人物和昵称等实体层出不穷，大多属于未登录词，难以建立全面的标注语料库。

2）命名实体构成结构复杂，长度不一，如中文实体识别包括中国人名/地名识别、音译人名/地名识别等；机构名长度变化范围极大，边界难以识别；机构名的组成方式和种类多样复杂，没有统一的规律可以遵循。

3）不同文化、领域、场景下的命名实体含义有差异，还可能存在嵌套情况，如人名中嵌套着地名，地名中嵌套着人名、机构名，网络文本还常出现中英文交替使用的情况。

4）汉语文本没有明显的实体边界，汉语分词和命名实体识别互相影响。

命名实体识别的传统方法一般是基于规则或基于统计的方法，如 HMM、MEMM 和 CRF。随着深度学习技术的发展，使用深度学习算法 CNN、RNN 进行人名实体识别越来越普遍。

1）基于规则的命名实体识别。利用人工构造规则模板，规则的设计一般基于句法、语法、词汇以及特定领域知识。通过选取统计信息、标点符号、关键字、指示词、方向词、位置词、中心词等特征，对每条规则进行权重赋值，根据实体匹配规则的程度判断实体类型。例如，"说""同学"等词语可作为人名的下文，"大学""公司""委员会"等词语结尾时前面可能是组织机构名。

当字典范围不太大且人工设计的规则体现语言特点或领域知识时，基于规则的 NER 方法可以达到较好的效果，但由于面向领域的规则针对性较强，很难迁移到别的领域中。在大多数场景下，规则的构建往往取决于具体语言、领域和文本风格，其构建规则过程耗时且规则有限，可能会适应性不足，不易移植，难于更新维护。

2)基于统计的命名实体识别。目前常用的基于统计机器学习的命名实体识别方法有:隐马尔可夫模型(HMM)、最大熵模型(ME)、支持向量机(SVM)、条件随机场(CRF)等。其主要思想是:基于人工标注的大量语料,将命名实体识别作为序列标注问题,利用语料来学习标注模型,从而对句子的各个位置进行标注。

3)基于深度学习的命名实体识别。深度学习模型可以从海量数据中自动学习,挖掘复杂的特征,从输入到输出建立起非线性映射,因此借助于深度学习方法可以更方便地提取识别命名实体。基于深度学习的命名实体识别架构通常包括分布式表示、语义语境编码、标签编码几个层面。分布式表示可采用词嵌入方法,也有的利用 CNN 或 RNN 提取词语表示特征。在语义编码阶段多采用 CNN、RNN 结构,常见的标签解码结构有多层感知器+Softmax、条件随机场、RNN 等。目前业界比较常用的模型是 LSTM + CRF,在模型验证中表现出色。

(2)实体消歧

在非结构化文档中识别出命名实体后,由于上下文和语言风格、环境的不同,同一个命名实体可能对应多种表达形式,同时文档中的一个名词可能有多个意思,对应多种命名实体,这就需要用实体消歧解决。实体消歧是指确定一个实体名称所指向的真实世界实体。

一般而言,命名实体消歧可以利用两方面的知识:一方面是上下文知识,如命名实体周围出现的文本、词语等;另一方面是本体知识,如命名实体的分类体系、实体之间的关联架构等。比如"今年苹果发布了一款新手机",这句话中"苹果"是一个命名实体,但可能代表两种含义,可以有两种实体描述:第一种是表示一种水果,第二种表示一家高科技公司。先将两种实体描述全部转换为向量,第一种用向量 V_1 表示,第二种用向量 V_2 表示,再把要分析的句子中"苹果"的上下文"今年发布了一款新手机"转换为向量 V_t,然后分别计算 V_t 与 V_1 和 V_2 的相似度,选择相似度高的作为"苹果"在这个句子中的真实语义。

实体消歧一般可采用基于规则、知识图、概率生成模型、主题模型、深度学习等方法,每种方法各有特点,适用场景也不同。

4. 句法分析

句法分析包括分析单词在句子里的语法、词在句子中的位置与结构,以及与其他单词之间的关系。句法结构和依存关系是文本句法里最重要的属性,句法分析虽然不是自然语言处理任务的最终目标,但它往往是实现最终目标的底层关键环节。

(1)句法结构分析

以获取整个句子的句法结构为目的的分析称为完全句法分析,而以获得局部成分为目的的分析称为局部句法分析。

一般来说,句法结构分析通过短语结构分析,提取出句子名词短语、动词短语等。句法结构分析的经典方法主要是基于规则的分析方法和基于统计的分析方法,后来也出现了深度学习方法用于句法结构分析的研究,特别是带有句法关系的 LSTM 方法应用于自然语言处理,句法分析的过程大大简化。

1)基于规则的方法。基于规则的方法是由人工构建语法规则,建立语法知识库,通过条件约束和检查来确定句法结构。

基于规则的语法结构分析可以利用手工编写的规则分析出输入句子所有可能的句法结构；对于特定领域和目的，利用有针对性的规则能够较好地处理句子中的部分歧义和一些超语法现象。

2）基于统计的方法。基于统计方法中比较成功的是基于概率上下文无关文法（PCFG）。上下文无关方法（Context-free Grammers，CFG）主要用短语语法不断将词语整理成嵌套的组成成分。其主要步骤是先对每个词做词性分析，然后再将其组成短语，再将短语不断递归构成更大的短语。由于自然语言不是形式化语言，同一句话可能使用不同的句法结构表达，所以上下文无关方法可能会产生歧义结构。解决这个问题的方法是在 CFG 中引入概率，对于每一个规则，分配一个概率值，满足一定约束，这就是 PCFG 方法。

关于句法分析的工具，可以直接使用 NLTK 中的相关分析工具快速实现句法结构分析。

(2) 依存关系分析

在自然语言处理中，需要用词与词之间的依存关系来描述语言结构的框架，这就是依存语法，又称从属关系语法。利用依存语法进行句法分析可以对语言进行深层次的理解，消除歧义，还可以根据分析的结果对特定的内容进行提取。依存关系分析直接服务于各种上层应用，如搜索引擎用户日志分析和关键词识别、信息抽取、自动问答、机器翻译等任务。

1）依存关系的表示。依存语法的本质是一种结构语法，它主要研究以谓词为中心而构句时由深层语义结构映现为表层语法结构的状况及条件。依存语法的结构中词与词之间发生依存关系，构成一个依存对，这种关系是支配与被支配的关系，是有方向性的。其中，一个是处于支配地位的核心词，叫作支配词；另一个处于被支配地位的成分叫作修饰词，也叫作从属词。

句子的依存关系通常有两种表现形式：一种是有向图，通常在句子上用箭头表示其依存关系，有时也会在箭头上标出其具体的语法关系，如是主语还是宾语等；另一种是树形机构，又可分为依存树和依存投影树。例如，"北京是中国的首都"这句话相应的 3 种表达如图 9-4 所示。

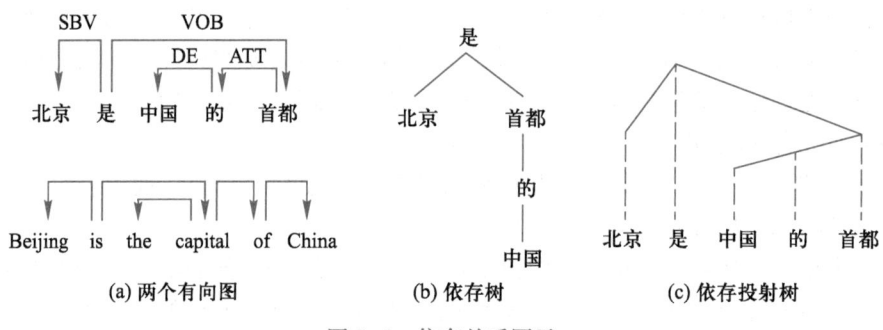

图 9-4　依存关系图示

以依存树形式为例，具体含义为：依存关系以谓语为中心，即无被支配者；其他成分都直接或间接与谓语产生联系；依存树的树边上是句法信息；词节点可以是词本身、词条、词性、词型等；边可以是句法功能、语义角色等。

2）依存关系分析方法。目前研究多集中在以数据驱动的依存关系分析方法，即通过训练数据集学习得到依存句法分析器。数据驱动的方法好处在于充分利用大规模的训练数据，不需要过多的人工干预就可以得到比较好的模型。这类方法泛化性较好，易推广到新领域和新环境。

数据驱动的依存关系分析方法主要有以下一些主流方法：基于图的依存关系分析方法，将依存关系分析问题看成从完全有向图中寻找最大生成树的问题；基于转移的依存关系分析方法，将依存树的构成过程建模为一个动作序列，将依存分析问题转化为寻找最优动作序列的问题；多模型融合的依存关系分析方法，融合了基于图和基于转移的方法的优势；基于深度学习的依存关系分析法，利用多层神经元网络提取特征，把词、词性等用低维、连续实数空间上的向量来表示，从而便于寻找特征组合与表示，同时容易进行计算。

9.3.4 学习模型

在完成了特征工程之后，需要根据不同的自然语言处理任务选择合适的任务模型，如根据数据中标签情况选择监督学习或无监督学习的模型。传统上多是基于以统计学习为主的机器学习模型，后来随着技术发展，深度学习模型逐渐成为主流。主要的学习模型和关键技术已在前面章节详细讲解，这里只简单介绍自然语言处理中应用到的模型。

1. 机器学习模型

传统的自然语言处理技术主要是统计自然语言处理，所用到的主要模型有K-近邻（KNN）、支持向量机（SVM）、朴素贝叶斯（Naive Bayes）、决策树（Decition Tree）、梯度提升树（GBDT）、K-均值（K-means）等经典的机器学习方法，这里不重点介绍。

2. 深度学习模型

（1）卷积神经网络

卷积神经网络（Convolutional Neural Network，CNN）在计算机视觉中的应用取得巨大成功，其实CNN在自然语言处理中也有很多应用，并取得了一些令人瞩目的成绩。

由于CNN的结构特点，自然语言处理任务中使用CNN处理的往往是以矩阵形式表达的句子或文本。一般而言，把要处理的文本转换为同样维数的向量，矩阵中的每一行就是一个向量，对应于一个单词或一个字符，例如前面介绍的Word2Vec。假设当前输入一共有10个词，每个词都用128维的向量来表示，就可以得到一个10×128维的矩阵，这个矩阵就类似于一幅"图像"的表达方式。

在计算机视觉中，滤波器会在图像局部滑动，而在自然语言处理中，一般会使用滤波器在矩阵的整个行上滑动，相当于滑过句子中的词语。滤波器的宽度通常和输入矩阵的宽度一致，而高度是变化的，一般情况是每次的滑动窗口为2~5个Words。

随着研究深入，CNN在自然语言处理中的应用也结合具体任务不断改进，在一些领域取得成熟的结果，如在文本分类中用到的TextCNN。

（2）循环神经网络

循环神经网络（Recurrent Neural Network，RNN）也叫作递归神经网络（Recursive Neural Network）。实际上递归神经网络一般分为两种，一种是时间上的递归，为了区分称为循环神经网络；另一种是结构上的递归，才称为递归神经网络。

循环神经网络和递归神经网络结构中都包含反馈信息，通过使用带自反馈（隐藏层）的神经元，能够处理任意长度的序列，比前馈神经网络更加符合生物神经网络的结构，更适于处理具有序列特性的自然语言。因此，目前 RNN 已经被广泛应用在各类自然语言处理任务上。

1）基本 RNN 类型。如前所述，根据 RNN 输入和输出映射类型的不同，可以分为一对一、一对多、多对一和多对多几类，不同类型的 RNN 在自然语言处理中适用于不同的应用。

① 一对一的 RNN 是指输入和输出一一对应，其中输出不仅与输入有关，还与当前输入的历史信息有关。一对一的 RNN 适用于每个输入都有输出的问题，如中分分词、命名实体识别、文本生成、场景分类、股票预测等。

② 一对多的 RNN 是指单个输入而输出为序列，即输入是独立的，不需要历史输入信息，但输出依赖于先前输出的值。这种模型常用于图像字幕任务，给定输入图像生成描述内容的文本。

③ 多对一的 RNN 是输入为任意长度的序列，而产生单个输出。这种模型适用于情感分析、文本分类等任务。

④ 多对多的 RNN 是输入为任意长度的序列，输出也为任意长度的序列，输入和输出长度不一定相同。多对多结构一般多用于自动摘要、机器翻译、聊天机器人等领域。

2）长短期记忆网络（LSTM）。RNN 随着自然语言处理不同场景的需要而改进，产生出不同的变种，适用于相应的任务。LSTM 就是 RNN 的一个改进类型，可以有效地解决长期依赖问题/梯度消失问题。LSTM 模型的关键是引入了一组记忆单元（Memory Units），记录了到当前时刻为止的所有历史信息，并通过输入门、遗忘门、输出门这 3 个"门"控制网络何时遗忘历史信息，何时用新信息更新记忆单元。以语言模型中的人称指代为例，当前状态包括了当前主语的性别信息，从而决定使用正确的代词（他/她/它）。当出现一个新主语时，需要遗忘旧主语的性别，而不是直接沿用。

为了进一步提高 LSTM 模型的预测质量，研究人员提出了双向 LSTM（Bidirectional LSTM，BiLSTM）的优化方法。这种方法可以训练 LSTM 从开始到末端和从末端到开始两种方向读取数据分别计算，最后在每个时刻结合前向层和后向层的相应时刻输出的结果得到最终的输出。例如"我上午感觉不舒服，下午打算＿＿半天"，结合前面的"不舒服"，和后面的"半天"，可选择的范围逐步缩小，可能为"请假""休息"的概率增大。

LSTM 有 3 个门和两种状态，需要大量参数。为减少参数，一种 LSTM 的简化变体——门限循环单元（Gated Recurrent Unit，GRU）被提出来。GRU 做了几处改进：一是 GRU 将记忆单元和隐藏神经元合并成单个隐藏单元；二是 LSTM 中输入门和遗忘门是互补关系，同时使用存在冗余，GRU 将输入门和遗忘门合并成一个更新门（Update

Gate);三是 GRU 引入复位门,便于调整对先前状态信息的利用。所以 GRU 只有两个门和一个状态,简化了参数而不影响性能。

3) Seq2Seq。Seq2Seq 也是循环神经网络的一种变种,这是一种使用神经网络将一个序列映射到另一个序列的通用框架,包括编码器(Encoder)和解码器(Decoder)两部分,如图 9-5 所示。在 Seq2Seq 框架中,编码器神经网络逐符号处理一个句子,并将其压缩为一个向量表示;然后解码器神经网络根据编码器状态逐符号输出预测值,并将之前预测的符号作为每一步的输入进行循环解码,直到输出停止符为止。

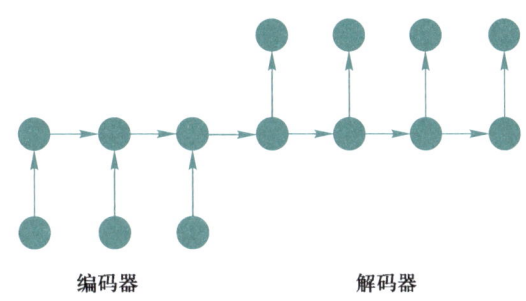

图 9-5 Seq2Seq 网络基本架构

显然,Seq2Seq 结构与经典 RNN 结构不同,不再要求输入和输出序列有相同的时间长度。因此,Seq2Seq 模型适合在输出长度不确定时采用。比如机器翻译任务,将一句中文翻译成英文,则英文的长度有可能会比中文长,也有可能比中文短,所以输出的长度就不确定了。

Seq2Seq 是自然语言处理中的一种重要模型,目前在机器翻译、人机对话、聊天机器人、自动文摘等应用场景中大多都运用了该模型。比如在人机对话中,如果问机器:"告诉我今天的日期?",机器会返回答案"今天是××年×月×日,星期×"。

4) 注意力机制(Attention)。在 Seq2Seq 结构中,编码器把源句子的所有信息作为输入序列都编码到一个统一的上下文向量 Context,然后再由解码器解码,在解码过程中向量 Context 都是不变的。由于 Context 包含原始序列中的所有信息,它的长度就成了限制模型性能的瓶颈。对于较长的句子,一个定长向量 Context 可能无法完全表示其含义,造成精度的下降;RNN 存在长序列梯度消失的问题,只用到了编码器的最后一个隐藏层状态,信息利用率低下。因此需要改进 Seq2Seq 结构,解决 Context 长度限制问题。

考虑到人在阅读文章时,不会对所有的信息同时关注,而是会把注意力放在当前的句子上。在此思路下,人们提出了注意力机制(Attention)模型,这是一种将模型的注意力放在当前单词上的一种机制。以英译汉为例,当解码器对英文进行解码时,是一个词一个词生成的,解码过程中不同时刻或不同处理阶段所分配的注意力是不同的。例如翻译 I love China,翻译到"我"时,将注意力放在源句子的 I 上,翻译到"中国"时将注意力放在源句子的 China 上。

具体而言,Attention 需要保留编码器中每一个神经元的隐藏层向量,然后解码器的第 t 个神经元要根据上一个神经元的隐藏层向量计算出当前状态与编码器每一个神经元的相关性 e_t。e_t 是一个长度为编码器神经元个数的向量,可看作权重,计算方法有很多种。若 e_i 的第 i 维越大，则说明当前节点与编码器第 i 个神经元的相关性越大，注意力越强，从而形成一种对编码器不同输入对应隐藏层状态的"注意力"机制。这样使用了 Attention 后，解码器的输入就不是固定的上下文向量 Context 了，而是会根据当前翻译的信息，计算当前的 Context。

Seq2Seq 结构利用注意力机制后，在机器翻译、语音识别、对话系统、阅读理解、文字识别等多种任务场景中性能都有很大的提升。

9.3.5 应用分析

1. 文本分类

文本分类是自然语言处理中的经典问题之一。文本分类可以看作是模式识别方法在自然语言处理中的一种应用，一般需要预先定义好类别，然后使用经过标记的数据训练一个分类模型进行预测，从而给出不同的标签。

文本分类的主要流程与其他分类任务类似，大致为：输入文本→数据预处理→文本表示（特征提取）→分类算法→分类结果。这些流程相互依赖，数据预处理和特征提取前面已经详细介绍过，这里简单介绍一下分类算法。

文本分类算法主要分为基于机器学习的分类方法和基于深度学习的分类方法两类，分类算法的选择则主要参考应用场景的适合度以及前面特征提取的结果。

（1）基于机器学习的分类方法

传统机器学习算法中能用来分类的模型大都可以用于文本分类，常见的包括支持向量机、朴素贝叶斯、随机森林、XGboost 等机器学习方法，其中贝叶斯分类器还常被用来识别垃圾邮件。

基于机器学习的分类方法大多提取出固定长度（维度）的文本特征向量作为输入，如词袋模型、词频编码和 TF-IDF 编码都是定长编码，其维度都是字典的大小，故可以直接作为分类器的输入。在需要输入词向量时一般有两种办法：一种是使用平均词向量，即直接对词向量累加求平均；另一种是使用加权词向量，权重可以是 TF-IDF 的计算结果等。该分类方法的缺点是忽略了词在句子中的位置信息，很多词在句子中的位置颠倒后可能导致意义完全相反。

（2）基于深度学习的分类方法

基于深度学习的分类方法一般通过网络自动学习提取特征，这些特征可能较为抽象，且输入可以是长度不固定的向量或矩阵，不会破坏句子原本的结构，较为灵活，应用范围很广。下面介绍几个经典的深度学习分类模型。

1）FastText 模型。在特征工程中已经介绍了 FastText 的基本原理，实际上 FastText 除了提取向量之外，更常用于文本分类。相对于其他经典文本分类模型，如 SVM、Logistic Regression 等，FastText 能够在保持分类效果的同时，大大缩短了训练时间，所以 FastText 模型适合大型数据的训练，在使用标准多核 CPU 的情况下 10 分钟内处理超过 10 亿个词汇。不过 FastText 适合类别特别多的文本分类问题，如果类别比较少，容易过拟合。

2）TextCNN 模型。TextCNN 是利用 CNN 对文本进行分类的算法，FastText 模型中没有考虑词序信息，而 TextCNN 模型则利用 CNN 提取句子中类似 n-gram 的关键信息。

TextCNN 的基本结构如图 9-6 所示，第一层是句子矩阵，每行是词向量；然后经过一维卷积层；第三层是一个池化层；最后接一层全连接的 Softmax 层，输出每个类别的概率。

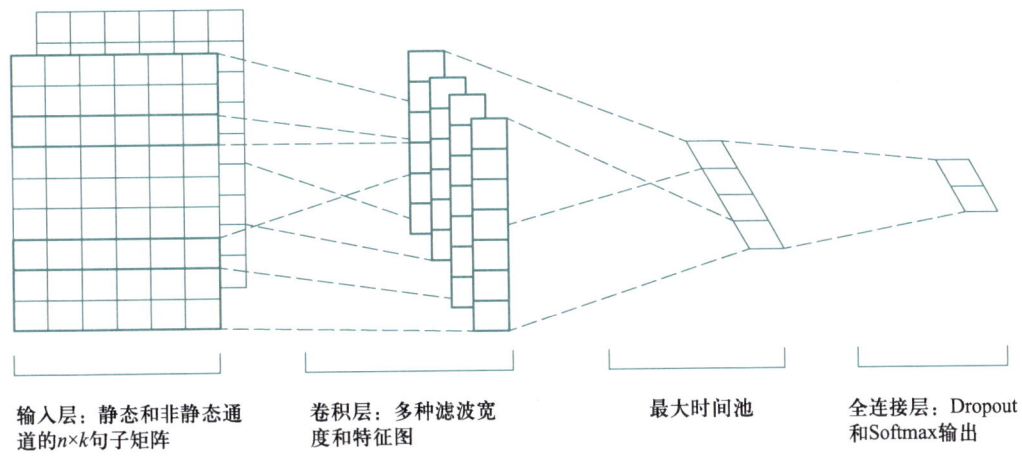

图 9-6　TextCNN 网络架构

3）TextRNN 模型。此模型（见图 9-7）是由双向 RNN 结构实现的，实际使用的是双向 LSTM，可以提取变长且双向的 n-gram 信息，从而利于对更长的序列信息建模。

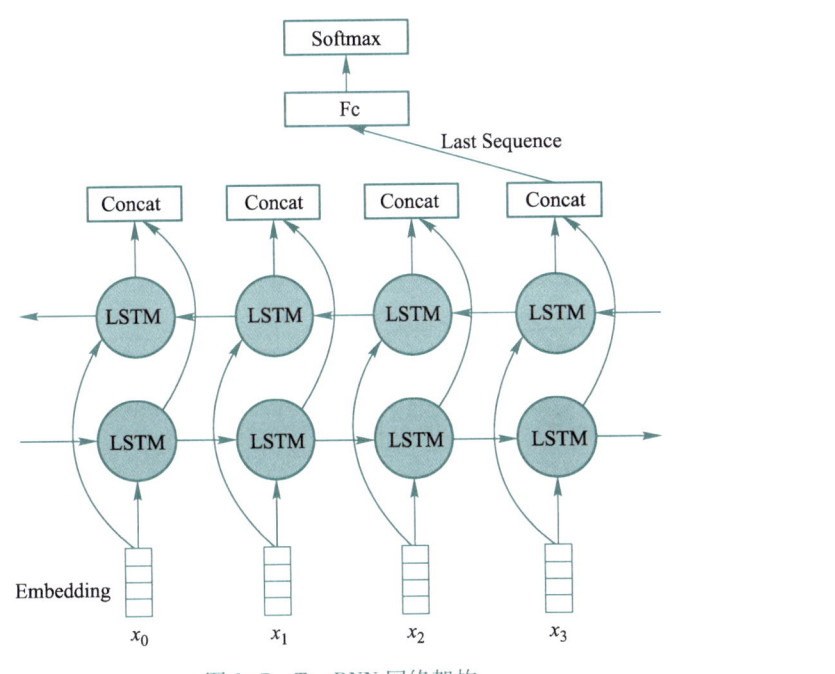

图 9-7　TextRNN 网络架构

4）TextRNN+Attention 模型。如前所述，注意力（Attention）机制是常用的建模长时间记忆机制，能够很直观地给出每个词对结果的贡献，普遍用于 Seq2Seq 模型。实际上，文本分类从某种意义上也可以理解为一种特殊的 Seq2Seq，所以把注意力机制引入 TextRNN，可以进一步改进文本分类效果。

2. 信息检索

信息检索（Information Search）用于在大量的数据中通过关键词、索引等信息搜索出对应的数据，这里主要关注文本的检索。

文本检索最简单的方式是按照数据集进行比对，当文档规模很大时，符合搜索条件的结果会非常多。搜索引擎往往会先对检索词或句子进行分析，通过对文档中的词汇增加不同的权重，查找匹配的文档，然后根据一定的排序机制对搜索结果排序，通过给出检索结果列表的形式让用户浏览并选择满足需要的内容。

文本检索的信息粒度可能不同，如篇章检索、段落检索、句子检索、词序检索等。信息粒度越小，定位越准确，但难度也越大。常用的一种情况是用户输入一个表述需求信息的查询字段，系统回复一个包含所需要信息的文档列表，这一类问题被称为点对点的搜索问题。例如搜索"床前明月光"这句诗，系统就会查找出包含此诗句的文档，如图9-8所示。

图 9-8　文本检索示例

对于点对点模式的检索，目前常用的有精确匹配和文档相关匹配两种模型。

（1）精确匹配模型

精确匹配模型要求检索系统返回与用户需求精确匹配的检索结果，如布尔查询系统，一般应用于企业内部信息系统中。

布尔模型是信息检索中较为简单的一个模型，其将候选查询信息中的每一个单元项（如词元、字、句子等）表示为一个布尔变量。每一条候选查询信息都有一个对应的布尔向量，若对应位置上的单元项存在则为 1，反之为 0。用户通过输入布尔表达式进行查询，对每一条候选查询信息运算该布尔表达式，如果结果为 1 则返回该条信息，反之则不返回。布尔模型非常易于理解和实现，但是也同样有很多缺点，如返回结果无法进行相似度排序、用户必须学习如何用布尔表达式以及布尔表达式难以进行模糊搜索。

（2）文档相关匹配模型

文档相关匹配模型要求系统按用户要求和查询文档之间的相关度返回结果，主要应用于基于互联网这类开放数据库的检索系统。目前大部分的研究工作集中在文档相关匹配模型。基于相关度计算的相关匹配模型一般有向量空间模型、概率模型和深度学习模型等。

1）向量空间模型中用户的查询和信息都表示成关键词及其权重构成的向量，然后通过计算向量之间的相似度便可以将与用户查询最相关的信息返回给用户。向量空间模型中最重要的研究内容包括标引项的选择、权重的计算方法和相似度计算方法。标引项的选择主要是寻找那些可以表征查询和文档内容的特征常用的词，也可以是字、短语或者其他的语言单位。权重的计算是向量空间模型的主要研究内容之一，最著名的当属于 TF-IDF 权重计算方法。相似度计算通常采用向量内积或者夹角余弦方法。

2）概率模型是通过概率的方法将查询和文档联系起来。概率模型中最关键的问题是计算标引项在与查询相关及不相关文档中的概率。

3）深度学习模型是利用深度学习方法比较文本相关度，常用的模型有 RNN、LSTM 等。

3. 情感分析

文本情感分析（Sentiment Analysis）有时也称为倾向性分析（Opinion Analysis），是指借助计算机对带有情感色彩的主观性文本进行分析、处理和抽取，以了解文本作者的倾向性和观点、态度。文本情感分析的基本流程包括从原始文本准备、文本预处理、语料库和情感词库构建以及情感分析结果等过程。

（1）情感分析的层次

情感分析任务按分析粒度不同大致可以分为词汇级、句子级和篇章级 3 个层次。篇章级和句子级都是大粒度的分析，而词汇级则是细粒度的分析。

1）篇章级情感分析从整体上判断整篇文档表达的情感倾向和观点，其基本假设是以一篇文章作为一个实体，是一个正面、负面或中立的分类任务，也可按照一定规则细分不同级别。篇章级情感分析可能遇到先抑后扬等前后情感不一致、情感强度不同等困难。

2）句子级情感分析是判断一个句子的情感表达的任务，该任务与主客观分析有密切联系，并且句子相比于文档更可能存在中性情况，即不表达任何观点和情绪。句子级的情感分析任务与篇章级相似，也属于分类问题，可以将句子视为短文本进行相同方法的分类。需要针对不同句式采用合适的技术，其中特别要注意考虑句子类型，特别是条件语句和反讽语句。

3）词汇级是将情感分析作用于具体的某个事物和实体上，分析用户对该事物的情感和观点。词汇级的情感是句子级或篇章级情感分析的基础。早期的情感分析主要集中在对文本正负极性的判断。

（2）情感分析任务

按情感分析研究的任务类型，可分为情感分类、情感抽取、观点问答、观点摘要和倾向性识别等子任务。

情感分类又称情感倾向性分析，是识别给定文本中主观性倾向是肯定还是否定的，或者说是正面还是负面的，是情感分析领域研究最多和最基本的内容。情感分类首先要进行文本的主客观分类，文本的主客观分类主要以情感词识别为主，利用不同的文本特征表示方法和分类器进行识别分类，对网络文本事先进行主客观分类，能够提高情感分类的速度和准确度。

情感分析的最底层任务是抽取情感评论文本中有意义的信息单元。情感信息抽取可提炼出对情感分析有贡献的词或短语元素，其结果对特征降维、提高系统性能有重要作用，常用的统计分析方法有信息增益、互信息、期望交差熵、词频、文档频次等。情感信息的抽取主要内容包括评价词语的抽取和判别、评价对象的抽取和观点持有者的抽取。

（3）情感分析方法

当前主观性文本情感倾向性分析的主要研究思路分为基于词典的情感分析方法和基于机器学习的情感分析方法。

1）基于词典的情感分析方法。基于词典的情感分析方法通过制定一系列的情感词典和规则，对文本进行分解、分析及匹配词典，计算情感值，进行文本的情感倾向判断。其中要利用词典中的近义、反义关系以及词典的结构层次，计算词语与正、负极性种子词汇之间的语义相似度，根据语义的远近辅助对词语的情感进行分类。

该方法的主要过程包括构建情感词典、倾向性计算和输出情感倾向性。

2）基于机器学习的情感分析方法。基于机器学习的情感分析方法利用语料库进行学习，通常需要先让分类模型学习训练数据中的规律，然后用训练好的模型对测试数据进行预测。由于情感分析和文本分类相似，所以机器学习的分类方法一般都可以用到情感分类中。

机器学习的分类方法大致流程如下：首先选择标注倾向性的文本作为训练集，然后提取文本情感特征，通过机器学习的方法构造情感分类器，将待分类的文本通过分类器进行倾向性分类。

常用的分类方法有中心向量分类方法、K-近邻分类方法、贝叶斯分类器、支持向量机、条件随机场、最大熵分类器等统计学习方法，以及 CNN、RNN、LSTM 等深度学习方法。

4. 机器翻译

机器翻译（Machine Translation，MT）又称为自动翻译，是指利用计算机将一种自然语言（源语言）转换为另一种自然语言（目标语言）的过程。

机器翻译方法是机器翻译系统建构的核心，也是其原理的直接体现，对机器翻译的性能起着决定性作用。由于算法和核心技术不同，机器翻译的实现方式各异。依据知识处理方式的不同，机器翻译的实现方式可分为规则法、语料库法和混合法。

（1）规则法

规则法又称为理性主义法，是指机器翻译系统建立在语言规则或知识基础之上，具体包括直接法、转换法和中间语法。

规则法是20世纪90年代前的主流方法，主要借助基于人工定制的规则库、词典库以及各类知识库，需要高度依赖人类经验知识，因而往往实用性欠佳。

（2）语料库法

语料库法又称为经验主义法，是一种由标注语料作为知识源，以数据驱动实现机器翻译的构建方式。其目前仍是机器翻译系统的主流构建方式，具体包括实例法、统计法和神经网络法，三者翻译知识的来源均为语料库。它们的区别在于实例法在翻译过程中仍需使用语料库，且语料库本身就是翻译知识的一种表现形式，而统计法和神经网络法在翻译过程中无须再使用语料库，其知识的表示是统计数据而非语料库本身。

实例法的思想是：先在机器中存储一些原文及其对应译文的实例，让系统参照这些实例进行类比翻译；翻译时采用相似的方法分析，先将源语句子切分为短语片段，再将切分后的短语片段与实例库中的源语片段进行比对，找出相似度最高的进行匹配，然后生成相应译语片段，将其合并成句。

基于统计的翻译模型是机器翻译中最经典的模型。统计法主要依赖双语或多语平行语料库，通过词对齐、翻译规则抽取等手段实现翻译建模，然后根据译语规则并借助所学知识进行自动翻译。统计机器翻译过程可视为信息传输过程，即源语经噪声信道发生扭曲变化后产生译语。翻译的任务是将观察到的源语恢复为最有可能的译语。同一源语句段可能对应多个候选译语句段，出现概率最大的便是译文。

神经网络法的核心在于通过大量复杂的神经元连接结构保存语言的语义和结构信息，并使用大量的语料进行训练调整权重。拥有海量节点的深度神经网络可直接从数据中学习，且能有效捕获长距离依赖。翻译时，会将源语句子向量化，经各层网络传递后，逐步转换为计算机可"理解"的表示形式，再经多层复杂传导运算生成译语。

神经网络法在模型训练完毕后也无须再使用语料库，借助长短时记忆网络、门限循环单元、注意力机制等，在多种翻译任务上性能超越了统计法，成为当前机器翻译的主流。与先前各类方法相比，神经网络法更具优势，译文更为流畅。目前，基于注意力的序列到序列模型是神经网络法的主流。该模型可动态计算最相关上下文，相对较好地解决了长句向量化难题，极大地提升了神经机器翻译的性能，对自然语言处理具有重要意义。

（3）混合法

混合法又称为融合法，是一种集规则法和语料库法于一体的综合策略。依据翻译方式不同，可将混合法细分为并行翻译法、串行翻译法和混杂翻译法。混合法由多种翻译策略集成，致力于在翻译或处理过程中扬长避短，排除单一方法的不足，从而在一定限度内提高翻译质量。

5. 智能问答

问答系统（Question Answering，QA）是一种能够回答通过自然语言提出的问题准确答案的软件系统，是集知识表示、信息检索、自然语言处理和智能推理等技术的新一代搜索引擎。

（1）问答系统的分类

问答系统可以被划分为很多不同的类型。根据目标数据源和答案生成反馈机制的不同，自动问答系统一般可以分为检索式问答系统和生成式问答系统。

1）检索式问答系统。检索式问答系统大多采用浅层语义分析和关键词匹配，实现较为简单，又可分为基于固定语料库的问答系统和网络问答系统。

① 基于固定语料库的问答系统从预先建立的大规模真实文本语料中进行查找。一般来讲，该语料库无法覆盖所有类型的问题，但可以作为一个算法测评平台，适合对不同的问答技术进行对比。

② 网络问答系统是从互联网中查找答案，大多能覆盖所有类型问题的答案，但由于语料库是动态变化的，技术难度相对较高。

2）生成式问答系统。生成式问答系统基于知识的深层逻辑推理实现开放式问题的回答，目前还在不断深入完善的过程中，常见的有基于理解的问答系统和基于知识图谱的问答系统。

① 基于理解的问答系统又称为单文本问答系统，需要从单篇文章中查找问题的答案，即要求系统"阅读"一篇文章之后，根据对文章的"理解"回答用户提出的相关问题，类似于考试试题中的阅读理解。这种问答系统的答案一般冗余度不高，技术要求相对较高。

② 基于知识图谱的问答系统更为复杂，需要借助知识之间的逻辑联系进行推理，其答案不是在某一篇文章中，有可能分布出现在多篇文章中，也有可能一部分出现在原文，一部分出现在问题或生成的新词中，还有可能完全不在原文出现。例如面向用户生成内容（CQA）的问答系统，根据用户提出的开放性问题生成答案。

（2）问答系统组成

检索式自动问答一般包括问句理解、信息检索、答案抽取3个功能组成模块，并依赖于内部或外部的语料数据库。

1）问句理解包括问题分类、问题扩展、主题焦点提取等。问题分类是对输入的问题进行处理分类并确定问题类型；问题扩展是分析问题中的潜在信息，提高答案的召回率；主题焦点提取实现用户问题的信息需求的精确定位。

2）信息检索模块包括文档、段落、句群和句子以及词组的检索。从用户的问题中得到关键词，对数据库中的文档与关键词计算匹配程度，从而获取若干个可能包含答案的候选文章，并根据它们的相似度进行排序。

3）答案抽取模块包括对文档、段落和句子的排序以及对知识的推理等。先从文章中提取出可能包含答案的段落，再对段落进行语义分析，抽取段落中所包含的答案，引入诸如语义词典（WordNet）、知识库（Freebase）等外部语义资源。

根据上述组成可以看出，一个问答系统的关键问题包括如下几个方面。

1）基于海量文本的知识表示：需要利用大数据和机器学习方法，建立面向大规模语义计算和推理的知识表示体系，自动构建知识库。

2）问句解析：主要任务包括自动分词、词性标注、实体识别、句法分析、句子语义分析、句子逻辑结构标注、指代消歧、关联分析等。

3）答案生成与转换：根据问句解析结果从知识库中抽取候选答案，进行关系推理、判别结果吻合程度、过滤噪声、生成答案等。

（3）聊天机器人

聊天机器人作为人机对话系统的一个具体实例，其主要目标是能够陪人类闲聊，因此也被称为闲聊系统。聊天机器人是通过图灵测试的基础，也是实现人工智能从初级感官到高级感官的跨越。

闲聊系统核心对话引擎包括情绪识别、兴趣分析、情感策略、主动回应模型以及自然语言生成等。类似于人机对话系统和问答系统，闲聊系统的实现方式也可以分为基于对话检索的闲聊系统和基于语言生成的闲聊系统。无论是对话检索还是生成的闲聊系统，都越来越多地使用深度学习作为处理工具。

1）基于对话检索的闲聊系统。基于对话检索的闲聊系统需要事先准备一个对话数据库，闲聊系统在接收到用户输入的句子后，通过在对话数据库中搜索高度相似的问句，再给出相应的回答句子。

该系统类似于信息检索中的搜索引擎，其工作流程是事先存储好对话数据库并建立相应的索引，随后根据用户输入的内容在对话数据库中匹配最适合的回复。该系统的问题在于无法根据用户对话环境的上下文信息改变回答内容。

2）基于语言生成的闲聊系统。基于语言生成的闲聊系统相比之下则更加复杂，其需要在给出输入问句之后，通过语言生成技术给出回复，一般来讲，该系统跟机器翻译相关算法类似，只是该系统是将输入文本"翻译"成输出回答。

传统方法使用基于对话数据库的模板方法，通过将对话库中的标记关键词填入模板中相应的位置实现生成回复语言。基于深度学习的方法使用端到端技术，从大量的对话数据中学习出相关问题与回复的对应关系。该方法能够解决对话检索方法的缺点，即能够包含上下文信息。但是这两种方法都有一个共同的缺点，即无法主动选择话题，只能根据用户的话给出回答，难以通过图灵测试。

9.4 自然语言处理案例实战

下面以一个简单的购物评价的例子说明如何对文本进行情感分析。在很多电商平台，消费者都可以对消费情况进行评价，通过对这些评语的分析可以判断出消费者的态度是正面的还是负面的。

9.4.1 环境及数据准备

1. 运行环境准备

本例是建立在 TensorFlow 2.x 框架基础上的。这里运行环境的准备主要是要预先导入程序运行所需要的相关包,如 Pandas、NumPy、jieba 以及 TensorFlow 中的网络模型等工具。

运行环境配置代码如下:

```python
import pandas as pd
import numpy as np
import jieba
from tensorflow.keras.layers import Dense, Input, Flatten, Dropout
from tensorflow.keras.preprocessing.text import Tokenizer
from tensorflow.keras.preprocessing.sequence import pad_sequences
from tensorflow.keras.models import Model
from tensorflow.keras.layers import Embedding
```

2. 数据准备

本例主要为了说明文本情感分析的过程,因此没有采用大规模数据,使用的数据主要是下载的部分网购评价数据。将这些数据分成正面的和负面的两部分(各约 10000 条),分别保存在 neg.xls 和 pos.xls 两个文件中。

正面的评价数据例子如:

"很好,保温时间也挺长。"

"感谢客服的热情解答,发货超快,价格也很便宜。等两天联系安装,使用后再具体评价。"

"使用后真心不错,现在才评价。"

"全五分吧 东西看着不错 不过我还没有安装好 好了在追评"

"很好,给爸妈买的,他们很满意"

"宝贝很好,卖家态度非常好!"

负面的评价数据例子如:

"喷头漏水,讨厌死了"

"一切正常,东西也不错,就安装费要到 180 太黑了"

"跟想象中差太多,我自己买了 100 多的配件,你们太夸张了,太不满意了"

"宝贝不错,物流也不错,售后差"

"会自动关机,质量不行"

"质量差,刚用了半年坏了三次,寄回厂家换新机子去了"

读取数据,代码如下:

```python
#读入数据
neg = pd.read_excel('data/neg.xls', header=None)
pos = pd.read_excel('data/pos.xls', header=None)
```

9.4.2 数据预处理

数据预处理的基本内容在 9.3.2 节已经介绍,这里主要包括合并语料、分词、

建立词典、调整序列长度、定义标签,将数据打乱并分成训练和测试两部分。代码如下:

```python
#合并语料
pn = pd.concat([pos,neg],ignore_index=True)
#定义分词函数
cw = lambda x: list(jieba.cut(x))
pn['words'] = pn[0].apply(cw)
#实例化分词器,设置字典中最大词汇数为30000
tokenizer = Tokenizer(num_words=30000)
#传入我们的训练数据,建立词典
tokenizer.fit_on_texts(texts)
#把词转换为编号,词的编号根据词频设定,频率越大,编号越小
sequences = tokenizer.texts_to_sequences(texts)
#把序列设定为1000的长度,超过1000的部分舍弃,不到1000则补0
sequences = pad_sequences(sequences, maxlen=1000)
sequences = np.array(sequences)
#定义标签
positive_labels = [[0, 1] for _ in range(poslen)]
negative_labels = [[1, 0] for _ in range(neglen)]
y = np.concatenate([positive_labels, negative_labels], 0)
#打乱数据
np.random.seed(10)
shuffle_indices = np.random.permutation(np.arange(len(y)))
x_shuffled = sequences[shuffle_indices]
y_shuffled = y[shuffle_indices]
#数据集切分为两部分
test_sample_index = -1 * int(0.1 * float(len(y)))
x_train, x_test = x_shuffled[:test_sample_index], x_shuffled[test_sample_index:]
y_train, y_test = y_shuffled[:test_sample_index], y_shuffled[test_sample_index:]
```

9.4.3 网络结构

这里采用 LSTM 网络结构,需要定义网络的输入和输出,设置网络结构层次及参数作为训练模型。代码如下:

```python
from tensorflow.keras.layers import LSTM
#模型输入
sequence_input = Input(shape=(1000,))
```

```
#Embedding 层,30000 表示 30000 个词,每个词对应的向量为 128 维,序列长度为 1000
embedding_layer = Embedding(30000,128,input_length=1000)
embedded_sequences = embedding_layer(sequence_input)
#设置 LSTM 网络结构参数:LSTM 的输出为(batch,10),每个批次 128,10 个 block,在最后一个时间输出
lstm1 = LSTM(10,dropout=0.2,recurrent_dropout=0.2)(embedded_sequences)
#链接到全连接层
lstm1 = Dense(16,activation='relu')(lstm1)
#执行 Dropout 操作,丢弃 50%的神经元
lstm1 = Dropout(0.5)(lstm1)
#输出层
preds = Dense(2,activation='softmax')(lstm1)
#定义模型
model = Model(sequence_input,preds)
```

9.4.4 网络训练

对上述设置好的网络模型,利用前述训练数据进行训练,然后利用测试数据进行修正。代码如下:

```
#训练模型
model.compile(loss='categorical_crossentropy',optimizer='adam',
              metrics=['acc'])
model.fit(x_train,y_train,batch_size=128,epochs=5,
          validation_data=(x_test,y_test))
```

9.4.5 网络预测

利用训练好的网络模型对测试数据进行预测输出,即可获得消费者评价的正负面倾向。代码如下:

```
#定义预测函数
def predict(text):
    #对句子分词
    cw = list(jieba.cut(text))
    word_id = []
    #把词转换为编号
    for word in cw:
        try:
```

```
                    temp = dict_text[word]
                    word_id.append(temp)
            except:
                word_id.append(0)
        word_id = np.array(word_id)
        word_id = word_id[np.newaxis,:]
        sequences = pad_sequences(word_id, maxlen=1000, padding='post')
        result = np.argmax(model.predict(sequences))
        if(result==1):
            print("positive comment")
        else:
            print("negative comment")
```

输入评论数据测试评价预测情况:

```
predict("东西质量不错,下次还会再来买")
```

输出结果为:

```
positive comment
```

结果表明"东西质量不错,下次还会再来买"这句评论是正面的评价。

课后习题

1. 简述所了解的自然语言处理应用,这些应用属于自然语言理解还是自然语言生成?结合工作中或生活中遇到的问题,分析自然语言处理还可以应用于哪些方面,解决哪些问题。

2. 自然语言处理研究的内容从不同层面来说包括哪些部分?分别解决什么样的问题?
3. 下载一些常用自然语言处理工具包并摸索各自的用法。
4. 从网上查找一些公开的语料库,了解它们的主要内容与特点。
5. 尝试利用中文分词工具对经典古诗或文章进行分词。
6. 自然语言处理研究中常用哪些文本特征?Word2Vec 相比 One-Hot 有什么优点?
7. 基于深度神经网络的自然语言处理方法中常用哪些学习模型?为何 RNN、LSTM 等网络比较适用于自然语言处理任务?
8. 利用公开数据集或者自行下载适合的数据,尝试完成文本分类、情感分析、文本生成或机器翻译等应用任务的例子。

参 考 文 献

[1] Hubel D H, Wiesel T N. Receptive Fields of Single Neurones in the Cat's Striate Cortex [J]. The Journal of Physiology, 1959, 148 (3): 574-591.
[2] Roberts L. Machine Perception of Three-dimensional Solids [D]. Massachusetts Institute of Technology. Dept. of Electrical Engineering, 1963.
[3] Papert S. The Summer Vision Porject [R]. Massachusetts Institute of Technology, 1966.
[4] Otsu N. A Threshold Selection Method from Gray-level Histograms [J]. IEEE Transactions on Systems, Man, and Cybernetics, 1979, 9 (1): 62-66.
[5] Fukushima K. Neocognitron: A Self-organizing Neural Network Model for A Mechanism of Pattern Recognition Unaffected by Shift in Position [J]. Biological Cybernetics, 1980, 36 (4): 193-202.
[6] Hinton G E. Learning Distributed Representations of Concepts [R]. Proceedings of the 8th Annual Conference of the Cognitive Science Society. Amherst, Massachusetts: Cognitive Science Society Press, 1986: 1-12.
[7] Elman J. Finding Structure in Time [J]. Cogn. Sci., 1990, 14: 179-211.
[8] Schuster M, Paliwal K. Bidirectional Recurrent Neural Networks [J]. IEEE Trans. Signal Process., 1997, 45: 2673-2681.
[9] Hochreiter S, Schmidhuber J. Long Short-term Memory [J]. Neural Computation, 1997, 9: 1735-1780.
[10] Lecun Y, Bottou L, Bengio Y, et al. Gradient-based Learning Applied to Document Recognition [J]. Proceedings of the IEEE, 1998, 86 (11): 2278-2324.
[11] Yoshua B, Rejean D, Pascal V, et al. A Neural Probabilistic Language Model [J]. Journal of Machine Learning Research, 2003, 3 (Feb): 1137-1155.
[12] Deng J, Dong W, Socher R, et al. ImageNet: A Large-scale Hierarchical Image Database [J]. 2009 IEEE Conference on Computer Vision and Pattern Recognition, 2009.
[13] Y-Lan B, Francis B, LeCun Y, et al. Learning Mid-level Features for Recognition [J]. 2010 IEEE Computer Society Conference on Computer Vision and Pattern Recognition, 2010.
[14] Graves A, Mohamed A, Hinton G E. Speech Recognition with Deep Recurrent Neural Networks [J]. 2013 IEEE International Conference on Acoustics, Speech and Signal Processing, 2013: 6645-6649.
[15] Sutskever I, Martens J, Dahl G E, et al. On the Importance of Initialization and Mo-

mentum in Deep Learning [J]. International Conference on Machine Learning, 2013: 1139-1147.

[16] Kim Y. Convolutional Neural Networks for Sentence Classification [J]. ArXiv Preprint, 2014: 1408.5882.

[17] Quoc V L, Tomas M. Distributed Representations of Sentences and Documents [J]. International Conference on Machine Learning, 2014.

[18] Cho K, Merrienboer V B, Gulcehre C, et al. Learning Phrase Representations Using RNN Encoder-Decoder for Statistical Machine Translation [J]. ArXiv, 2014: abs/1406.1078.

[19] Chung J, Lcehre G U, Cho K, et al. Empirical Evaluation of Gated Recurrent Neural Networks on Sequence Modeling [J]. ArXiv, 2014: abs/1412.3555.

[20] Koutnik J, Greff K, Gomez F, et al. A Clockwork RNN [J]. ArXiv Preprint, 2014: 1402.3511.

[21] Iizuka S, Simo S E, Ishikawa H. Let there be Color!: Joint End-to-end Learning of Global and Local Image Priors for Automatic Image Colorization with Simultaneous Classification [J]. International Conference on Computer Graphics and Interactive Techniques, 2016, 35 (4): 110.

[22] Wang J, Ma Y, Zhang L, et al. Deep Learning for Smart Manufacturing: Methods and Applications [J]. Journal of Manufacturing Systems, 2018, 48: 144-156.

[23] Jiao L, Zhang F, Liu F, et al. A Survey of Deep Learning-based Object Detection [J]. IEEE Access, 2019, 7: 128837-128868.

[24] Tom M M. Machine Learning [M]. 曾华军，张银奎，等译．北京：机械工业出版社，2008.

[25] 李德毅．人工智能导论[M]．北京：中国科学技术出版社，2018.

[26] 唐聃，白宁超，冯暄．自然语言处理理论与实战[M]．北京：电子工业出版社，2018.

[27] 章毓晋．图像工程[M]．4版．北京：清华大学出版社，2018.

[28] 徐洁磐．人工智能导论[M]．北京：中国铁道出版社，2019.

[29] 杨正洪，郭良越，刘玮．人工智能与大数据技术导论[M]．北京：清华大学出版社，2019.

[30] 王昊奋，漆桂林，陈华钧．知识图谱：方法、实践与应用[M]．北京：电子工业出版社，2019.

[31] 李孟全．TensorFlow与自然语言处理应用[M]．北京：清华大学出版社，2019.

[32] 高随祥，文新，马艳军，等．深度学习导论与应用实践[M]．北京：清华大学出版社，2019.

[33] 何晗．自然语言处理入门[M]．北京：人民邮电出版社，2019.

[34] 肖仰华．知识图谱概念与技术[M]．北京：电子工业出版社，2020.

[35] 华为技术有限公司．智能计算平台应用开发：高级[M]．北京：人民邮电出版社，2020.

[36] 北京百度网讯科技有限公司. 计算机视觉应用开发职业技能等级标准[S]. 2020, 3.
[37] 王汉生, 周静. 深度学习: 从入门到精通(微课版)[M]. 北京: 人民邮电出版社, 2021.
[38] 李航. 统计学习方法[M]. 北京: 清华大学出版社, 2012.
[39] 周志华. 机器学习[M]. 北京: 清华大学出版社, 2016.
[40] 王磊, 王晓东. 机器学习算法导论[M]. 北京: 清华大学出版社, 2019.
[41] 杨正洪. 人工智能技术入门[M]. 北京: 清华大学出版社, 2020.
[42] 冷雨泉, 张会文, 张伟. 机器学习入门到实战——MATLAB实践应用[M]. 北京: 清华大学出版社, 2019.

郑重声明

高等教育出版社依法对本书享有专有出版权。任何未经许可的复制、销售行为均违反《中华人民共和国著作权法》，其行为人将承担相应的民事责任和行政责任；构成犯罪的，将被依法追究刑事责任。为了维护市场秩序，保护读者的合法权益，避免读者误用盗版书造成不良后果，我社将配合行政执法部门和司法机关对违法犯罪的单位和个人进行严厉打击。社会各界人士如发现上述侵权行为，希望及时举报，我社将奖励举报有功人员。

反盗版举报电话　（010）58581999　58582371
反盗版举报邮箱　dd@hep.com.cn
通信地址　北京市西城区德外大街 4 号
　　　　　高等教育出版社法律事务部
邮政编码　100120

读者意见反馈

为收集对教材的意见建议，进一步完善教材编写并做好服务工作，读者可将对本教材的意见建议通过如下渠道反馈至我社。

咨询电话　400-810-0598
反馈邮箱　gjdzfwb@pub.hep.cn
通信地址　北京市朝阳区惠新东街 4 号富盛大厦 1 座　高等教育出版社总编
　　　　　辑办公室
邮政编码　100029